Python
数据预处理技术与实践

白宁超 / 唐 聃 / 文 俊 著

清華大學出版社
北 京

内 容 简 介

本书基础理论和工程应用相结合，循序渐进地介绍了数据预处理的基本概念、基础知识、工具应用和相关案例，包括网络爬虫、数据抽取、数据清洗、数据集成、数据变换、数据向量化、数据规约等知识，书中针对每个知识点，都给出了丰富的教学实例和实现代码，最后，通过一个新闻文本分类的实际项目讲解了数据预处理技术在实际中的应用。

本书的特点是几乎涵盖了数据预处理的各种常用技术及主流工具应用，示例代码很丰富，适合于大数据从业者、AI 技术开发人员以及高校大数据专业的学生使用。

图书在版编目（CIP）数据

Python 数据预处理技术与实践/白宁超，唐聃，文俊著. —北京：清华大学出版社，2019.10
(2024.2重印)
ISBN 978-7-302-53971-1

Ⅰ. ①P… Ⅱ. ①白… ②唐… ③文… Ⅲ. ①软件工具—程序设计 Ⅳ. ①TP311.561

中国版本图书馆 CIP 数据核字（2019）第 224198 号

责任编辑： 王金柱
封面设计： 王　翔
责任校对： 闫秀华
责任印制： 沈　露

出版发行： 清华大学出版社
网　　址： https://www.tup.com.cn, https://www.wqxuetang.com
地　　址： 北京清华大学学研大厦 A 座　　**邮　　编：** 100084
社 总 机： 010-83470000　　**邮　　购：** 010-62786544
投稿与读者服务： 010-62776969，c-service@tup.tsinghua.edu.cn
质 量 反 馈： 010-62772015，zhiliang@tup.tsinghua.edu.cn

印 装 者： 三河市君旺印务有限公司
经　　销： 全国新华书店
开　　本： 170mm×240mm　　**印　　张：** 16.75　　**字　　数：** 375 千字
版　　次： 2019 年 12 月第 1 版　　**印　　次：** 2024年 2 月第 5 次印刷
定　　价： 69.00 元

产品编号：084072-01

前　言

当前，大数据与人工智能技术炙手可热，其对应的工作岗位也逐年增加，薪资也较为诱人。我们在做大数据与人工智能处理时，不可避免地会遇到数据的问题。现实中的数据是不完整的，比如存在缺失值、干扰值等脏数据，这样就没有办法直接挖掘数据的价值，也不能将其直接应用于人工智能设备。为了提高数据的质量产生了数据预处理技术。数据预处理主要是指对原始数据进行文本抽取、数据清理、数据集成、数据变换、数据降维等处理，其目的是提高数据质量，以更好地提升算法模型的性能，其在数据挖掘、自然语言处理、机器学习、深度学习算法中应用广泛。数据预处理是一项很庞杂的工程，当你面对一堆数据手足无措的时候，当你面对数据预处理背后的坑一筹莫展的时候，当你的算法性能迟迟不能提升的时候，本书可以帮助你解决以上问题。本书从什么是数据预处理及其相关基础知识入手，分别介绍了网络爬虫、数据抽取、数据清洗、数据集成、数据变换、数据向量化、数据规约等技术，并结合实际项目和案例帮助读者将所学知识快速应用于工程实践，相信会对数据预处理感兴趣的读者和大数据从业者有所帮助。

本书的主要内容

本书从逻辑上可分为三部分，共 12 章内容，各部分说明如下：

第一部分（第 1~3 章），主要介绍数据预处理的基础知识，包括数据预处理的基本概念、工作流程、应用场景、开发环境、入门演练和 Python 科学计算工具包 Numpy、SciPy、Pandas 及其实际应用。如果读者已具备一定的数据预处理基础，可以跳过此部分，从第三章开始学习。

第二部分（第 3~10 章），是数据预处理的实战进阶部分，共计 8 章。第 3 章介绍数据采集与存储，主要涉及数据类型和采集方式，其中着重介绍了爬虫技术；第 4 章介绍不同格式的文本信息抽取和文件读取；第 5 章介绍了高效读取文件、正则清洗文本信息、网页数据清洗和文本批量清洗工作；第 6 章介绍了中文分词、封装分词工具包、NLTK 词频处理、命名实体抽取和批量分词处理工作；第 7 章介绍了特征向量化处理，其中涉及数据解析、缺失值处理、归一化处理、特征词文本向量化、词频-逆词频、词集模型、词袋模型和批量文本特征向量化工作；第 8 章介绍基于 Gensim 文本特征向量化，涉及构建语料词典、词频统计、词频-逆词频计算、主题模型和特征降维等。第 9 章介绍了主成分分析 PCA 降维技术的原理和实际案例；第 10 章介绍了 Matplotlib 数据可视化及案例。

第三部分（包括第 11 章和第 12 章），是数据预处理的实际应用部分，主要介绍竞赛神器 XGBoost 的算法原理、应用、优化调参以及数据预处理在文本分类中的实际应用。

本书的主要特色

本书主要包括以下特色：

- 本书理论与应用相结合，循序渐进地介绍了数据预处理的相关概念、基础知识、常用工具及应用案例，书中实战案例均来自于笔者的实际项目，具有较强的实用性。
- 本书涵盖了数据预处理实际开发中绝大部分重要的知识点，介绍了当今数据预处理涉及的各种技术和热门工具，技术先进，内容详尽，代码可读性及可操作性强。
- 本书针对每一个知识点，尽可能地通过示例来讲解，每一个示例都给出了源码和说明，这些源码本身具备复用的价值，可以直接用于工程项目。另外，笔者还在 GitHub 上开辟了专门的讨论区，便于读者进行技术交流。

本书面向的读者

本书主要面向以下读者：

- 大数据技术从业者
- AI 技术开发人员
- 准备上手数据采集、数据挖掘与数据分析的初学者
- 大数据及相关专业的学生
- 培训机构的学员

源码下载和说明

本书的源码支持 GitHub 下载，下载地址：

https://github.com/bainingchao/PyDataPreprocessing

关于源码的说明：

- PyDataPreprocessing：本书源代码的根目标。
- Chapter+数字：分别代表对应章节的源码。

- Corpus：本书所有的训练语料。
- Files：所有文件文档。
- Packages：本书所需要下载的工具包。

本书作者介绍

本书主要由白宁超、唐聃、文俊编写，参与编写的还有田霖、黄河、于小明。

- **白宁超** 大数据工程师，现任职于四川省计算机研究院，研究方向包括数据分析、自然语言处理和深度学习。近 3 年，主持和参与国家自然基金项目和四川省科技支撑计划项目多项，出版专著一部。
- **唐 聃** 教授，硕士生导师，成都信息工程大学软件工程学院院长，四川省学术和技术带头人后备人选。研究方向包括编码理论与人工智能，《自然语言处理理论与实战》作者。
- **文 俊** 硕士，大数据算法工程师，现任职于成都广播电视台橙视传媒大数据中心。曾以技术总监身份主持研发多个商业项目，负责公司核心算法模型构建。主要研究方向包括数据挖掘、自然语言处理、深度学习以及云计算。
- **田 霖** 成都东软学院计算机科学与工程系教师，研究方向包括数据挖掘和强化学习，曾参与四川省智慧环保、四川省涉税信息等多个省级项目。
- **黄 河** 博士，重庆大学语言认知及语言应用研究基地研究员，研究方向为计算语言学、语料库处理技术、深度学习和数据挖掘。
- **于小明** 讲师，主治医生，现任职于河南省中医院（河南中医药大学第二附属医院），主要从事医疗领域大数据分析，临床泌尿外科小领域本体构建等方面的研究工作。

在本书编写过程中，参考了很多相关资料，在此对他们的贡献表示感谢，虽笔者已尽心竭力，但限于水平和时间仓促，书中难免存在错漏，欢迎读者批评指正。

联系邮箱：booksaga@163.com

作者

2019 年 5 月

目　　录

第 1 章 概 述

日常生活中每天都在产生数据，这些原始数据存在数据不完整、数据不一致、数据异常等情况，严重影响数据的质量，甚至可能导致利用上的偏差，因此数据预处理技术应运而生。本章首先概述数据预处理，让读者对其有一个整体的认识；然后介绍 Python 数据预处理的开发工具与运行环境；最后结合中文分词的实战案例，让读者了解数据预处理的工作流程。

1.1 Python 数据预处理

1.1.1 什么是数据预处理

大数据与人工智能时代离不开海量的原始数据做支撑，这些原始数据存在数据不完整、数据不一致、数据异常等问题，很难得到高质量的数据用于数据建模，甚至可能导致工程应用的偏差。因此，要对原始数据做一定的处理。这种从原始数据到挖掘数据，对数据进行的操作叫作数据预处理。数据预处理通常包括数据清理、数据集成、数据归约、数据变换和数据降维，目的是挖掘数据背后的应用价值和社会价值。

数据预处理通俗地理解就是将原始数据转化为机器可以认知的数据形式，以适应相关技术或者算法模型。比如新闻分类案例中，原始数据是一篇篇的新闻文本，分类器并不能直接处理，需要对新闻文本分词、去除干扰词、提取词特征、词特征转化、词特征降维等操作，分类器才能对数据进行学习优化，实现工程应用。

总而言之，原始数据可能存在数据不完整、数据偏态、数据噪声、数据特征维度高、数据缺失值、数据错误值等一系列问题，经过数据预处理后的数据能够达到数据完整干净、数据特征比重合适、数据特征维度合理、数据无缺失值等优点，使数据利用更加准确、高质。

1.1.2 为什么要做数据预处理

早期互联网时代数据量较少，主要存储在数据库、文件系统等介质中，其数据分析主要靠人工统计完成。随着网络的普及，海量数据应运而生，依旧采用人工统计方法对数据处理已不合时宜。伴随着计算能力和硬件设施的提升，先前的算法理论（如神经网络等）有了用武之地，使得计算机处理海量数据成为当今数据分析人员的主要工作。

在大数据与人工智能的时代，甚至未来的一段时间，不管是无人驾驶还是智能机器人，或是其他应用，主要还是在监督式学习下进行的，这里的监督学习即需要有参考意义的历史数据做基础。这些数据不仅仅是数据库文件、文本文件，还包括视频、语音、网页等各种介质的数据。数据的存在形式呈现多样化，我们将其称之为异源数据，顾名思义指的是来自不同数据源的数据。

异源数据也是最原始的数据，包括人们在网上的任何行为记录。这些行为绝大多数是正确的，但是也可能存在错误。比如，有时候收集数据的设备可能出故障；或者是人为输入错误；数据传输中的错误；命名约定或所用的数据代码不一致导致的错误，等等。如何对这些原始数据进行预处理来提高数据质量？如何通过高质量的数据来挖掘数据背后的价值？这就是为什么要做数据预处理的直观原因之一。

数据价值挖掘的研究工作大多都集中在算法的探讨，而忽视对数据本身的研究。事实上，数据预处理对挖掘数据价值十分重要，一些成熟的算法对其处理的数据集合都有一定的要求：比如数据的完整性好、冗余性小、属性的相关性小等。数据预处理是数据建模的重要一环，且必不可少，要挖掘出有效的知识，必须为其提供干净、准确、简洁的数据。实际应用系统中收集的数据通常是“脏”数据。没有高质量的数据，就没有高质量的挖掘结果。

1.1.3 数据预处理的工作流程

构建新闻分类器时，如何正确有效地将不同数据源中的信息整合到一起，直接影响到分类器的最终结果，数据预处理正是解决这一问题的有力方案。数据预处理包含以下几个方面：

- 数据采集。指的是从网页、文件库、数据库等多渠道采集数据，这些数据主要以结构化、半结构化和非结构化的形式存在。
- 数据集成。指的是将从多个数据源中获取到的数据结合起来并统一存储。
- 文本提取。指的是将不同格式存储的文本信息统一处理，转化为文本格式。
- 数据清理。指的是通过填写缺失的值、光滑噪声数据、识别或删除离群点并解决不一致性来清理数据。
- 数据转换。指的是按照预先设计好的规则对抽取的数据进行转换，如把数据压缩到0.0 ~ 1.0区间。
- 数据归约。数据归约技术可以用来得到数据集的归约表示，它虽然小得多，但仍然接近于保持原数据的完整性。

1.1.4 数据预处理的应用场景

大数据和人工智能技术能够将隐藏于海量数据中的信息和知识挖掘出来，为人类的社会经济活动提供依据，从而提高各个领域的运行效率。其应用领域较为广泛，包括以下领域：

- 商业智能技术。
- 政府决策技术。
- 电信数据信息处理与挖掘技术。
- 电网数据信息处理与挖掘技术。
- 气象信息分析技术。
- 环境监测技术。
- 警务云应用系统（视频/网络监控、智能交通、反电信诈骗、指挥调度等公安信息系统）。
- 大规模基因序列分析比对技术。
- Web信息挖掘技术。
- 多媒体数据并行化处理技术。
- 影视制作渲染技术。
- 其他各种行业的云计算和海量数据处理应用技术等。

1.2 开发工具与环境

1.2.1 Anaconda 介绍与安装

Anaconda 是一种 Python 语言的免费增值开源发行版，用于进行大规模数据处理、预测分析和科学计算，致力于简化包的管理和部署。Anaconda 包含了 Conda、Python 在内的超过 180 个科学包及其依赖项。Anaconda 使用软件包管理系统 Conda 进行包管理。

1. Anaconda 的优点

Anaconda 是一个用于科学计算的 Python 发行版，支持 Linux、Mac、Windows 系统，提供了包管理与环境管理的功能，可以很方便地解决多版本 Python 并存、切换以及各种第三方包的安装问题。Anaconda 利用工具/命令 Conda 来进行 Package 和 Environment 的管理，并且已经包含了 Python 和相关的配套工具。这里先解释一下 Conda、Anaconda 这些概念的差别。Conda 可以理解为一个工具，也是一个可执行命令，其核心功能是包管理与环境管理。包管理与 pip 的使用类似，环境管理则允许用户方便地安装不同版本的 Python 并可以快速切换。Anaconda 则是一个打包的集合，里面预装好了 Conda、某个版本的 Python、众多包（Package）、科学计算工具等，所以也称为Python 的一种发行版。其实还有 Miniconda，顾名思义，它只包含最基本的内容——Python 与 Conda，以及相关的必须依赖项，对于存储空间要求严格的用户 Miniconda 是一个不错的选择。其有以下优点：

- 开源。
- 安装过程简单。
- 高性能使用 Python 和 R 语言。
- 免费的社区支持。
- Conda 包管理。
- 1,000+开源库

2. 安装 Anaconda

Anaconda 安装包下载地址为：https://www.anaconda.com/download/，进入下载页面会显示出 Python 3.0 以上版本和 Python 2.0 两种版本，如图 1-1 所示。关于 Python 3 和 Python 2 的区别请查看网址：http://www.runoob.com/python/python-2x-3x.html）。推荐下载 Python 3.0 以上版本，请读者根据自己的操作系统是 32 位还是 64 位选择对应的版本下载。本书是基于 Windows 10 操作系统安装的。

（1）安装 Anaconda 集成环境，双击下载后的 Anaconda 安装文件，如图 1-2 所示。

（2）然后一直单击“Next”按钮，直到完成配置（环境变量自动配置），配置完成后，查看是否安装成功。打开主菜单->所有应用查看安装，出现如图 1-3 所示的菜单命令则表示安装成功。

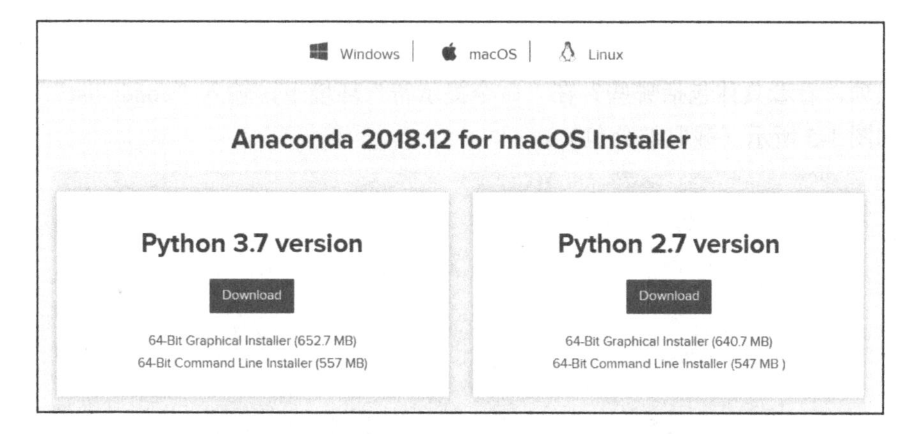

图 1-1　不同 Anaconda 版本

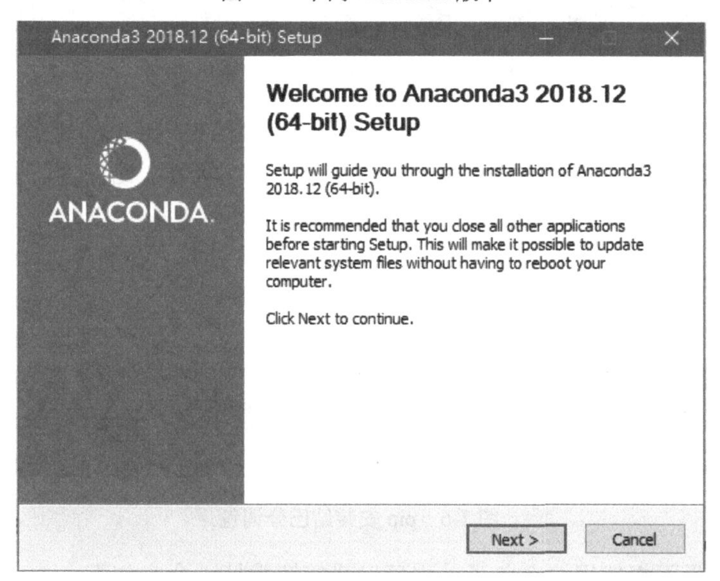

图 1-2　Anaconda 安装

（3）按 WIN+R 组合键输入“cmd”命令以启动命令行环境，然后输入“conda –V”查看版本号，如图 1-4 所示。

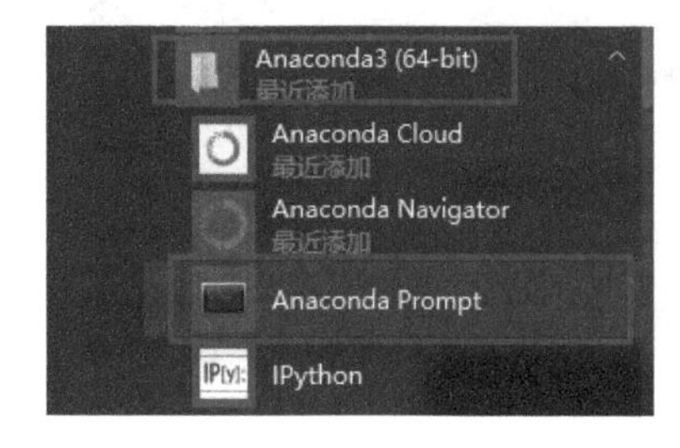

图 1-3　安装后的 Anaconda

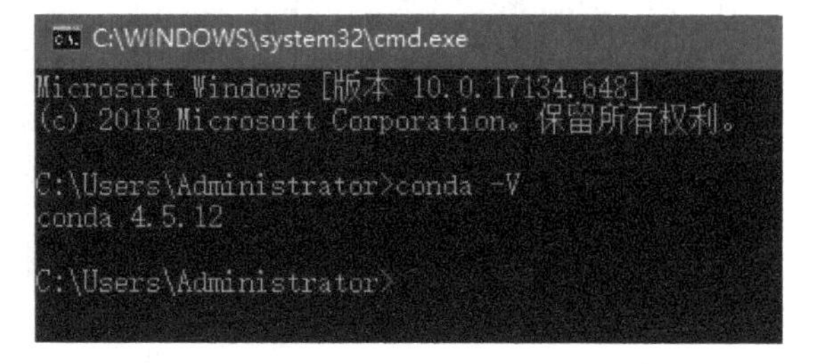

图 1-4　查看 Anaconda 版本

（4）可以看到本机 Anaconda 版本是 4.5.12，上文介绍了其集成了诸多科学包及其依赖项，看看具体包括哪些？在“命令提示符”环境下，输入“conda list”，运行结果如图 1-5 所示（截取部分包）。

```
C:\Users\Administrator>conda list
# packages in environment at C:\Users\Administrator\Anaconda3:
#
# Name                    Version                   Build  Channel
_ipyw_jlab_nb_ext_conf    0.1.0                    py37_0    defaults
alabaster                 0.7.12                   py37_0    defaults
anaconda                  2018.12                  py37_0    defaults
anaconda-client           1.7.2                    py37_0    defaults
anaconda-navigator        1.9.6                    py37_0    defaults
anaconda-project          0.8.2                    py37_0    defaults
appdirs                   1.4.3            py37h28b3542_0    defaults
asn1crypto                0.24.0                   py37_0    defaults
astroid                   2.1.0                    py37_0    defaults
astropy                   3.1              py37he774522_0    defaults
```

图 1-5　查看 Anaconda 预安装包

（5）Anaconda 里面有一个包名为“pip”，这个包和 Linux 的包安装命令是一样的，当需要安装第三方包的时候，直接使用这个命令即可，比如，需要进行中文分词，会依赖 Python 的分词包 jieba，可以执行如下命令：

```
pip install jieba
```

如图 1-6 所示。

```
C:\Users\Administrator>pip install jieba
Collecting jieba
Installing collected packages: jieba
Successfully installed jieba-0.39
```

图 1-6　pip 安装结巴分词包

（6）如果不想使用这个包了，也可以直接卸载掉，命令如下：

```
pip uninstall jieba
```

如图 1-7 所示。

```
C:\Users\Administrator>pip uninstall jieba
Uninstalling jieba-0.39:
  Would remove:
    c:\users\administrator\anaconda3\lib\site-packages\jieba-0.39.dist-info\*
    c:\users\administrator\anaconda3\lib\site-packages\jieba\*
Proceed (y/n)? y
  Successfully uninstalled jieba-0.39

C:\Users\Administrator>_
```

图 1-7　pip 卸载结巴分词包

至此，完成了 Anaconda 的安装配置以及包文件的自定义下载。需要注意的是，Anaconda 自身集成了 Python、pip、nltk、NumPy、Matplotlib 等一系列常用包。现在，已经可以使用 Python 了，考虑到熟悉 Python 开发的人员，常用 Pycharm 开发工具，熟悉 Java 的开发人员常用 Eclipse 开发工具，熟悉 C#的开发人员常用 VS 开发工具，因此只要将 Anaconda 集成到 PyDev、Pycharm、Eclipse、VS 等编译环境中即可。总之，Anaconda 是一款极为简便的集成软件包，可以将其与 Sublime、PyCharm、MyEclipse、Visual Studio 等编译环境很巧妙地融合起来（本书采用 Anaconda+Sublime Text），也可以方便地导入第三方工具包，从而极大地简化软件开发工作的流程。

1.2.2 Sublime Text

1. Sublime Text 简介

Sublime Text 是一款跨平台的文本编辑器，同时支持 Windows、Linux、Mac OS X 等操作系统和基于 Python 的插件。Sublime Text 是专有软件，可通过包（Package）扩充本身的功能。大多数的包使用自由软件授权发布，并由社区构建和维护。Sublime Text 是由程序员 Jon Skinner 于 2008 年 1 月份开发出来的，它最初被设计为一个具有丰富扩展功能的 Vim。它具有漂亮的用户界面和强大的功能，例如代码缩略图、Python 的插件、代码段等。还可自定义键绑定、菜单和工具栏。Sublime Text 的主要功能包括：拼写检查、书签、完整的 Python API、Goto 功能、即时项目切换、多选择、多窗口，等等。

Sublime Text 支持众多编程语言，并支持语法上色。内置支持的编程语言包含：ActionScript、AppleScript、ASP、batch files、C、C++、C#、Clojure、CSS、D、Diff、Erlang、Go、Graphviz (DOT)、Groovy、Haskell、HTML、Java、JSP、JavaScript、JSON、LaTeX、Lisp、Lua、Makefiles、Markdown、MATLAB、Objective-C、OCaml、Perl、PHP、Python、R、Rails、Regular Expressions、reStructuredText、Ruby、Scala、shell scripts (Bash)、SQL、Tcl、Textile、XML、XSL 和 YAML。用户可通过下载外挂支持更多的编程语言。

2. Sublime Text 的优点

Sublime Text 主要有如下优点：

- 主流前端开发编辑器。
- 体积较小，运行速度快。
- 文本功能强大。
- 支持编译功能且可在控制台看到输出。

- 内嵌 Python 解释器支持插件开发以达到可扩展目的。
- Package Control（包控制）：Sublime Text 支持的大量插件可通过其进行管理。

3. Sublime Text 的安装

本文介绍 Sublime Windows 10 系统下的安装配置，关于 Linux 和 Mac OS 下的安装基本一致，读者可自行尝试。Sublime Text 3 安装包下载地址是：http://www.sublimetext.com/3。单击该网址进入 Sublime Text 主页，选择对应的操作系统与版本，如图 1-8 所示。

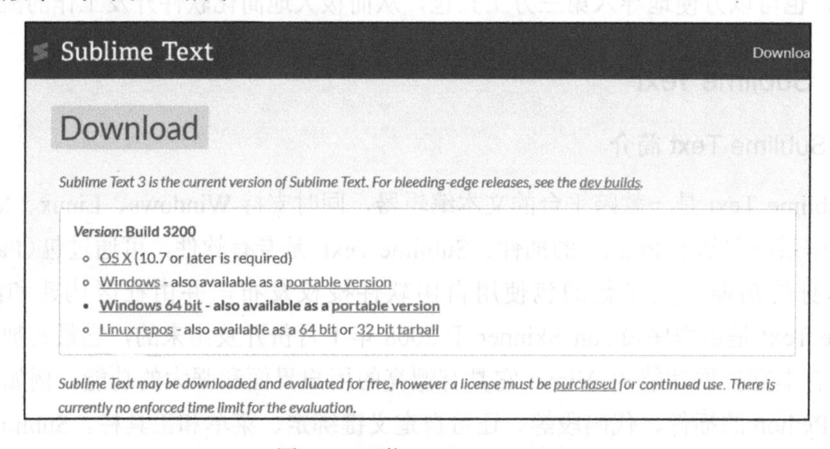

图 1-8　下载 Sublime Text 3

（1）双击下载好的 Sublime Text 3 工具包，出现如图 1-9 所示的界面。

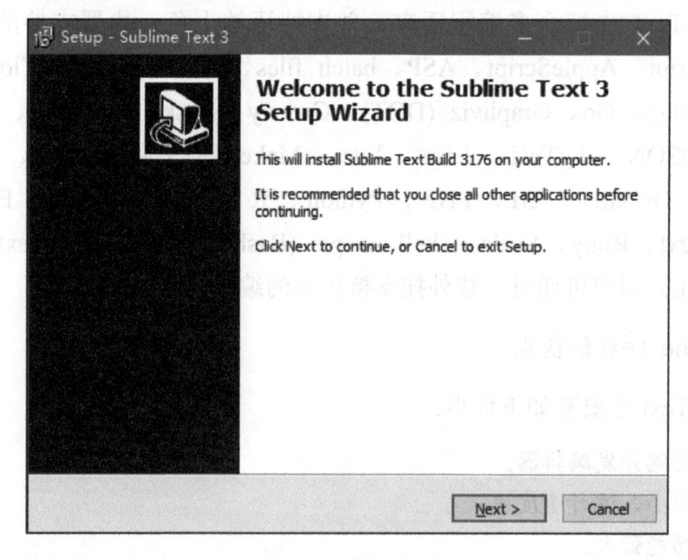

图 1-9　安装 Sublime

（2）一直单击 Next 按钮安装即可，中间保存路径可以自定义。安装成功后的结果如图 1-10 所示。

图 1-10 安装完成 Sublime

（3）安装插件 Package Control。

① 自动安装 Package Control。打开 https://packagecontrol.io/installation，复制 Sublime Text 3 中的代码，如图 1-11 所示。

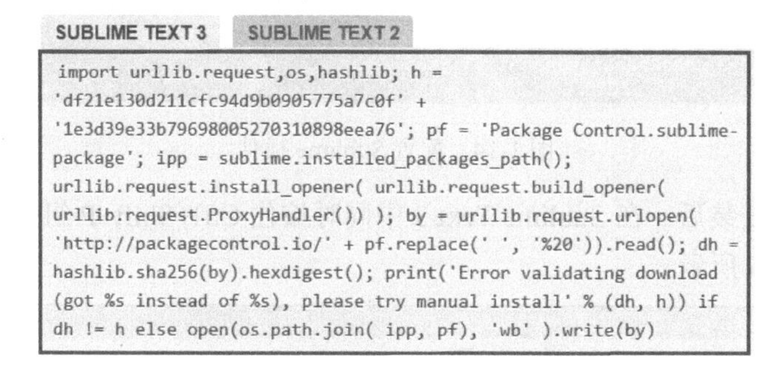

图 1-11 安装插件 Package Control

按“Ctrl+`”组合键，将上述文本代码内容复制粘贴到文本框中，按 Enter 即可。如图 1-12 所示。

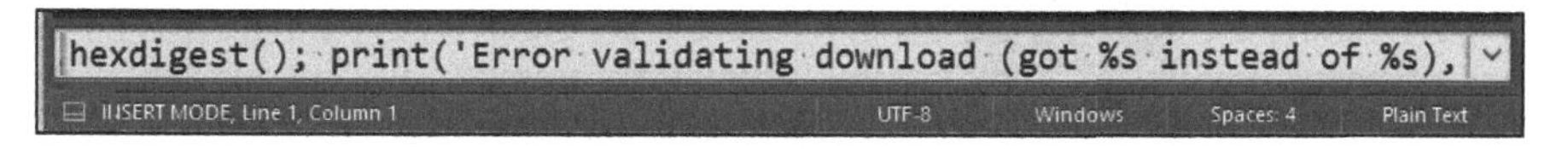

图 1-12 执行 Package Control 代码

② 如果 Package Control 官网无法打开，也可以手动安装 Package Control。

在百度网盘下载 Package Control 的安装包（链接：https://pan.baidu.com/s/14hs2-OF5L_l8UHKUkPGayQ）提取码：m7a9。下载完成后里面包含两个文件分别是：

文件 1：Package Control.sublime-package

文件 2：channel_v3.json

然后，打开 Sublime 存放插件的目录：在 Sublime Text → Preference → Browse Packages...找到“Installed Packages”文件夹，并将以上两个文件复制进去，然后重启，如图 1-13 所示。

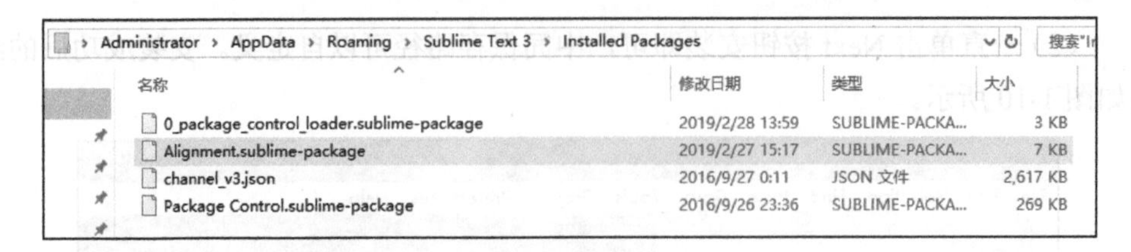

图 1-13　存放 Sublime 插件

最后，在 Sublime 下打开 Preference → Package Settings → Package Control → Setting-User，添加如下代码，如图 1-14 所示。

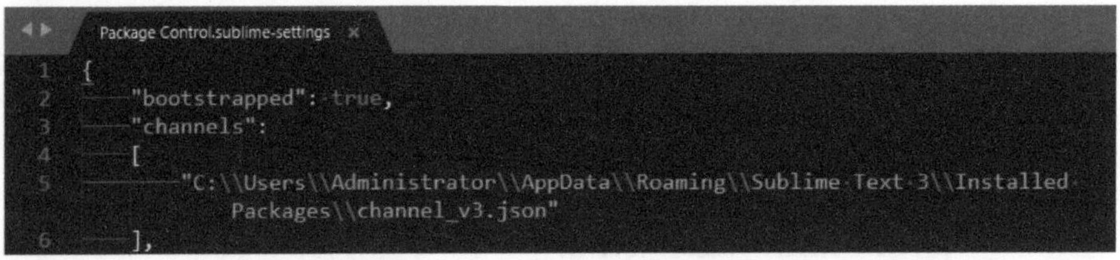

Package Control.sublime-settings

```
1 {
2     "bootstrapped": true,
3     "channels":
4     [
5         "C:\\Users\\Administrator\\AppData\\Roaming\\Sublime Text 3\\Installed
          Packages\\channel_v3.json"
6     ],
```

图 1-14　配置 Sublime 插件

（4）成功安装后，在 Sublime Text 3 中同时按住 Ctrl+Shift+P 组合键。最终安装成功，如图 1-15 所示。

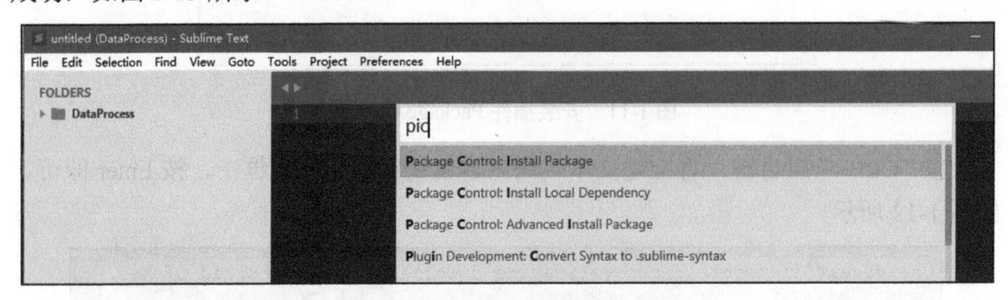

图 1-15　安装所需插件

（5）单击“Package Control:Install Package”进入查找 Python 环境配置插件“SublimeREPL”，下载安装完成后，单击“Preferences->Browse Package...”查看安装的包，如图 1-16 所示。

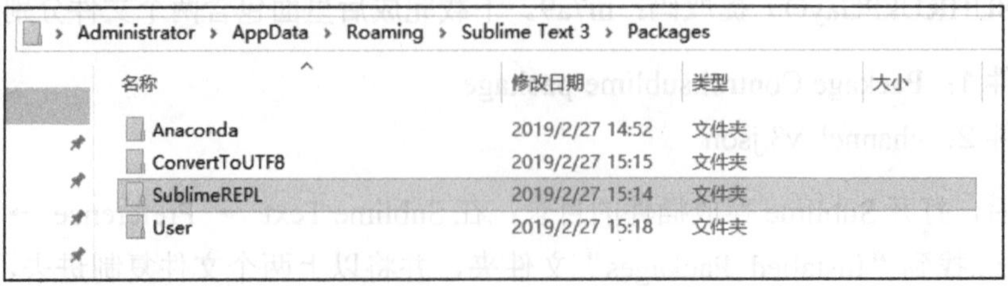

› Administrator › AppData › Roaming › Sublime Text 3 › Packages

名称	修改日期	类型	大小
Anaconda	2019/2/27 14:52	文件夹	
ConvertToUTF8	2019/2/27 15:15	文件夹	
SublimeREPL	2019/2/27 15:14	文件夹	
User	2019/2/27 15:18	文件夹	

图 1-16　安装运行环境

（6）单击“Package Control:Install Package”查找 Python 环境配置插件 Anaconda，如图 1-17 所示。

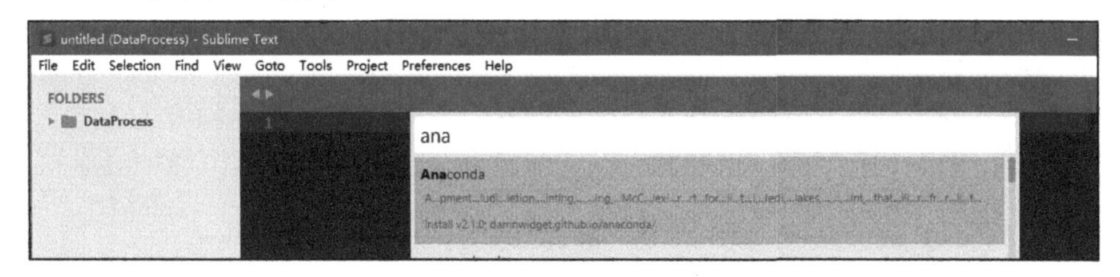

图 1-17 集成 Anaconda

（7）自定义快捷键配置。打开 Preferences → Key Bindings 输入如下代码，其中，F5 运行程序，F6 切换 IDEL 工具，Ctrl+D 自定义删除行，其他快捷键是通用的，网上有很多快捷键的资料，这里不再赘述。

```
1  [
2      {
3      "keys": ["F5"],
4      "caption": "SublimeREPL: Python - RUN current file",
5      "command": "run_existing_window_command",
6      "args": {
7          "id": "repl_python_run",
8          "file": "config/Python/Main.sublime-menu"
9      }
10 }, {
11     "keys": ["F6"],
12     "caption": "SublimeREPL: Python",
13     "command": "run_existing_window_command",
14     "args": {
15         "id": "repl_python",
16         "file": "config/Python/Main.sublime-menu"
17     }
18 },{
19     "keys": ["Ctrl+D"],
20     "command":"run_macro_file",
21     "args": {"file":"res://Packages/Default/
                                   Delete Line.sublime-macro"}
22 }
23 ]
```

（8）激活版本：Help >Enter LICENSE。

```
1  ----- BEGIN LICENSE -----
2  sgbteam
3  Single User License
4  EA7E-1153259
5  8891CBB9 F1513E4F 1A3405C1 A865D53F
6  115F202E 7B91AB2D 0D2A40ED 352B269B
7  76E84F0B CD69BFC7 59F2DFEF E267328F
8  215652A3 E88F9D8F 4C38E3BA 5B2DAAE4
9  969624E7 DC9CD4D5 717FB40C 1B9738CF
10 20B3C4F1 E917B5B3 87C38D9C ACCE7DD8
11 5F7EF854 86B9743C FADC04AA FB0DA5C0
12 F913BE58 42FEA319 F954EFDD AE881E0B
13 ------ END LICENSE ------
```

至此，完成了 Sublime Text 3 的安装配置工作，有关详细插件安装的说明，请参考网址：http://www.open-open.com/news/view/26d731，有关快捷键的使用，请查看网址：https://segmentfault.com/a/1190000004463984。

注 意

读者也可以使用 PyCharm、Eclipse 等常用的 Python 开发工具。

1.3 实战案例：第一个中文分词程序

在数据处理工作中，分词是一项必不可少的工作，本节使用 Sublime Text 完成第一个分词案例。下面介绍什么是中文分词及实现方法。

1.3.1 中文分词

中文分词是指将一个汉字序列切分成一个一个单独的词。分词就是将连续的字序列按照一定的规范重新组合成词序列的过程，在英文行文中，单词间以空格作为自然分界符，中文没有一个形式上的分界符，虽然英文也同样存在短语的划分问题，不过在词这一层上，中文比英文要复杂得多，也困难得多。

例如：

英文句子：I am a student.
中文意思：我是一名学生。

由于英文的语言使用习惯，通过空格很容易拆分出单词，而中文字词界限模糊，往往不容易区别哪些是“字”、哪些是“词”，这也是为什么要把中文词语进行切分的原因。

1. 中文分词的发展

与英文为代表的印欧语系语言相比，中文由于继承自古代汉语的传统，词语之间常没有分隔。古代汉语中除了联绵词和人名、地名等，词通常是单个汉字，所以当时没有分词书写的必要。而现代汉语中双字或多字词逐渐增多，一个字已经不再等同于一个词了。

在中文里，“词”和“词组”边界模糊，现代汉语的基本表达单元虽然为“词”，且以双字或者多字词居多，但由于人们认识水平的不同，对词和短语的边界还很难去区分。

例如：“对随地吐痰者给予处罚”，“随地吐痰者”本身是一个词还是一个短语，不同的人会有不同的标准，同样的，“海上”“酒厂”等即使是同一个人也可能做出不同的判断。如果汉语真的要分词书写，必然会出现混乱，难度也很大。中文分词的方法其实不局限于中文应用，也被应用于英文处理，例如帮助判别英文单词的边界等。

2. 中文分词的用途

中文分词是文本处理的基础，对于输入的一段中文，成功地进行中文分词，可以达到电脑自动识别语句含义的效果。中文分词技术属于自然语言处理技术的范畴，目前在自然语言处理技术中，中文处理技术比西文处理技术要落后很大一截，而许多西文的处理方法中文却不能直接采用，就是因为中文必须有分词这道工序。中文分词是中文信息处理的基础，搜索引擎就是中文分词的一个应用，其他的比如机器翻译（Machine Translation）、语音合成、自动分类、自动摘要、自动校对等，都需要用到分词。因为中文需要分词，可能会影响一些研究，但同时也为一些企业带来机会，因为国外的计算机处理技术要想进入中国市场，首先也是要解决中文分词问题。

中文分词对于搜索引擎来说，最重要的并不是找到所有的结果，因为在上百亿的网页中找到所有结果没有太多的意义，也没有人能看得完；相反，最重要的是把最相关的结果排在最前面，这也称为相关度排序。中文分词的准确与否，常常直接影响到对搜索结果的相关度排序。从定性分析的角度来看，搜索引擎的分词算法不同、词库的不同都会影响页面的返回结果。

1.3.2 实例介绍

本节实现一个有趣的应用。将电影《流浪地球》中的经典句子“道路千万条，安全第一条；行车不规范，亲人两行泪。”进行中文分词。这里需要使用第三方工具包结巴（jieba）来实现。

1.3.3 结巴实现中文分词

打开 Sublime Text 并在根目录 PyDataPreprocessing 下创建 Chapter1 文件夹，然后在 Chapter1 下面创建 CutWords.py 文件并打开。在编辑代码之前，先查看一下 jieba 包能否正常导入。按住 Alt+Shift+2 组合键进行分屏，然后按 F6 键进入 Python IDE 环境下，成功导入后如图 1-18 所示。

```
CutWords.py    *REPL* [python]
Python 3.7.1 (default, Dec 10 2018, 22:54:23) [MSC v.1915 64 bit (AMD64)] ::
    Anaconda, Inc. on win32
Type "help", "copyright", "credits" or "license" for more information.
>>> import jieba
>>>
```

图 1-18　Sublime Text 下运行 Python IDE

图 1-18 说明 jieba 包已经成功导入，编写如下代码（源代码见：Chapter1/CutWords.py）：

```
1  # coding:utf8
2
3  """
4  DESC: Python 数据预处理之第一个分词程序范例
5  Author：伏草惟存
6  Prompt: code in Python3 env
7  """
8
9  import jieba
10
11 str = "道路千万条,安全第一条;行车不规范,亲人两行泪。"
12 print("原句: \n" + str)
13
14 seg_list = jieba.cut(str)
15 print("分词: \n" + "/".join(seg_list))
```

代码说明：

其中第 1 行是对中文编码进行设置；第 3-7 行是注释信息；第 9 行导入 jieba 分词模块；第 14 行的调用 jieba 模块中的 cut 方法对字符串分词，数据以列表（List）形式返回；第 15 行是格式化分词结果，将 List 数据转化为 String 数据打印出来。运行代码查看结果，如图 1-19 所示。

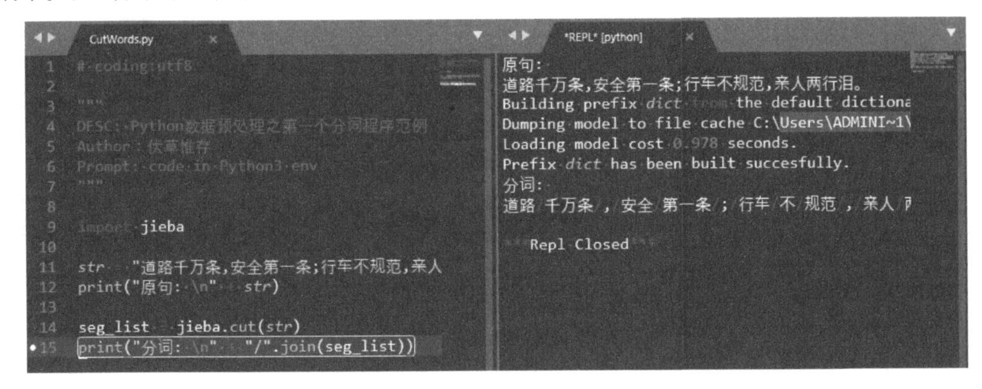

图 1-19　中文分词的结果

1.4　本章小结

本章主要介绍了什么是数据预处理，为什么要做数据预处理，之后介绍了数据预处理的工作流程和应用场景，使读者对数据预处理有一个整体认识。工欲善其事必先利其器，选择合适的开发工具有助于更高效的工作，Anaconda+Sublime Text 就是一组不错的搭档。当然，读者也可以使用 PyCharm、MyEclipse、Visual Studio 等开发工具。下一章将介绍 Python 数据预处理的几个科学库。

第2章

Python 科学计算工具

Python 语言及其应用可谓如火如荼，读者应该对它们并不陌生。本章主要针对科学计算工具包 NumPy、SciPy、Pandas 分别从包的简介、安装、特点和常见方法几个方面进行介绍。科学技术工具不仅在数据预处理中使用，在机器学习和深度学习等领域都有着广泛的应用。

2.1 NumPy

NumPy 是 Python 语言常用的科学计算工具包，本节主要介绍 NumPy 的安装和特点以及 NumPy 的数组、NumPy 的数学函数、NumPy 的线性代数和 NumPy IO 操作等内置模块（源代码见：Chapter2/NumpyDome.py）。

2.1.1 NumPy 的安装和特点

NumPy（官网：http://www.numpy.org/，如图 2-1 所示），是 Python 语言的一个扩展程序库它支持大量的维度数组与矩阵运算，此外也提供大量的数学函数库。NumPy 的前身 Numeric 最早是由 Jim Hugunin 与其他协作者共同开发，2005 年，Travis Oliphant 在 Numeric 中结合了另一个同性质的程序库 Numarray 的特色，并加入了其他扩展而开发了 NumPy。

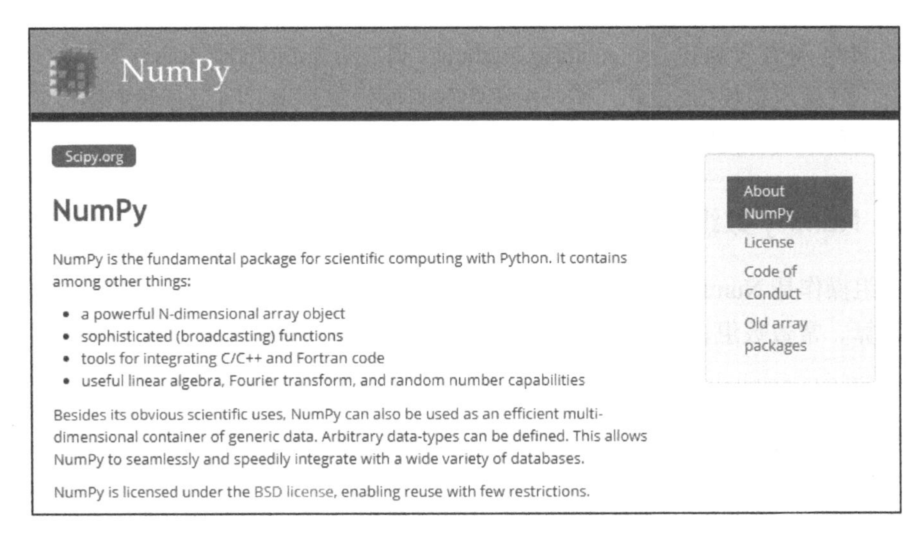

图 2-1 NumPy 官网

1. NumPy 的安装

方法一 Anaconda 已经集成了 NumPy，读者在 DOS 环境下查看：conda list

方法二 读者可以通过 pip 自动安装，执行如下命令：pip install numpy

方法三 读者在 GitHub 上下载 NumPy 源码（https://github.com/numpy/numpy），然后在源码根目录下执行如下命令：python setup.py install

安装完成后，检测是否成功。首先启动 Sublime，然后按 F6 键进入 Python 环境，最后输入 import numpy，得到以下状态即表示安装成功。如图 2-2 所示。

```
*REPL* [python]
Python 3.7.1 (default, Dec 10 2018, 22:54:23) [MSC v.1915 64 bit (AMD64)] :
    Anaconda, Inc. on win32
Type "help", "copyright", "credits" or "license" for more information.
>>> import numpy
>>>
```

图 2-2 验证 NumPy 是否安装成功

2. NumPy 的特点

NumPy 参考了 CPython（一个使用字节码的解释器），但在 CPython 解释器上所写的数学算法代码通常远比编译过的相同代码要慢。为了解决这个难题，NumPy 引入了多维数组以及可以直接有效率地操作多维数组的函数与运算符。在 NumPy 上只要能被表示为针对数组或矩阵运算的算法，其运行效率几乎都可以与编译过的等效 C 语言代码一样快。

NumPy 通常与 SciPy（Scientific Python）和 Matplotlib（绘图库）一起使用，这种组合广泛用于替代 MatLab，是一个强大的科学计算环境，有助于我们通过 Python 学习数据科学或者机器学习。

2.1.2 NumPy 数组

数组操作是 NumPy 的主要模块之一，这里主要介绍一维数组、多维数组、数组基本运算、常数数组、数值范围创建数组、切片和索引以及数组的其他相关操作的实现。

1. 创建一维数组

```
1  import numpy as np
2  # 创建一维数组
3  arr1 = np.array([1, 2, 3])
4  print(arr1)
```

运行结果：

```
[1 2 3]
```

2. 创建多维数组

```
1  import numpy as np
2  arr2 = np.array([[1, 2], [3, 4],[5, 6]])
3  print(arr2)
```

运行结果：

```
[[1 2]   [3 4]   [5 6]]
```

3. 数组基本运算

```
1  import numpy as np
2
3  arr2 = np.array([[1, 2], [3, 4],[5, 6]])
4  print("数组的维数:",arr2.ndim)
5  print("数组元素总个数",arr2.size)
6  print("元素类型",arr2.dtype)
```

运行结果：

```
数组的维数：2
数组元素总个数:6
元素类型:int32
```

4. 创建常数数组

```
1  import numpy as np
2
3  arr3 = np.zeros((2,3), dtype = float, order = 'C')
4  print("创建 0 数组:",arr3)
5
6  arr4 = np.ones([2,3], dtype = None, order = 'C')
7  print("创建 1 数组:",arr4)
```

代码说明：

- dtype：表示数据类型，省略时默认为浮点数据类型。
- order：有 C 和 F 两个选项，分别代表行优先和列优先。

运行结果：

```
创建 0 数组：[[0. 0. 0.]   [0. 0. 0.]]
创建 1 数组：[[1. 1. 1.]   [1. 1. 1.]]
```

5. 使用数值范围创建数组

创建从 1 开始到 10 终止，步长为 2 的浮点型数组。

```
1  import numpy as np
2
3  arr5 = np.arange(1,10,2,dtype=float)
4  print(arr5)
```

运行结果：

```
[1. 3. 5. 7. 9.]
```

6. 切片和索引

```
1  import numpy as np
2
3  arr6 = np.arange(20)
```

```
4  s = slice(1,20,3)    # 从索引 1 开始到索引 20 停止，步长为 3
5  print (arr6[s])
6
7  b = arr6[2:14:2]    # 从索引 2 开始到索引 14 停止，步长为 2
8  print(b)
```

运行结果：

```
[ 1  4  7 10 13 16 19]  [ 2  4  6  8 10 12]
```

7. 数组操作的其他方法

NumPy 数组的其他操作方法包括数组排序、数组逆序、最大最小值差、矩阵百分比、统计中位数、算术平均值、加权平均值、标准差、方差等，其操作也比较简单，这里不再逐一示例，请参考表 2-1 自行实现。

表 2-1　NumPy 数组的其他方法

方法描述	函　　数	方法描述	函　　数
数组排序	numpy.sort()	统计中位数	numpy.median()
数组逆序	numpy.argsort()	算术平均值	numpy.mean()
指定轴的最小值	numpy.amin()	加权平均值	numpy.average()
指定轴的最大值	numpy.amax()	标准差	numpy.std()
最大最小值差	numpy.ptp()	方差	numpy.var()
矩阵百分比	numpy.percentile()		

2.1.3　Numpy 的数学函数

1. 三角函数

```
1  import numpy as np
2
3  # 不同角度的正弦值
4  arr7 = np.array([0,45,90])
5  # 通过乘 pi/180 转化为弧度
6  print (np.sin(arr7*np.pi/180))
```

运行结果：

```
[0. 0.70710678 1. ]
```

2. 三角函数操作的其他方法

三角函数的操作方法包括正弦、余弦、正切、反正弦、反余弦、反正切等，实现方法与上述代码类同，请参考表 2-2 自行使用。

表 2-2　三角函数的操作方法

方法描述	函　　数	方法描述	函　　数
正弦	numpy.sin()	反正弦	numpy.arcsin()
余弦	numpy.cos()	反余弦	numpy.arccos()
正切	numpy.tan()	反正切	numpy.arctan()

3. 矩阵运算

```
1  import numpy as np
2
3  arr8 = np.arange(9, dtype = np.float_).reshape(3,3)
4  print ('第一个数组：\n',arr8)
5  arr9 = np.array([10,10,10])
6  print ('第二个数组：\n',arr9)
7  print ('两个数组之和：\n',np.add(arr8,arr9))
```

运行结果：

```
第一个数组：[[0. 1. 2.]  [3. 4. 5.]  [6. 7. 8.]]
第二个数组：[10 10 10]
两个数组之和：[[10. 11. 12.]  [13. 14. 15.]  [16. 17. 18.]]
```

4. 矩阵运算的其他方法

矩阵运算在数据预处理中的使用频率非常高，涉及的方法有相加、相减、相乘等，限于篇幅不能逐一举例，读者可以参加表 2-3 自行使用。

表 2-3　矩阵运算的其他方法

方法描述	函　　数	方法描述	函　　数
矩阵相加	numpy.add()	矩阵倒数	numpy.reciprocal() 如：1/2 的倒数为 2/1
矩阵相减	numpy.subtract()	矩阵求幂	numpy.power()
矩阵相乘	numpy.multiply()	矩阵取余	numpy.mod()
矩阵相除	numpy.divide()		

2.1.4 NumPy 线性代数运算

1. 点积

```
1  import numpy as np
2
3  arr10 = np.array([[1,2],[3,4]])
4  arr11 = np.array([[5,6],[7,8]])
5  print("数组的点积:\n",np.dot(arr10,arr11))
6  print("向量的点积:\n",np.vdot(arr10,arr11))
7  print ("向量的内积:\n",np.inner(arr10,arr11))
```

运行结果：

```
数组的点积:[[19 22]   [43 50]]
向量的点积:70
向量的内积:[[17 23]   [39 53]]
内积计算：15+26=17，17+28=23  35+46=39, 37+48=53
```

2. 线性代数操作的其他方法

线性代数运算也是比较重要的知识，NumPy 使用频率也较高，具体函数如表 2-4 所示，读者可参照上述代码自行使用。

表 2-4　线性代数操作的其他方法

方法描述	函　数	方法描述	函　数
矩阵乘积	numpy.matmul()	矩阵线性方程解	numpy.linalg.solve()
矩阵的行列式	numpy.linalg.det()	逆矩阵	numpy.linalg.inv()

2.1.5 NumPy IO 操作

NumPy 为 ndarray 对象引入了一个简单的文件格式 npy，npy 文件用于存储重建 ndarray 所需的数据、图形、dtype 和其他信息。

1. 数组保存为 npy 文件

```
1  import numpy as np
2
3  arr12 = np.array([[17,23],[39,53]])
```

```
4  # 保存到 outfile.npy 文件中
5  np.save('outfile.npy',arr12)
6
7  #加载 npy 文件
8  arr13 = np.load('outfile.npy')
9  print (arr13)
```

运行结果：

```
[[17. 23.]  [39. 53.]]
```

2. 数组保存为 txt 文件

```
1  import numpy as np
2
3  np.savetxt('out.txt',arr12)
4  # 加载 txt 文件
5  arr14 = np.loadtxt('out.txt')
6  print(arr14)
```

运行结果：

```
[[17. 23.]  [39. 53.]]
```

2.2　SciPy

SciPy 是一个 Python 的常用科学计算工具包，本节主要介绍 SciPy 的安装和特点以及 SciPy Linalg、SciPy 文件操作、SciPy 插值、SciPy Ndimage 和 SciPy 算法优化等常用的内置模块（源代码见：Chapter2/ScipyDome.py）。

2.2.1　SciPy 的安装和特点

SciPy 官网（网址：https://www.scipy.org/）如图 2-3 所示，包含最优化、线性代数、积分、插值、特殊函数、快速傅里叶变换、信号处理和图像处理、常微分方程求解等模块。

图 2-3　SciPy 官网

1. SciPy 的安装

可使用以下 3 种方法安装 SciPy：

方法一　Anaconda 已经集成了 SciPy，读者可使用命令 conda list 在 DOS 环境下查看。

方法二　可以通过 pip 命令自动安装，请执行如下命令：pip install scipy。

方法三　在 GitHub 上下载 SciPy 源码（网址：https://github.com/numpy/numpy），然后在源码根目录下执行如下命令：python setup.py install。

安装完成后，检测是否成功。首先打开 Sublime，然后按 F6 键进入 Python 环境，最后输入 import sicpy，得到如图 2-4 所示的状态即表示安装成功。

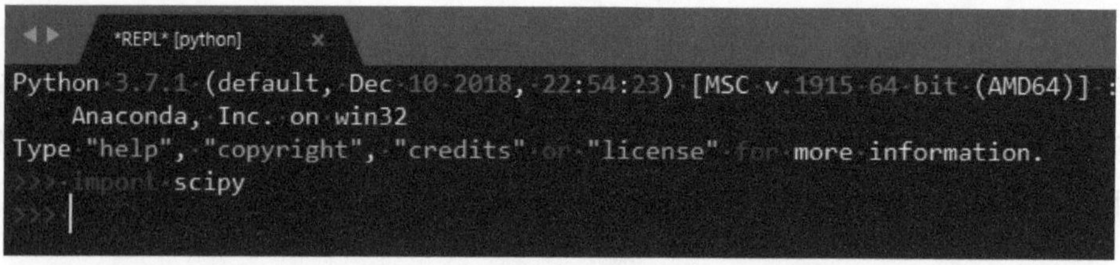

```
*REPL* [python]
Python 3.7.1 (default, Dec 10 2018, 22:54:23) [MSC v.1915 64 bit (AMD64)] :
    Anaconda, Inc. on win32
Type "help", "copyright", "credits" or "license" for more information.
>>> import scipy
>>>
```

图 2-4　验证 SciPy 是否成功安装

2. SciPy 的特点

SciPy 库依赖于 NumPy，它提供了便捷且快速的 N 维数组操作。SciPy 库与 NumPy 数组一起工作，并提供了许多用户友好和高效的实现方法，它们一起运行在所有流行的操作系统上，安装快速且免费。

SciPy 提供了丰富的子模块，具体参见表 2-5 所示。

表 2-5　SciPy 的子模块

模块描述	子　模　块	模块描述	子　模　块
线性代数	scipy.linalg	向量量化	scipy.cluster
优化算法	scipy.optimize	数学常量	scipy.constants
矩阵线性方程解	scipy.sparse	数据输入输出	scipy.io
统计函数	scipy.stats	信号处理	scipy.signal
快速傅里叶变换	scipy.fftpack	特殊数学函数	scipy.special
积分	scipy.integrate	空间数据结构和算法	scipy.spatial
N 维图像	scipy.ndimage		

2.2.2　SciPy Linalg

SciPy Linalg 模块包含线性代数函数，使用该模块可以计算逆矩阵、求特征值、解线性方程组以及求行列式等。

1. 求解线性方程组

我们使用 Linalg 求解如下方程组：

```
1  3x+2y=2
2  x-y=4
3  5y+z=-2
```

完整的代码实现如下：

```
1  import numpy as np
2  from scipy import linalg
3
4  a = np.array([[3, 2, 0], [1, -1, 0], [0, 5, 1]])
5  b = np.array([2, 4, -2])
6  res1 = linalg.solve(a, b)
7  print ('线性方程组的解是：',res1)
```

代码说明：

数组 a 表示未知数的系数矩阵，数组 b 表示等号右边方程组值的矩阵。

运行结果：

```
线性方程组的解是： [ 2. -2. 8.]
```

2. 求解行列式

```
1  import numpy as np
2  from scipy import linalg
3
4  A = np.array([[1,2],[3,4]])
5  res2 = linalg.det(A)
6  print ('行列式的解是：',res2)
```

运行结果：

行列式的解是：14-23=-2.0

3. 求解特征值和特征向量

```
1  <pre>
2  import numpy as np
3  from scipy import linalg
4
5  A = np.array([[1,2],[3,4]])
6  λ, v = linalg.eig(A)
7  print ("特征值:\n",λ,"\n特征向量:\n", v)
```

代码说明：

- A表示方阵。
- 特征值 λ 和相应的特征向量 v 的关系是：Av＝λv。

运行结果：

特征值:[-0.37228132+0.j 5.37228132+0.j]
特征向量:[[-0.82456484 -0.41597356]   [0.56576746 -0.90937671]]

4. 奇异值分解（SVD）

```
1  import numpy as np
2  from scipy import linalg
3
4  a = np.random.randn(2, 3) + 1.j*np.random.randn(2, 3)
5  U, s, Vh = linalg.svd(a)
6  print ('酉矩阵1:\n',U,'\n酉矩阵2:\n', Vh,'\n奇异值\n',s)
```

代码说明：

- 矩阵 a 分解为两个酉矩阵（U和Vh）和一个奇异值。
- a＝U * s* Vh。

运行结果：

酉矩阵 1： [[-0.55728327+6.19565045e-18j 0.83032244+1.53440325e-16j] [-0.73499882+3.86279815e-01j -0.4933054 +2.59257451e-01j]]

酉矩阵 2： [[-0.01859058+0.2815052j 0.48875549-0.51402169j -0.59175181-0.25911153j] [0.05125373-0.51573816j -0.43163592-0.32192764j -0.03326072-0.66357664j] [-0.6951096 +0.41063251j -0.24183519-0.38531617j 0.37284682-0.04728662j]]

奇异值： [4.13890535 0.88993684]

2.2.3 SciPy 文件操作

1. 保存 MATLAB 文件

```
1  import numpy as np
2  import scipy.io as sio
3
4  #保存一个 matlab 文件
5  vect = np.arange(10)
6  sio.savemat('array.mat', {'vect':vect})
7  加载 matlab 文件
8  import numpy as np
9  import scipy.io as sio
10
11 #加载一个 matlab 文件
12 mat_file_content = sio.loadmat('array.mat')
13 print (mat_file_content)
```

运行结果：

{ '__header__': b'MATLAB 5.0 MAT-file Platform: nt, Created on: Tue Feb 26 16:32:00 2019', '__version_': '1.0', '__globals__': [], 'vect': array([[0, 1, 2, 3, 4, 5, 6, 7, 8, 9]]) }

2. 查看 MATLAB 文件变量

```
1  import numpy as np
2  import scipy.io as sio
3
4  # 列出 MATLAB 文件中的变量
5  mat_file_content = sio.whosmat('array.mat')
6  print (mat_file_content)
```

运行结果：

```
[('vect', (1, 10), 'int32')]
```

2.2.4 SciPy 插值

插值是在直线或曲线上的两点之间找到值的过程。插值不仅适用于统计学，而且在科学、商业和需要预测两个现有数据点之间的值时也很有用。

1. 绘制二维空间图

```
1  import numpy as np
2  from scipy.interpolate import *
3  import matplotlib.pyplot as plt
4
5  # 两个维度空间点绘图
6  x = np.linspace(0, 4, 12)
7  y = np.cos(x**2/3+4)
8  print (x,y)
9  plt.plot(x, y,'o')
10 plt.show()
```

二维空间的余弦散列点运行结果如图 2-5 所示。

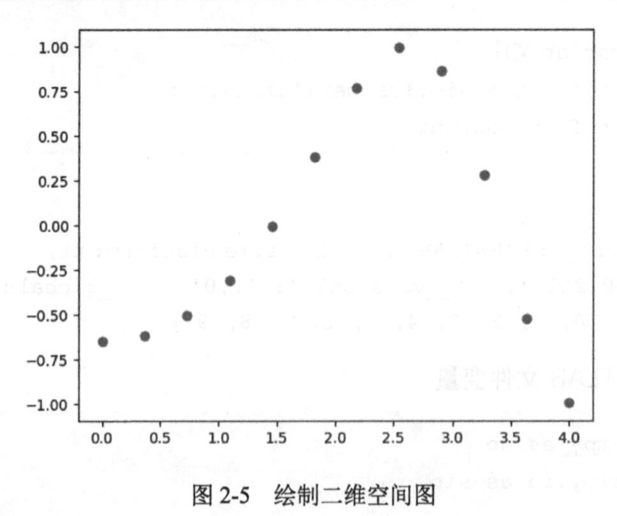

图 2-5　绘制二维空间图

2. 一维插值

一种基于固定数据点来推导出函数的便捷方法，可以使用线性插值在给定数据定义域内的任意位置推导出该函数。

```
1  import numpy as np
2  from scipy.interpolate import *
3  import matplotlib.pyplot as plt
4
5  f1 = interp1d(x, y,kind = 'linear')
6  f2 = interp1d(x, y, kind = 'cubic')
7  xnew = np.linspace(0, 4,30)
8  plt.plot(x, y, 'o', xnew, f1(xnew), '-', xnew, f2(xnew), '--')
9  plt.legend(['data', 'linear', 'cubic','nearest'], loc = 'best')
10 plt.show()
```

运行结果如图 2-6 所示。

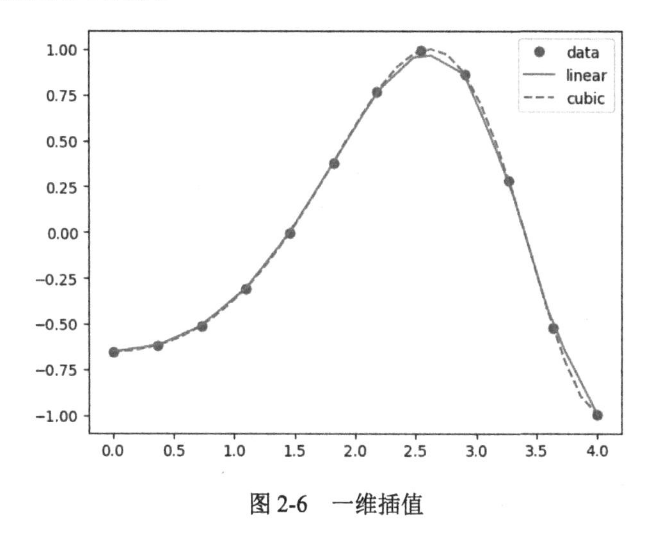

图 2-6 一维插值

3. 样条曲线

```
1  import numpy as np
2  from scipy.interpolate import *
3  import matplotlib.pyplot as plt
4
5  # 默认平滑参数
6  x = np.linspace(-3, 3, 50)
7  y = np.exp(-x**2) + 0.1 * np.random.randn(50)
8  plt.plot(x, y, 'ro', ms = 5)
9
10 # 手动更改平滑量
11 spl = UnivariateSpline(x, y)
```

```
12  xs = np.linspace(-3, 3, 1000)
13  spl.set_smoothing_factor(0.5)
14  plt.plot(xs, spl(xs), 'b', lw = 3)
15  plt.show()
```

运行结果如图 2-7 所示。

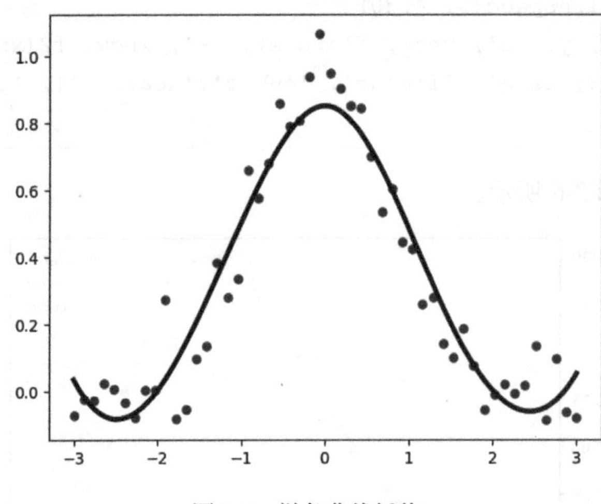

图 2-7　样条曲线插值

2.2.5 SciPy Ndimage

SciPy 的 ndimage 子模块专用于图像处理，ndimage 表示一个 n 维图像。图像处理中一些最常见的任务如下：

- 图像的输入、输出和显示。
- 基本操作，如裁剪、翻转、旋转等。
- 图像过滤，如去噪、锐化等。
- 图像分割，如标记对应于不同对象的像素。
- 分类。
- 特征提取。
- 注册。

下面使用 SciPy 实现其中的一些功能。

1. 打开图像

```
1  from scipy import misc,ndimage
2  import scipy.ndimage as nd
```

```
3  import numpy as np
4  import matplotlib.pyplot as plt
5
6  f = misc.face()
7  misc.imsave('face.png', f)
8  plt.imshow(f)
9  plt.show()
```

运行结果如图 2-8 所示。

图 2-8　打开图像

2. 图像倒置

```
1  from scipy import misc,ndimage
2  import scipy.ndimage as nd
3  import numpy as np
4  import matplotlib.pyplot as plt
5
6  face = misc.face()
7  flip_ud_face = np.flipud(face)
8  plt.imshow(flip_ud_face)
9  plt.show()
```

运行结果如图 2-9 所示。

图 2-9　图像倒置

3. 按指定的角度旋转图像

```
1  from scipy import misc,ndimage
2  import scipy.ndimage as nd
3  import numpy as np
4  import matplotlib.pyplot as plt
5
6  face = misc.face()
7  rotate_face = ndimage.rotate(face, 45)
8  plt.imshow(rotate_face)
9  plt.show()
```

运行结果如图 2-10 所示。

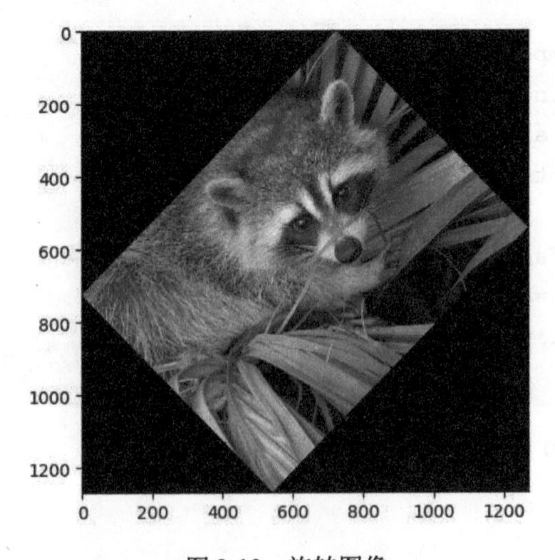

图 2-10　旋转图像

4. 模糊图像

```
1  from scipy import misc,ndimage
2  import scipy.ndimage as nd
3  import numpy as np
4  import matplotlib.pyplot as plt
5
6  face = misc.face()
7  blurred_face = ndimage.gaussian_filter(face, sigma=5)
8  plt.imshow(blurred_face)
9  plt.show()
```

代码说明：

sigma 值表示 5 级模糊程度。通过调整 sigma 值，可以看到图像质量的变化。

运行结果如图 2-11 所示。

图 2-11　模糊图像

2.2.6　SciPy 优化算法

1. 梯度下降优化算法

求解方程：x^2-2x 的最小值，求解代码如下：

```
1  def f(x):
2      return x**2-2*x
3
```

```
4  x = np.arange(-10, 10, 0.1)
5  plt.plot(x, f(x))
6  plt.show()
```

运行结果如图 2-12 所示。

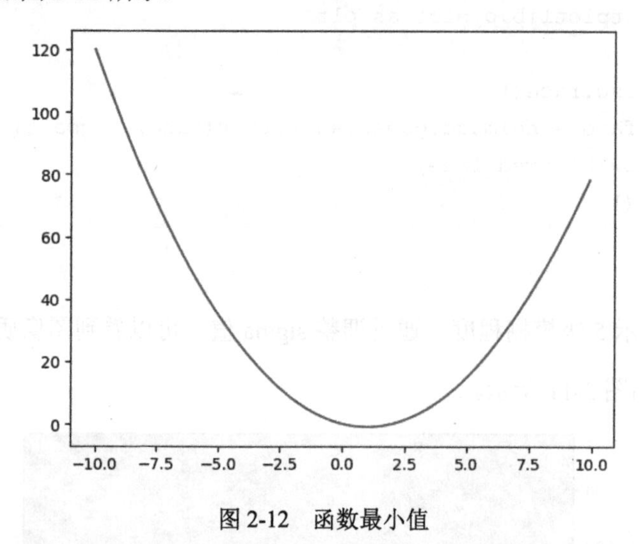

图 2-12　函数最小值

通过可视化结果可以发现，最小值比 0 略小。下面是梯度下降的实现代码：

```
1  from scipy import optimize
2
3  # 梯度下降优化算法
4  def f(x):
5     return x**2-2*x
6  initial_x = 0
7  optimize.fmin_bfgs(f,initial_x)
```

运行结果：

```
   Optimization terminated successfully.   Current function value:
-1.000000   Iterations: 2   Function evaluations: 9
Gradient evaluations: 3
```

结果显示最优值为-1，也满足可视化的判断。关于梯度下降算法的理论知识，读者可参考相关资料。

2. 最小二乘法优化算法

```
1  # 最小二乘法
2  from scipy.optimize import least_squares
3  def fun_rosenbrock(x):
4      return np.array([10 * (x[1] - x[0]**2), (1 - x[0])])
5  input = np.array([2, 2])
6  res = least_squares(fun_rosenbrock, input)
7  print ('最小值是：',res)
```

运行结果：

```
最小值是： = [1.0,1.0]
```

本节展示了SciPy在优化算法等领域的应用，有关具体理论知识，读者可以自行查找资料学习。

2.3 Pandas

Pandas也是一个常用的Python科学计算工具包，被广泛用于包括金融、经济、统计、分析等学术和商业领域的数据分析、数据清洗和准备等工作，是数据预处理的核心模块。使用Pandas可以完成数据处理和分析的5个典型步骤即数据加载、数据准备、操作、模型和分析。本节主要介绍Pandas的安装和特点以及Pandas的数据结构、数据统计、处理缺失值、稀疏数据、文件操作和可视化技术。

Pandas的官网：https://pandas.pydata.org/，如图2-13所示。

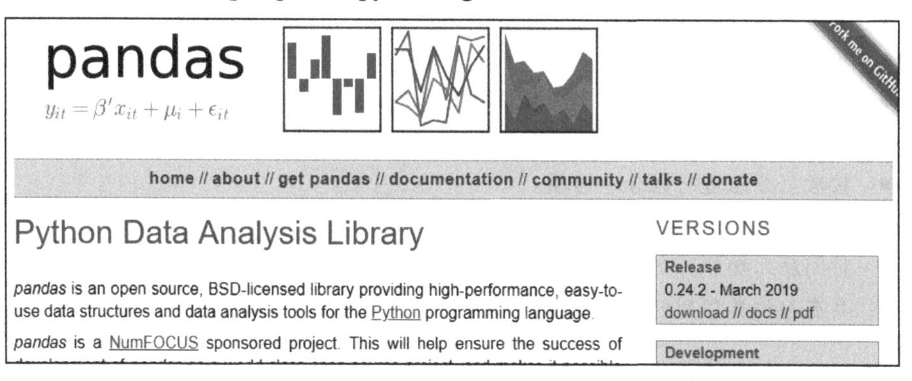

图2-13　Pandas 官网

（源代码见：Chapter2/PandasDome.py）

2.3.1 Pandas的安装和特点

1. Pandas的安装

可以通过以下3种方法安装Pandas：

方法一 Anaconda已经集成了Pandas，读者在命令提示符环境下查看：conda list。

方法二 可以通过pip自动安装，执行如下命令：pip install pandas。

方法三 在GitHub上下载Pandas源码（网址：https://github.com/pandas-dev/pandas），然后在源码根目录下执行如下命令：python setup.py install。

安装完成后，检测是否成功。首先启动Sublime，然后按F6键进入Python环境，输入import pandas，得到以下状态即安装成功。如图2-14所示。

```
Python 3.7.1 (default, Dec 10 2018, 22:54:23) [MSC v.1915 64 bit (AMD64)] :
    Anaconda, Inc. on win32
Type "help", "copyright", "credits" or "license" for more information.
>>> import pandas
>>>
```

图2-14 验证Pandas是否安装成功

2. Pandas的特点

Pandas快速高效、对缺失值自动处理及支持异构数据类型等诸多特点深受Python爱好者的喜欢，其主要特点包括：

- 快速高效的DataFrame对象，具有默认和自定义的索引。
- 将数据从不同文件格式加载到内存中的数据对象工具。
- 丢失数据的数据对齐和综合处理。
- 重组和摆动日期集。
- 基于标签的切片、索引和大数据集的子集。
- 可以删除或插入来自数据结构的列。
- 按数据分组进行聚合和转换。
- 高性能合并和数据加入。
- 时间序列功能。
- 具有异构类型列的表格数据，例如SQL表格或Excel数据。

2.3.2 Pandas的数据结构

Pandas可处理以下3种数据结构：

1. 系列（Series）

系列是具有均匀数据的一维数组结构。表 2-6 中的系列是整数 1,3,5,6...的集合。

表 2-6　一维数组

A	B	C	D	E	F
1	3	5	6	8	10

代码实现：

```
1  import pandas as pd
2  import numpy as np
3  import matplotlib.pyplot as plt
4
5  data = np.array(['a','b','c','d'])
6  index=[100,101,102,103]
7  obj = pd.Series(data,index)
8  print(obj)
```

代码说明：

代码中使用了 pandas.Series 方法处理一位数组，该方法共有 4 个参数，即 pandas.Series(data, index,dtype, copy)，各参数的说明如下：

- data：传入的数据参数，数据类型支持数组、列表等。
- index：索引，与数据的长度相同。
- dtype ：用于表示数据类型，省略是默认为浮点数据类型。
- copy：复制一份数据，默认为false。

运行结果：

```
100 a  101 b  102 c  103 d  dtype: object
```

2. 数据帧（DataFrame）

数据帧是一个具有异构数据的二维数组，如表 2-7 所示。

表 2-7　二维数组

姓　名	年　龄	性　别	籍　贯
张三	25	男	四川-成都
李四	22	男	河南-郑州
王五	25	女	陕西-西安

代码实现：

```
1  import pandas as pd
2  import numpy as np
3  import matplotlib.pyplot as plt
4
5  data = {'Name':['Tom','Jack','Steve','Ricky'],'Age':[28,34,29,42]}
6  df = pd.DataFrame(data, index=['rank1','rank2','rank3','rank4'],
   dtype=float)
7  print(df[:2])
```

代码说明：

代码中使用了 pandas.DataFrame 方法处理二维数据，该方法共有 5 个参数，即 pandas.DataFrame(data, index, columns, dtype, copy)，各参数说明如下：

- data：传入的数据参数，数据类型支持数组、列表、字典等。
- index：索引，与数据的长度相同。
- columns：列参数。
- dtype：用于表示数据类型，省略是默认为浮点型。
- copy：复制数据，默认为false（不复制）。

运行结果：

```
       Name   Age
rank1   Tom  28.0
rank2  Jack  34.0
```

3. 面板（Panel）

面板是具有异构数据的三维数据结构，在图形表示中很难表示出面板，但是一个面板可以说明为 DataFrame 的容器。

代码实现：

```
1  import pandas as pd
2  import numpy as np
3  import matplotlib.pyplot as plt
4
5  data = {'Item1' : pd.DataFrame(np.random.randn(4, 3)),
6          'Item2' : pd.DataFrame(np.random.randn(4, 2))}
7  p = pd.Panel(data)
8  print( p['Item1'])
```

代码说明：

代码中使用了pandas.Panel方法，该方法表示创建一个面板。该方法共有6个参数，即pandas.Panel (data, items, majoraxis, minoraxis, dtype, copy)，各参数的含义如下：

- data: 传入的数据参数，数据类型支持数组、列表、字典等。
- items: axis 0，每个项目对应于内部包含的数据帧（DataFrame）。
- major_axis: axis 1，表示每个数据帧（DataFrame）的行。
- minor_axis: axis 2 ，表示每个数据帧（DataFrame）的列。
- dtype: 用于表示数据类型，省略是默认为浮点数据类型。
- copy: 复制数据，默认为false（不复制）。

运行结果：

```
          0         1         2
0 -1.056665 -2.042454  0.761872
1 -0.973774 -1.263141  0.586314
2  0.463656 -0.786289 -0.791540
3 -1.533797 -0.891689  0.035241
```

2.3.3 Pandas的数据统计

1. 利用DataFrame创建二维数组

代码实现：

```
1  import pandas as pd
2  import numpy as np
3
4  d = {'Name':pd.Series(['Tom','James','Ricky','Vin','Steve',
   'Minsu','Jack','Lee','David','Gasper','Betina','Andres']),
5        'Age':pd.Series([25,26,25,23,30,29,23,34,40,30,51,46]),
6     'Rating':pd.Series([4.23,3.24,3.98,2.56,3.20,4.6,3.8,3.78,
   2.98, 4.80,4.10,3.65])}
7  df = pd.DataFrame(d)
8  print(df)
```

运行结果：

```
      Name   Age  Rating
0      Tom   25    4.23
1    James   26    3.24
2    Ricky   25    3.98
3      Vin   23    2.56
```

```
4    Steve  30   3.20
5    Minsu  29   4.60
6     Jack  23   3.80
7      Lee  34   3.78
8    David  40   2.98
9   Gasper  30   4.80
10  Betina  51   4.10
11  Andres  46   3.65
```

2. 数据统计

代码实现：

```
1  # 统计数据之和
2  print('数据之和:\n',df.sum())
3  # 统计数据的均值
4  print('数据的均值:\n',df.mean())
5  # 统计数据的标准偏差
6  print('数据的标准偏差:\n',df.std())
```

运行结果：

```
数据之和:
Name      TomJamesRickyVin...
Age       382
Rating     44.92
dtype: object

数据的均值:
Age       31.833333
Rating     3.743333
dtype: float64

数据的标准偏差:
Age       9.232682
Rating    0.661628
dtype: float64
```

Pandas 的其他统计方法，如表 2-8 所示。

表 2-8　Pandas 的其他统计方法

方法描述	函　数	方法描述	函　数
非空观测数量	pandas.count()	所有值中的最小值	pandas.min()
所有值之和	pandas.sum()	所有值中的最大值	pandas.max()
所有值的平均值	pandas.mean()	绝对值	pandas.abs()
所有值的中位数	pandas.median()	数组元素的乘积	pandas.prod()
值的模值	pandas.mode()	数组元素的累加和	pandas.cumsum()
值的标准偏差	pandas.std()	累计乘积	pandas.cumprod()

2.3.4　Pandas 处理丢失值

机器学习和数据挖掘等领域由于数据缺失导致的数据质量差，在模型预测的准确性上面临着严重的问题。为了提高模型效果可以使用 Pandas 对数据缺失值进行处理。

1. 构造一个含有缺失值的数据集

使用重构索引（Reindexing），创建有一个缺少值的 DataFrame。代码实现：

```
1  import pandas as pd
2  import numpy as np
3
4  df = pd.DataFrame(np.random.randn(5, 3), index=['a', 'c', 'e', 'f',
5  'h'],columns=['one', 'two', 'three'])
6  df = df.reindex(['a', 'b', 'c', 'd', 'e', 'f', 'g', 'h'])
7  print (df)
```

运行结果：

```
        one       two     three
a  0.749993 -0.524868  0.996772
b       NaN       NaN       NaN
c -2.129368 -1.000072  1.515642
d       NaN       NaN       NaN
e  1.617229 -0.046227 -1.003343
f  0.763989 -0.283858 -0.009689
g       NaN       NaN       NaN
h  1.246244  0.236078 -2.142169
```

在输出结果中，NaN 表示不是数字的值。

2. 检查缺失值

Pandas 提供了 isnull()和 notnull()函数，它们也是 Series 和 DataFrame 对象的方法，可用于检查缺失值，代码如下：

```
1  import pandas as pd
2  import numpy as np
3
4  df = pd.DataFrame(np.random.randn(5, 3), index=['a', 'c', 'e', 'f',
5  'h'],columns=['one', 'two', 'three'])
6  df = df.reindex(['a', 'b', 'c', 'd', 'e', 'f', 'g', 'h'])
7  print (df['one'].isnull())
```

运行结果：

```
     one   two  three
a  False False  False
b   True  True   True
c  False False  False
d   True  True   True
e  False False  False
f  False False  False
g   True  True   True
h  False False  False
```

3. 清理/填充缺少数据

（1）用标量值 0 替换缺失值，其中 g 行表示缺少的数据。

```
1  import pandas as pd
2  import numpy as np
3
4  df = pd.DataFrame(np.random.randn(5, 3), index=['a', 'c', 'e', 'f',
5  'h'],columns=['one', 'two', 'three'])
6  df = df.reindex(['a', 'b', 'c', 'd', 'e', 'f', 'g', 'h'])
7  print ("NaN replaced with '0':")
8  print (df.fillna(0))
```

运行结果：

```
        one       two     three
a -0.514238  2.088999  0.432063
b  0.000000  0.000000  0.000000
c -1.252190  1.228565  0.593918
```

```
d  0.000000  0.000000  0.000000
e -0.356422 -0.316063  2.038978
f -1.124368  1.445957  0.080762
g  0.000000  0.000000  0.000000
h  0.492614 -0.259457 -0.935228
```

（2）用缺失值的前一行替换缺失值，例如 a,b 行，其中 b 为缺少数据。

实现代码如下：

```
1  import pandas as pd
2  import numpy as np
3
4  df = pd.DataFrame(np.random.randn(5, 3), index=['a', 'c', 'e', 'f',
5  'h'],columns=['one', 'two', 'three'])
6  df = df.reindex(['a', 'b', 'c', 'd', 'e', 'f', 'g', 'h'])
7  print (df.fillna(method='pad'))
```

运行结果：

```
        one       two     three
a -1.643899  0.189767 -0.164862
b -1.643899  0.189767 -0.164862
c  1.016934  0.283606  0.906205
d  1.016934  0.283606  0.906205
e -0.046524 -0.060849 -0.046224
f -0.631722 -1.034078  0.416126
g -0.631722 -1.034078  0.416126
h  0.485579 -1.348188 -0.099870
```

（3）剔除缺失值。

```
1  import pandas as pd
2  import numpy as np
3
4  df = pd.DataFrame(np.random.randn(5, 3), index=['a', 'c', 'e', 'f',
5  'h'],columns=['one', 'two', 'three'])
6  df = df.reindex(['a', 'b', 'c', 'd', 'e', 'f', 'g', 'h'])
7  print (df.dropna(axis=0))
```

代码说明：

- axis=0：表示作用在行上，如果axis=1，则表示作用在列上。

运行结果：

```
        one       two     three
a  0.617105  1.021967 -0.991709
c  0.238544 -0.100752 -0.131364
e  1.213844  0.091464  1.189781
f -0.061523 -0.229137 -0.032633
h -0.455861 -1.027256 -0.236553
```

（4）设置任意值替换缺失值，如one列的2000被60替换，two列的1000被10替换。

代码如下：

```
1  import pandas as pd
2  import numpy as np
3
4  df = pd.DataFrame({'one':[10,20,30,40,50,2000],
5  'two':[1000,0,30,40,50,60]})
6  print (df.replace({1000:10,2000:60}))
```

运行结果：

```
   one  two
0   10   10
1   20    0
2   30   30
3   40   40
4   50   50
5   60   60
```

（5）忽略缺失值。

```
1  import pandas as pd
2  import numpy as np
3
4  df = pd.DataFrame(np.random.randn(5, 3), index=['a', 'c', 'e', 'f',
5  'h'],columns=['one', 'two', 'three'])
6  df = df.reindex(['a', 'b', 'c', 'd', 'e', 'f', 'g', 'h'])
7  print("df.dropna():\n{}\n".format(df.dropna()))
```

运行结果：

```
        one       two     three
a -1.183113  0.669814 -0.416021
c  0.478092 -0.065262  0.145993
e  0.006571 -1.060615 -1.099261
f -0.245773  0.596491 -0.213138
h -0.794740  0.252769  0.108073
```

2.3.5 Pandas处理稀疏数据

当任何匹配特定值的数据（NaN/缺失值或任何值）被省略时，稀疏对象被“压缩”。

稀疏数据处理

```
1  import pandas as pd
2  import numpy as np
3
4  df = pd.DataFrame(np.random.randn(10000, 4))
5  df.ix[:9998] = np.nan
6  sdf = df.to_sparse()
7  # 调用to_dense标准密集进行稀疏数据的处理
8  print ('稀疏数据集：\n',sdf.to_dense())
9  # 稀疏率
10 print ('稀疏率：\n',sdf.density)
```

运行结果：

```
稀疏数据集：
            0         1         2         3
0        NaN       NaN       NaN       NaN
1        NaN       NaN       NaN       NaN
2        NaN       NaN       NaN       NaN
3        NaN       NaN       NaN       NaN
4        NaN       NaN       NaN       NaN
...      ...       ...       ...       ...
9996     NaN       NaN       NaN       NaN
9997     NaN       NaN       NaN       NaN
9998     NaN       NaN       NaN       NaN
9999 -1.104343 -0.516193  1.156061 -0.328376
```

```
[10000 rows x 4 columns]
稀疏率：
 0.0001
```

2.3.6 Pandas 的文件操作

Pandas 库提供了一系列的 read_函数来读取各种格式的文件，这些 read_函数如下所示：

```
read_csv            read_table          read_fwf
read_clipboard      read_excel          read_hdf
read_html           read_json           read_msgpack
read_pickle         read_sas            read_sql
read_stata          read_feather
```

下面通过示例来说明部分函数的使用。

1. 操作 Excel 文件

```
1  import pandas as pd
2  import numpy as np
3
4  df1 = pd.read_excel("data/test1.xlsx")
5  print("df1:\n{}\n".format(df1))
```

代码说明：

本例表示使用 Pandas 的 read_excel 方法来处理 Excel 格式文件并打印输出 Excel 文件的内容。

运行结果：

```
df1:
       学号   姓名  性别   年龄
0  212001  张三   男     23
1  212002  李四   男     22
2  212003  王五   男     23
3  212004  赵六   男     21
4  212005  钱七   男     24
```

2. 操作 CSV 文件

```
1  import pandas as pd
2  import numpy as np
```

```
3
4  df2 = pd.read_csv("data/test2.csv", sep=",")
5  print("df2:\n{}\n".format(df2))
```

代码说明：

本例使用 Pandas 的 read_csv 方法来处理 CSV 格式文件并打印出文件的内容。

运行结果：

```
df2:
       学号   姓名  性别  年龄
0  212001  张三  男    23
1  212002  李四  男    22
2  212003  王五  男    23
3  212004  赵六  男    21
4  212005  钱七  男    24
```

3. 操作 JSON 文件

```
1  import pandas as pd
2  import numpy as np
3
4  # 转存 JSON 文件
5  df = pd.DataFrame([['a', 'b'], ['c', 'd']],index=['row 1', 'row
   2'],columns=['col 1', 'col 2'])
6  data_json=df.to_json(orient='columns')
7  print(data_json)
8
9  # 读取 json 文件
10 df3 = pd.read_json("data/test3.json")
11 print("df3:\n{}\n".format(df2))
```

代码说明：

本例首先将列表数据转化为 JSON 格式数据，然后调用 Pandas 的 read_json 方法处理 JSON 格式文件并打印输出内容。

运行结果：

```
JSON 文件
{"col 1":{"row 1":"a","row 2":"c"},"col 2":{"row 1":"b","row 2":"d"}}

df3:
```

```
       学号  姓名 性别  年龄
0  212001  张三  男    23
1  212002  李四  男    22
2  212003  王五  男    23
3  212004  赵六  男    21
4  212005  钱七  男    24
```

2.3.7 Pandas 可视化

1. 绘制折线图

```
1  import matplotlib.pyplot as plt
2  import pandas as pd
3  import numpy as np
4
5  # 折线图
6  df = pd.DataFrame(np.random.randn(10,4), index=
7      pd.date_range('2019/2/27',periods=10), columns=list('ABCD'))
8  df.plot()
9  plt.show()
```

运行结果如图 2-15 所示。

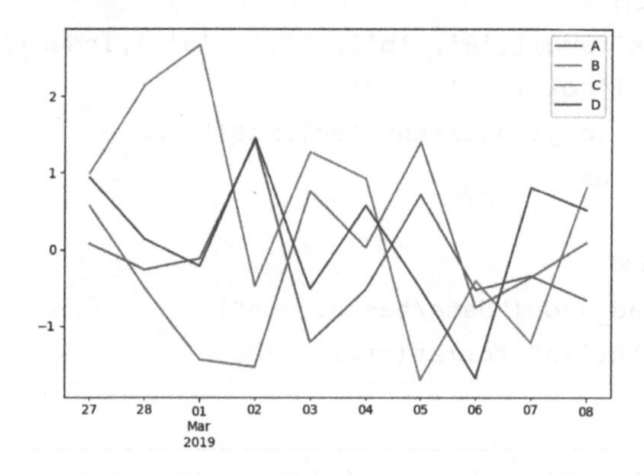

图 2-15 折线图

2. 绘制条形图

```
1  import matplotlib.pyplot as plt
2  import pandas as pd
3  import numpy as np
4
5  df = pd.DataFrame(np.random.rand(10,4),columns=['a','b','c','d'])
```

```
6  df.plot.bar()
7  plt.show()
```

运行结果如图 2-16 所示。

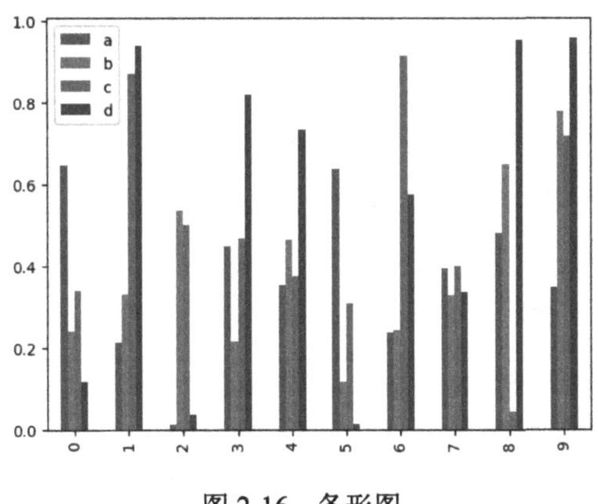

图 2-16　条形图

3. 绘制堆积条形图

```
1  import matplotlib.pyplot as plt
2  import pandas as pd
3  import numpy as np
4
5  # 堆积条形图
6  df = pd.DataFrame(np.random.rand(10,4),columns=['a','b','c','d'])
7  df.plot.bar(stacked=True)
8  plt.show()
```

运行结果如图 2-17 所示。

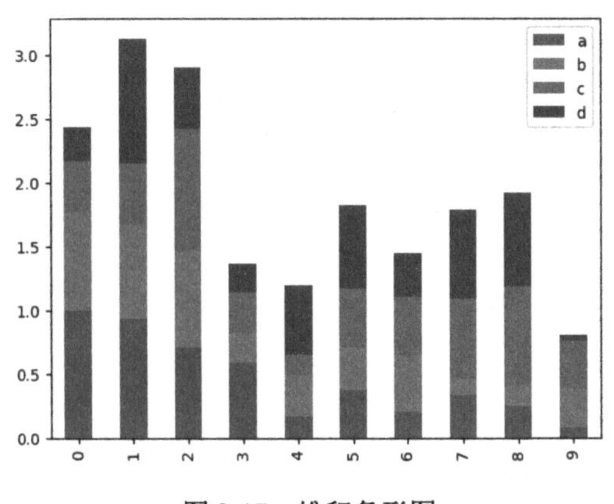

图 2-17　堆积条形图

4. 绘制水平条形图

```
1  import matplotlib.pyplot as plt
2  import pandas as pd
3  import numpy as np
4
5  # 水平条形图
6  df = pd.DataFrame(np.random.rand(10,4),columns=['a','b','c','d'])
7  df.plot.barh(stacked=True)
8  plt.show()
```

运行结果如图 2-18 所示。

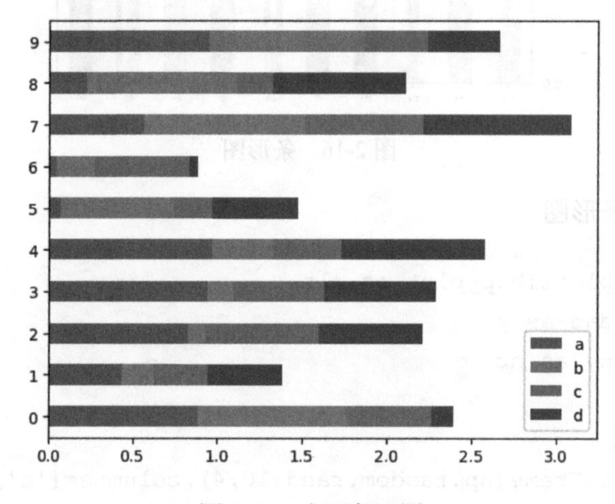

图 2-18　水平条形图

5. 绘制直方图

```
1  import matplotlib.pyplot as plt
2  import pandas as pd
3  import numpy as np
4
5  # 直方图
6  df = pd.DataFrame({'a':np.random.randn(1000)+1,
   'b':np.random.randn(1000),'c':
7  np.random.randn(1000) - 1}, columns=['a', 'b', 'c'])
8  df.plot.hist(bins=20)
9  plt.show()
```

运行结果如图 2-19 所示。

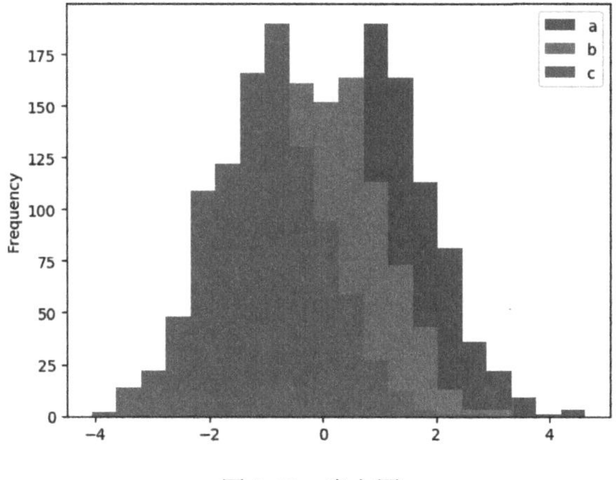

图 2-19　直方图

6. 绘制多个直方图

```
1  import matplotlib.pyplot as plt
2  import pandas as pd
3  import numpy as np
4
5  # 多个直方图
6  df=pd.DataFrame({'a':np.random.randn(1000)+1,'b':np.random.randn
   (1000),'c':
7  np.random.randn(1000) - 1}, columns=['a', 'b', 'c'])
8  df.hist(bins=20)
9  plt.show()
```

运行结果如图 2-20 所示。

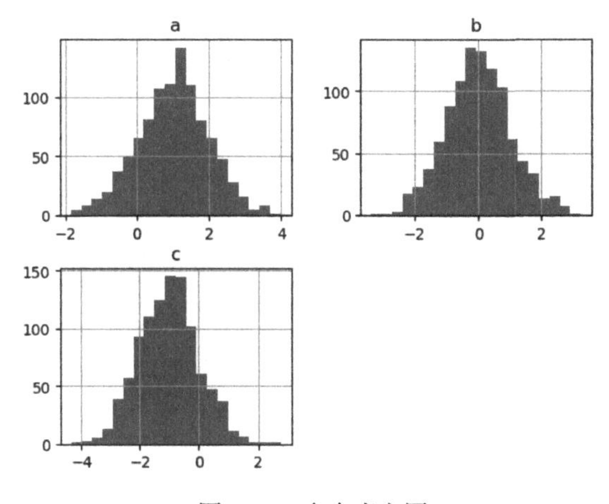

图 2-20　多个直方图

7. 绘制箱形图

```
1  import matplotlib.pyplot as plt
2  import pandas as pd
3  import numpy as np
4
5  # 箱形图
6  df = pd.DataFrame(np.random.rand(10, 5), columns=['A', 'B', 'C', 'D',
   'E'])
7  df.plot.box()
8  plt.show()
```

运行结果如图 2-21 所示。

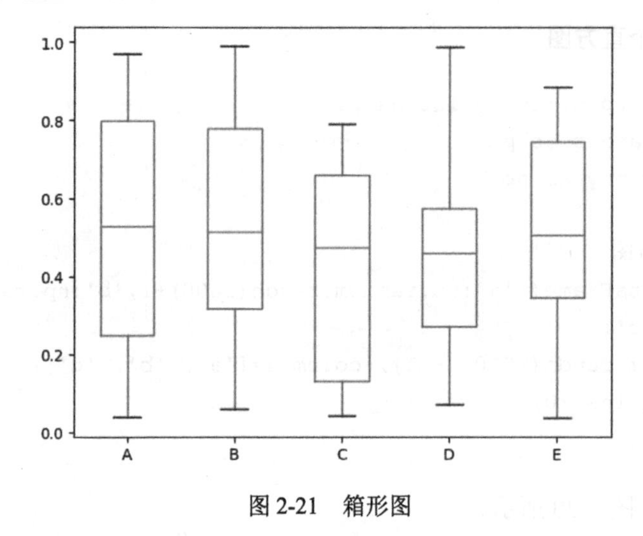

图 2-21　箱形图

8. 绘制区域块图形

```
1  import matplotlib.pyplot as plt
2  import pandas as pd
3  import numpy as np
4
5  # 区域块图形
6  df = pd.DataFrame(np.random.rand(10, 4), columns=['a', 'b', 'c',
   'd'])
7  df.plot.area()
8  plt.show()
```

运行结果如图 2-22 所示。

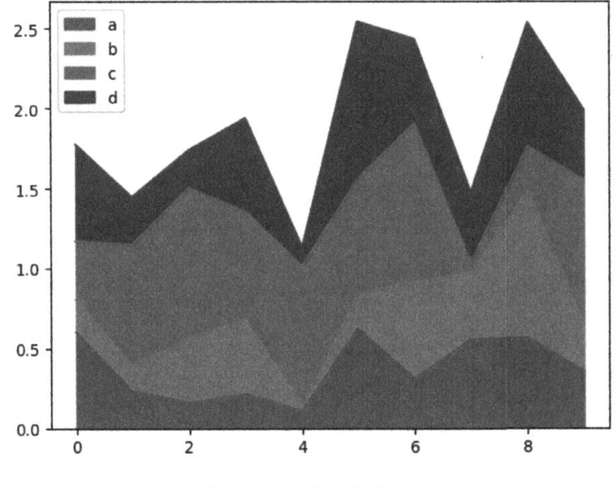

图 2-22　区域块图形

9. 绘制散点图形

```
1  import matplotlib.pyplot as plt
2  import pandas as pd
3  import numpy as np
4
5  # 散点图形
6  df = pd.DataFrame(np.random.rand(50, 4), columns=['a', 'b', 'c',
   'd'])
7  df.plot.scatter(x='a', y='b')
8  plt.show()
```

运行结果如图 2-23 所示。

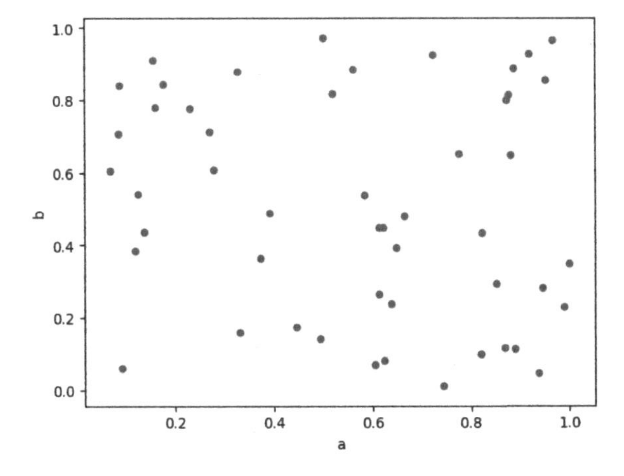

图 2-23　散点图形

10. 绘制饼状图

```
1  import matplotlib.pyplot as plt
2  import pandas as pd
3  import numpy as np
4
5  # 饼状图
6  df = pd.DataFrame(3 * np.random.rand(4), index=['A', 'B', 'C', 'D'],
   columns=['x'])
7  df.plot.pie(subplots=True)
8  plt.show()
```

运行结果如图 2-24 所示。

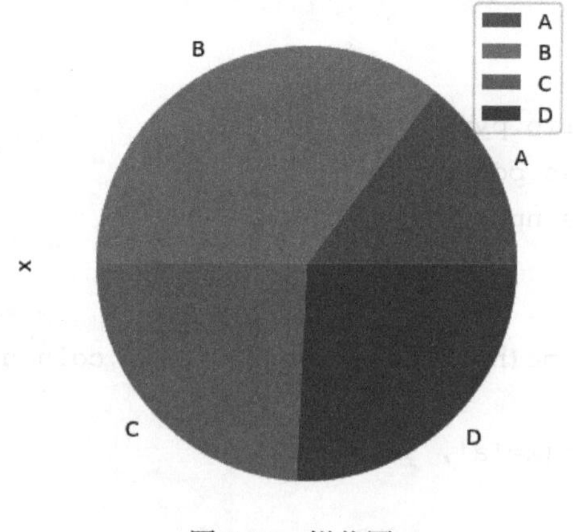

图 2-24　饼状图

2.4 本章小结

本章介绍了数据预处理中常用的 Python 科学工具包 NumPy、SciPy 和 Pandas，系统地学习了这些包的概念和使用。NumPy 工具包中的数学函数和线性代数知识，对于科研和阅读文献非常有帮助，IO 和数组操作也是在文本处理中常见的。SciPy 工具包常用于算法优化和实验结果分析等方面。Pandas 工具包对缺失值、稀疏值处理方面较为擅长。下一章将介绍数据采集与存储以及使用 Scrapy 实现爬取数据并存储在 MySQL 数据库中等知识。

第3章

数据采集与存储

随着网络和信息技术的不断普及，人类产生的数据量正在呈指数级增长，数据的形式也更加丰富，主要有结构化数据、半结构化数据、非结构化数据。面对各种形式的数据应当采用什么样的数据采集策略，如何实现网络爬虫爬取网页信息，如何对抓取到的网页信息进行本地化存储，都是数据预处理过程中经常会遇到的问题。本章从数据的分类入手，分别介绍数据采集和存储的常用方法与技术。

3.1 数据与数据采集

数据是指未经过处理的原始记录，如一堆杂志、一叠报纸、开会记录或整本病人的病历记录等，数据因缺乏组织和分类，是无法明确地表达事物代表的意义的。人工智能领域中的数据主要有3类：结构化数据、半结构化数据和非结构化数据，其表现形式不仅仅指文字，也包括图片、音频、视频等一系列可以存储知识的原始资料。

世界上每时每刻都在产生大量的数据，包括物联网传感器数据、社交网络数据、商品交易数据等。为了挖掘这些数据背后的价值，首先需要采集数据，因面对的场景的不同，采集数据的策略也会有差异。比如，针对关系型数据库中的数据、本地存储的文件、图片、音视频数据，直接拷贝即可；如果面对的是庞杂无序的网络数据，则需要采用网络爬虫技术进行处理了。接下来我们将从不同层面对数据的采集和存储方法进行介绍。

3.2 数据类型与采集方法

本节介绍大数据领域中三种主流的数据形式，即结构化数据、半结构化数据和非结构化数据，然后介绍常用的数据采集方法——爬虫技术。

3.2.1 结构化数据

结构化数据是指可以使用关系型数据库表示和存储，表现为二维形式的数据。一般特点是，数据以行为单位，一行数据表示一个实体的信息，每一行数据的属性是相同的。如表3-1所示。

表3-1 二维数据表

Id	Name	Age	Gender
1	张三	21	男
2	李花	24	女
3	王五	22	男

- 数据特点：关系模型数据，关系数据库表示。
- 常见格式：如MySQL、Oracle、SQL Server格式等。
- 应用场合：数据库、系统网站、数据备份、ERP等。
- 数据采集：DB导出、SQL等方式。

结构化数据的存储和排列是很有规律的，这对查询和修改等操作很有帮助，但其扩展性较差。

3.2.2 半结构化数据

半结构化数据是结构化数据的一种形式，它并不符合关系型数据库或其他以数据表的形式关联起来的数据模型结构，其通过相关标记用来分隔语义元素以及对记录和字段进行分层。因此，它也被称为自描述的结构。半结构化数据同一类实体可以有不同的属性，但这些属性的顺序并不重要，即使它们被组合在一起。如XML格式文件的数据就是半结构数据的一种，以下是一个简单的示例：

```
1 <person>
2     <name>李花</name>
3     <age>13</age>
```

```
4     <gender>女</gender>
5   </person>
```

- 数据特点：非关系模型数据，有一定的格式。
- 常见格式：比如Email、HTML、XML、JSON格式等。
- 应用场合：邮件系统、档案系统、新闻网站等。
- 数据采集：网络爬虫、数据解析等方式。

不同的半结构化数据的属性的个数是不定的。有人说半结构化数据是以树或者图的数据结构存储的数据，如上面的例子中，<person>标签是树的根节点，<name>标签是子节点。这样的数据格式可以自由地表达很多有用的信息，如个人描述信息（元数据）等。可见，半结构化数据的扩展性是很好的。

3.2.3 非结构化数据

指没有固定结构的数据，各种文档、图片、视频/音频等都属于非结构化数据。对于这类数据可整体进行存储，一般存储为二进制的数据格式。如图 3-1 所示。

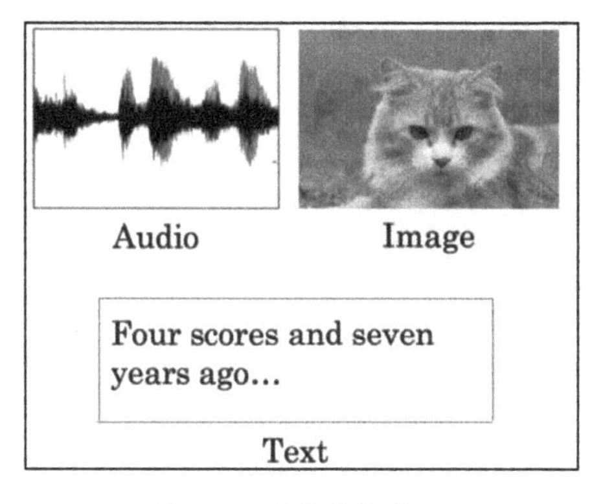

图 3-1 非结构化数据

- 数据特点：没有固定格式的数据。
- 常见格式：Word、PDF、PPT、图片、音视频等。
- 应用场合：图片识别、人脸识别、医疗影像、文本分析等。
- 数据采集：网络爬虫、数据存档等方式。

3.3 网络爬虫技术

网络数据采集是指通过网络爬虫或网站公开 API 等方式从网站上获取数据信息，

该方法可以将半结构化数据、非结构化数据从网页中抽取出来，将其存储为统一的本地数据，支持图片、音频、视频等数据采集。

3.3.1 前置条件

可以搭建以下环境，进行网络爬虫的开发：

- 软件系统：Windows 10 / Linux。
- 开发环境：Sublime Text3 / PyCharm。
- 数据库：MySQL 5.0 + Navicat 10.0.11。
- 编程语言：Python 3.7+Anaconda 4.4。
- 爬虫框架：Scrapy。
- 目标网站：http://blog.jobbole.com/all-posts/。

3.3.2 Scrapy 技术原理

Scrapy 是一个为爬取网站数据、提取结构化数据而设计的应用程序框架，通常我们可以很简单地通过 Scrapy 框架实现一个爬虫，抓取指定网站的内容或图片。

Scrapy 爬虫完整架构如图 3-2 所示（此图来源于网络），其中箭头线表示数据流向。

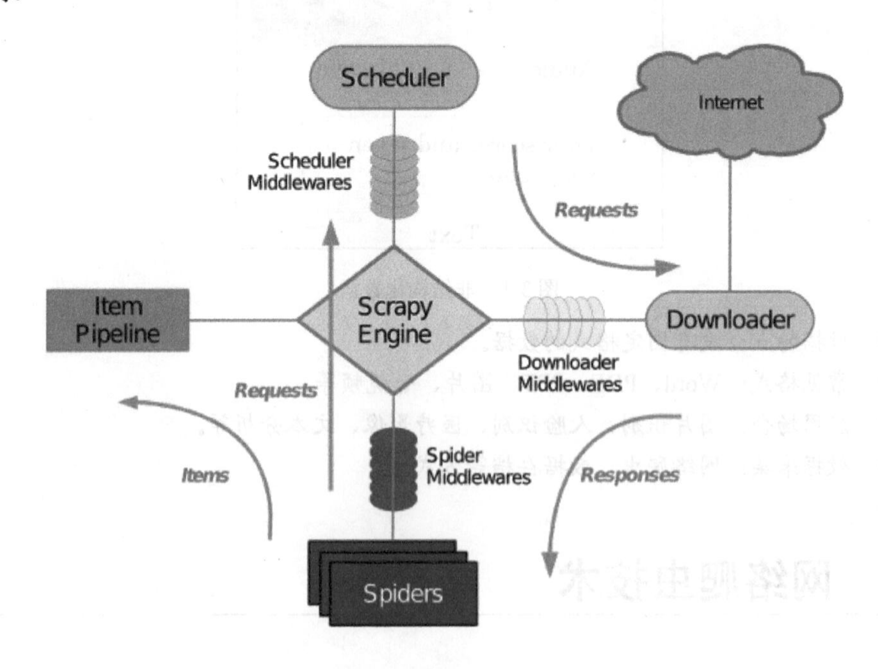

图 3-2 Scrapy 架构图

- Scrapy Engine（引擎）：负责Spider、ItemPipeline、Downloader、Scheduler中间的通信，信号和数据传递等。
- Scheduler（调度器）：它负责接受引擎发送过来的Request请求，并按照一定的方式进行整理排列和入队，当引擎需要时交还给引擎。
- Downloader（下载器）：负责下载Scrapy Engine（引擎）发送的所有Requests请求，并将其获取到的Responses（响应）交还给Scrapy Engine（引擎），由引擎交给Spider来处理。
- Spider（爬虫）：它负责处理所有的Responses，从中分析提取数据，获取Item字段需要的数据，并将需要跟进的URL提交给引擎，再次进入Scheduler（调度器）。
- Item Pipeline(管道)：它负责处理Spider中获取到的Item，并进行后期处理（详细分析、过滤、存储等）的地方。
- Downloader Middlewares（下载中间件）：一个可以自定义扩展下载功能的组件。
- Spider Middlewares（Spider中间件）：一个可以自定义扩展的操作引擎和Spider中间通信的功能组件（比如进入Spider的Responses和从Spider出去的Requests）。

3.3.3 Scrapy 新建爬虫项目

（1）安装 Scrapy 爬虫框架，按 WIN+R 组合键调出命令行环境，执行如下命令：

```
1  pip install scrapy
```

（2）按 WIN+R 组合键调出命令行环境进入根目录 Chapter3 文件夹下，创建爬虫项目：

```
1  scrapy startproject 项目名称
```

如图 3-3 所示。

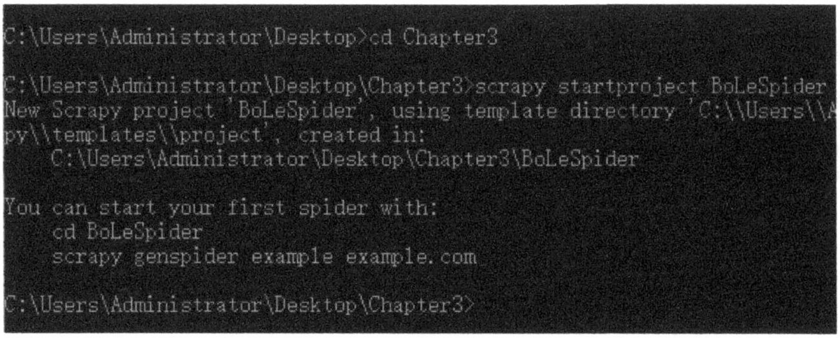

```
C:\Users\Administrator\Desktop>cd Chapter3

C:\Users\Administrator\Desktop\Chapter3>scrapy startproject BoLeSpider
New Scrapy project 'BoLeSpider', using template directory 'C:\\Users\\A
py\\templates\\project', created in:
    C:\Users\Administrator\Desktop\Chapter3\BoLeSpider

You can start your first spider with:
    cd BoLeSpider
    scrapy genspider example example.com

C:\Users\Administrator\Desktop\Chapter3>
```

图 3-3　创建 BoLeSpider 项目

（3）BoLeSpider 为项目名称，可以看到将会创建一个名为BoLeSpider的目录，其目录结构大致如下：

```
1  BoLeSpider/
2      scrapy.cfg
3      BoLeSpider/
4          __init__.py
5          items.py
6          pipelines.py
7          settings.py
8          spiders/
9              __init__.py
10             ...
```

下面简单介绍一下主要文件的作用，这些文件分别是：

- scrapy.cfg：项目的配置文件。
- BoLeSpider/：项目的Python模块，将会从这里引用代码。
- BoLeSpider/items.py：项目的目标文件。
- BoLeSpider/pipelines.py：项目的管道文件。
- BoLeSpider/settings.py：项目的设置文件。
- BoLeSpider/spiders/：存储爬虫代码的目录。

（4）在 BoLeSpider 项目下创建爬虫目录：

```
1  >> cd BoLeSpider
2  >> Scrapy genspider jobbole http://www.jobbole.com/
```

如图3-4所示。

```
C:\Users\Administrator\Desktop\Chapter3>cd BoLeSpider

C:\Users\Administrator\Desktop\Chapter3\BoLeSpider>Scrapy genspider jobbole http://www.jobbole.com/
Created spider 'jobbole' using template 'basic' in module:
  BoLeSpider.spiders.jobbole

C:\Users\Administrator\Desktop\Chapter3\BoLeSpider>_
```

图3-4 爬虫目标网站

（5）在同级目录下，执行如下命令，调用爬虫主程序。

```
1  scrapy crawl jobbole
```

如图3-5所示。

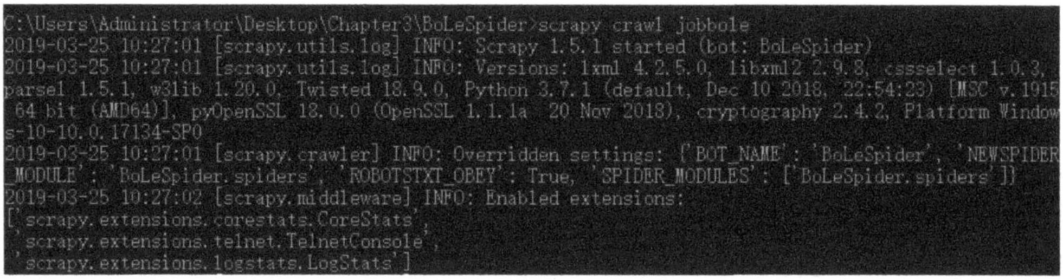

```
C:\Users\Administrator\Desktop\Chapter3\BoLeSpider>scrapy crawl jobbole
2019-03-25 10:27:01 [scrapy.utils.log] INFO: Scrapy 1.5.1 started (bot: BoLeSpider)
2019-03-25 10:27:01 [scrapy.utils.log] INFO: Versions: lxml 4.2.5.0, libxml2 2.9.8, cssselect 1.0.3,
parsel 1.5.1, w3lib 1.20.0, Twisted 18.9.0, Python 3.7.1 (default, Dec 10 2018, 22:54:23) [MSC v.1915
 64 bit (AMD64)], pyOpenSSL 18.0.0 (OpenSSL 1.1.1a  20 Nov 2018), cryptography 2.4.2, Platform Window
s-10-10.0.17134-SP0
2019-03-25 10:27:01 [scrapy.crawler] INFO: Overridden settings: {'BOT_NAME': 'BoLeSpider', 'NEWSPIDER
_MODULE': 'BoLeSpider.spiders', 'ROBOTSTXT_OBEY': True, 'SPIDER_MODULES': ['BoLeSpider.spiders']}
2019-03-25 10:27:02 [scrapy.middleware] INFO: Enabled extensions:
['scrapy.extensions.corestats.CoreStats',
 'scrapy.extensions.telnet.TelnetConsole',
 'scrapy.extensions.logstats.LogStats']
```

图 3-5　运行爬虫项目

（6）在 BoLeSpider 目录下创建 main.py：

```
1  # -*- coding: utf-8 -*-
2
3  import sys,os
4  from scrapy.cmdline import execute
5
6  sys.path.append(os.path.dirname(os.path.abspath(__file__)))
7  execute(["scrapy", "crawl", "jobbole"])  # scrapy crawl jobbole
```

执行 main.py，效果如图 3-6 所示。

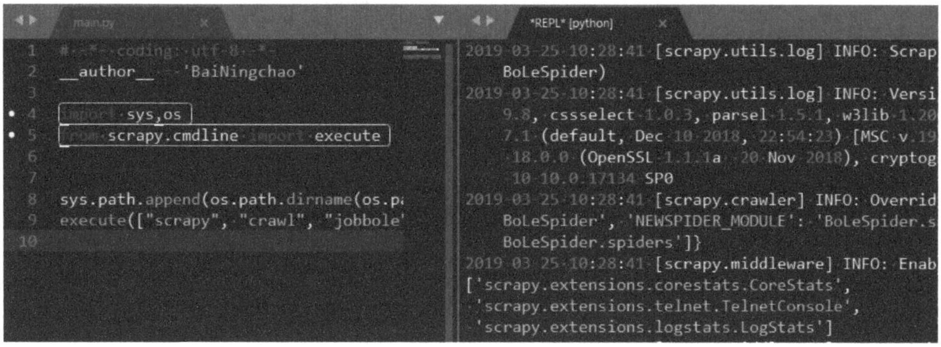

图 3-6　封装 main 函数运行爬虫项目

main.py 中的方法与在命令行环境下 scrapy crawl jobbole 的执行效果是一致的，之所以单独封装，是为了调试和运行的便利。

3.3.4　爬取网站内容

3.3.3 节完成了爬虫项目的构建，接下来主要做 4 个方面的工作：一是对项目进行相关配置；二是对目标爬取内容分析及提取文本特征信息；三是完成数据爬取工作；四是将数据进行本地化存储。

1. 爬虫项目配置

在做数据爬取工作时，如果不符合爬虫协议爬取工作将会中断。比如遇到 404 错误页面等情况，爬虫会自动退出。显然，这不符合对爬虫结果的期望，我们希望跳过错误页面继续爬取。因此，为了实现对不符合协议的网页继续爬取，需要打开 Scrapy 爬虫架构中的 setting.py 文件进行修改，具体修改如下：

```
1  ROBOTSTXT_OBEY = False。  # 此处的 True 改为 False
2  ITEM_PIPELINES = {
3     'BoLeSpider.pipelines.BolespiderPipeline': 1,
4  }
```

2. 分析爬取的内容

在文章列表 http://blog.jobbole.com/all-posts/（实验时可正常访问，目前该官网处于关闭状态，读者重点明白原理及技术细节）中随机打开一篇文章，对单篇文章信息进行分析，并根据需求获取目标数据。假设需要获取文章的【新闻题目、创建时间、URL、点赞数、收藏数、评论数】，如图 3-7 所示。

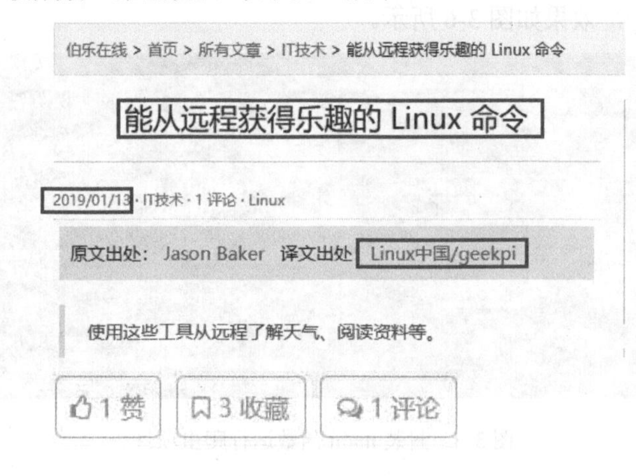

图 3-7 分析特征数据

3. 爬取文章数据

（1）获取单篇文章的数据有两种方式，分别是基于 xpath 和 CSS 的方法。基于 xpath 的方法操作过程是，使用 http://blog.jobbole.com/114638/网址打开单篇文章，按 F12 键查看源代码，比如想获取文章，可以用光标选中题目的区域，并在右侧用鼠标右键单击源码处，再选中 Copy，继续单击“Copy Xpath”。此时的路径为：//*[@id="post-114638"]/div[1]/h1，如图 3-8 所示。

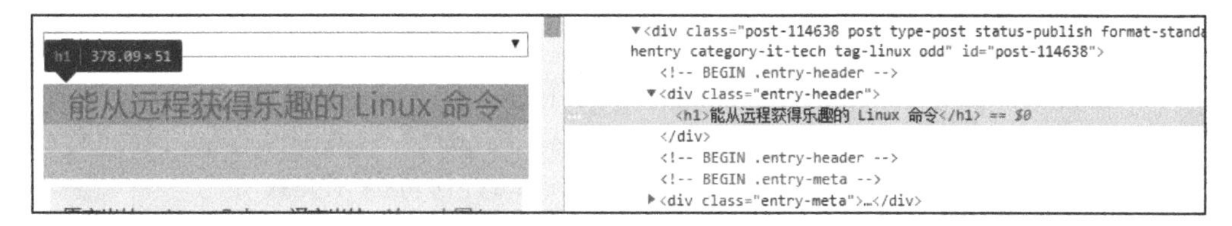

图 3-8　xpath 方法获取数据

（2）在命令行环境下执行以下 shell 命令：

```
1  cd BoLeSpider
2  scrapy shell http://blog.jobbole.com/114638/
```

（3）开始对每个特征进行测试，具体特征数据的测试代码如下：

```
1   title = response.xpath('复制选中的 xpath 路径/text()').extract()
```

（4）完整的特征数据的提取结果如图 3-9 所示。

```
In [2]: title = response.xpath('//*[@id="post-114638"]/div[1]/h1/text()').extract()

In [3]: title
Out[3]: ['能从远程获得乐趣的 Linux 命令']

In [4]:
```

图 3-9　测试特征数据提取文本信息

注 意

有时候按照以上方法操作，但却没有提取到文本信息，则有可能是代码错误，请仔细检查代码。也有可能是反爬虫技术的作用，此时，需要登录后再进行数据爬取，这属于更深层次的爬虫技术，本文不再涉及。

（5）使用 xpath 方法获取数据。

以上逐个特征测试无误后，将代码放在 Chapter3/BoLeSpider/ BoLeSpider/spiders/jobbole.py 文件中的 parse 方法下：

```
1  # 获得单页的信息
2  def parse(self, response):
3  # xpath 获取内容
4     title = response.xpath('//*[@id="post-114638"]/div[1]/h1/
   text()').extract()   # 新闻题目
5     create_date = response.xpath('//*[@id="post-114638"]/div[2]/p/
   text()').extract()[0].strip().replace('·','')  # 创建时间
6     url = response.url     # url
7     dianzan = self.re_match(response.xpath('//*[@id="post-114638"]/
   div[3]/ div[5]/span[1]/text()').extract()[1]) # 点赞数
```

```
8      soucang = self.re_match(response.xpath('//*[@id="post-114638"]/
   div[3]/ div[5]/span[2]/text()').extract()[0]) # 收藏数
9      comment = self.re_match(response.xpath('//*[@id="post-114638"]/
   div[3]/ div[5]/a/span/text()').extract()[0]) # 评论数
10  print('标题:',title,'\n','发布时间:',create_date,'\n','文章地址:',
   url,'\n','点赞数: ',dianzan,'\n','收藏数',soucang,'\n','评论数',
   comment)
```

（6）使用 CSS 方法获取数据。

```
1    # 获得单页的信息
2   def parse(self, response):
3      # css 获取内容
4      title = response.css('.entry-header h1::text').extract()
       # 新闻题目
5      create_date = response.css ('p.entry-meta-hide-on-
   mobile::text').extract()[0].strip().replace('·','')  # 创建时间
6      url = response.url     # url
7      dianzan = self.re_match(response.css('.vote-post-up
   h10::text').extract()[0]) # 点赞数
8      soucang = self.re_match(response.css
   ('.bookmark-btn::text').extract()[0])
   # 收藏数
9      comment = self.re_match(response.css ('a[href=
   "#article-comment"] span::text').extract()[0]) # 评论数
10        print(title,'\n',create_date,'\n',url,'\n',dianzan, '\n',
   soucang,'\n',comment)
```

（7）获取页面信息（源代码见：Chapter3/BoLeSpider/BoLeSpider/spiders/jobbole.py）。

```
1   # -*- coding: utf-8 -*-
2   import scrapy,re
3
4   # 获取单页信息
5   class JobboleSpider(scrapy.Spider):
6      name = 'jobbole'
7      allowed_domains = ['http://www.jobbole.com/']
8      start_urls = ['http://blog.jobbole.com/114638']
9
10     # 获得单页的信息
```

```
11      def parse(self, response):
12          # css 获取内容
13          title = response.css('.entry-header h1::text').extract()
                  # 新闻题目
14          create_date = response.css ('p.entry-meta-hide-on-
    mobile::text').extract()[0].strip().replace('·','')  # 创建时间
15          url = response.url    # url
16          dianzan = self.re_match(response.css('.vote-post-up
    h10::text').extract()[0]) # 点赞数
17          soucang = self.re_match(response.css
    ('.bookmark-btn::text').extract()[0]) # 收藏数
18          comment = self.re_match(response.css
    ('a[href="#article-comment"] span::text').extract()[0]) # 评论数
19
20          print('标题:',title,'\n','发布时间:',create_date,'\n',
                '文章地址:',url,'\n','点赞数: ',dianzan,'\n','收藏数',
                soucang,'\n','评论数',comment)
21
22      # 对点赞数、收藏数、评论数等进行正则数字提取
23      def re_match(self,value):
24      match_value = re.match('.*?(\d+).*',value)
25      if match_value:
26          value = int(match_value.group(1))
27      else:
28          value = 0
29      return value
```

（8）运行 main.py 函数，获取到所有的信息，如图 3-10 所示。

```
2019-03-25 11:06:37 [scrapy.extensions.telnet] DEBUG: Telnet console listening
    on 127.0.0.1:6024
2019-03-25 11:06:37 [scrapy.downloadermiddlewares.redirect] DEBUG: Redirecting
    (301) to <GET http://blog.jobbole.com/114638/> from <GET http://blog.
    jobbole.com/114638>
2019-03-25 11:06:37 [scrapy.core.engine] DEBUG: Crawled (200) <GET http://blog.
    jobbole.com/114638/> (referer: None)
标题: ['能从远程获得乐趣的 Linux 命令']
 发布时间: 2019/01/13
 文章地址: http://blog.jobbole.com/114638/
 点赞数 : 1
 收藏数 3
 评论数 1
```

图 3-10　获取单篇文章特征数据

4. 爬取列表页所有文章

（1）实现列表页所有文章信息的爬取工作

按 F12 键分析网页，找到下一页并获取所有列表页的文章链接。

执行以下代码获取所有列表页的文章链接，如图 3-11 所示。

```
1  scrapy shell http://blog.jobbole.com/all-posts/
2  response.css("#archive .floated-thumb .post-thumb a::attr(href)").
   extract()
```

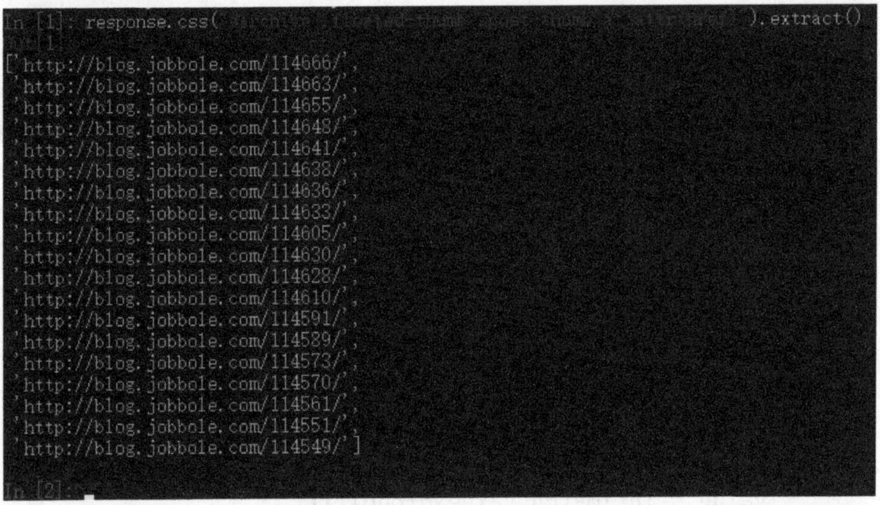

```
In [1]: response.css(
Out[1]:
['http://blog.jobbole.com/114666/',
 'http://blog.jobbole.com/114663/',
 'http://blog.jobbole.com/114655/',
 'http://blog.jobbole.com/114648/',
 'http://blog.jobbole.com/114641/',
 'http://blog.jobbole.com/114638/',
 'http://blog.jobbole.com/114636/',
 'http://blog.jobbole.com/114633/',
 'http://blog.jobbole.com/114605/',
 'http://blog.jobbole.com/114630/',
 'http://blog.jobbole.com/114628/',
 'http://blog.jobbole.com/114610/',
 'http://blog.jobbole.com/114591/',
 'http://blog.jobbole.com/114589/',
 'http://blog.jobbole.com/114573/',
 'http://blog.jobbole.com/114570/',
 'http://blog.jobbole.com/114561/',
 'http://blog.jobbole.com/114551/',
 'http://blog.jobbole.com/114549/']

In [2]:
```

图 3-11　获取列表页所有文章的链接

（2）设置目标特征的实体类

打开 Scrapy 框架内置的 Chapter3/BoLeSpider/items.py 文件，设计爬虫目标特征的实体类（这里可以将爬虫目标特征的实体类作为数据库操作中实体类来理解）。代码如下：

```
1  # -*- coding: utf-8 -*-
2  # Define here the models for your scraped items
3  # See documentation in:
4  # https://doc.scrapy.org/en/latest/topics/items.html
5  import scrapy
6  from scrapy.loader.processors import MapCompose
7
8  class BolespiderItem(scrapy.Item):
9      # define the fields for your item here like:
10     # name = scrapy.Field()
```

```
11      pass
12
13  # 设置提取字段的实体类
14  class JobBoleItem(scrapy.Item):
15      title = scrapy.Field()          # 文章题目
16      create_date = scrapy.Field()    # 发布时间
17      url =  scrapy.Field()           # 当前文章 url 路径
18      dianzan = scrapy.Field() # 点赞数
19      soucang = scrapy.Field() # 收藏数
20      comment = scrapy.Field() # 评论数
```

（3）修改代码文件 jobbole.py

首先将 BoLeSpider/spiders/jobbole.py 文件的 starturls 修改为列表页的路径，然后在 parse 方法中解析文章，并提取下一页交给 Scrapy 提供下载。parsesdetail 方法负责每一篇文章的下载，re_match 方法是使用正则表达式对文本信息数据进行处理。完整的代码如下：

```
 1  import datetime
 2  from scrapy.http import Request
 3  from urllib import parse
 4  from BoLeSpider.items import JobBoleItem
 5
 6  class JobboleSpider(scrapy.Spider):
 7      name = 'jobbole'
 8      allowed_domains = ['http://www.jobbole.com/']
 9      # start_urls = ['http://blog.jobbole.com/114638']
10      start_urls = ['http://blog.jobbole.com/all-posts/'] # 所有页信息
11
12      # 获取列表下所有页信息
13      def parse(self, response):
14          # 1. 获取文章列表中具体文章的 url 并交给解析函数进行字段的解析
15          post_urls =
    response.css("#archive .floated-thumb .post-thumb
    a::attr(href)").extract()
16          for post_url in post_urls:
17              yield Request(url=parse.urljoin(response.url, post_url),
    callback=self.parses_detail, dont_filter=True) # scrapy 下载
18
19          #  2. 提取下一页并交给 scrapy 下载
```

```
20          next_url = response.css(".next.page-numbers::
    attr(href)").extract_first("")
21          if next_url:
22              yield Request(url=parse.urljoin(response.url, post_url),
    callback=self.parse, dont_filter=True)
23
24      # scrapy shell http://blog.jobbole.com/114638/
25      def parses_detail(self, response):
26          article_item =JobBoleItem()
27          article_item['title'] = response.css('.entry-header
    h1::text').extract()
28          article_item['create_date'] = date_convert(response.css
    ("p.entry-meta-hide-on-mobile::text").extract()[0].strip().replac
    e("·","").strip())
29          article_item['url'] = response.url
30          article_item['dianzan'] = re_match(response.css
    ('.vote-post-up h10::text').extract()[0])
31          article_item['soucang'] = re_match(response.css
    ('.bookmark-btn::text').extract()[0])
32          article_item['comment'] = re_match(response.css
    ('a[href="#article-comment"] span::text').extract()[0])
33          yield article_item
34
35
36  # ****************使用正则表达式对字段进行格式化处理***************
37
38  # 对点赞数、收藏数、评论数等用正则表达式进行数字的提取
39  def re_match(value):
40      match_value = re.match('.*?(\d+).*',value)
41      if match_value:
42          nums = int(match_value.group(1))
43      else:
44          nums = 0
45      return nums
46
47
48  # 对时间进行格式化处理
49  def date_convert(value):
50      try:
```

```
51          create_date = datetime.datetime.strptime(value,
    "%Y/%m/%d").date()
52      except Exception as e:
53          create_date = datetime.datetime.now().date()
54      return create_date
```

（4）运行 main.py

提取列表页数据，如图 3-12 所示。

```
{'comment': 0,
 'create_date': datetime.date(2018, 12, 16),
 'dianzan': 1,
 'soucang': 1,
 'title': ['神奇的 Linux 命令行字符形状工具 boxes'],
 'url': 'http://blog.jobbole.com/114549/'}
2019-03-25 11:11:33 [scrapy.core.scraper] DEBUG: Scraped from <200 http://b
    jobbole.com/114591/>
{'comment': 0,
 'create_date': datetime.date(2019, 1, 3),
 'dianzan': 1,
 'soucang': 0,
 'title': ['cat 命令的源码进化史'],
 'url': 'http://blog.jobbole.com/114591/'}
2019-03-25 11:11:33 [scrapy.core.engine] DEBUG: Crawled (200) <GET http://b
    jobbole.com/114589/> (referer: http://blog.jobbole.com/all-posts/)
2019-03-25 11:11:33 [scrapy.core.scraper] DEBUG: Scraped from <200 http://b
    jobbole.com/114589/>
{'comment': 0,
 'create_date': datetime.date(2018, 12, 29),
 'dianzan': 1,
 'soucang': 1,
 'title': ['救命！我的电子邮件发不到 500 英里以外！'],
 'url': 'http://blog.jobbole.com/114589/'}
```

图 3-12　获取列表页所有文章的特征数据

3.4　爬取数据以 JSON 格式进行存储

上一节介绍了如何分析网页数据并爬取数据，得到数据以后如何进行存储呢？本节主要介绍 JSON 格式数据的本地化存储，具体操作步骤如下。

1. 修改管道文件

使用 pipline.py 文件作为管道文件，负责处理 Spider 中获取到的实体特征信息，并进行存储。这里需要导入 JsonItemExporter 模块进行 JSON 操作，然后在 JsonExporterPipleline 方法中执行具体的写操作，完整的代码如下：

```
1  from scrapy.exporters import JsonItemExporter
2  import codecs
3
4  class BolespiderPipeline(object):
5      def process_item(self, item, spider):
6          return item
7
8
9  # 调用 scrapy 提供的 json export 导出 json 文件
10 class JsonExporterPipleline(object):
11     def __init__(self):
12         self.file = open('articleexport.json', 'wb')
13         self.exporter = JsonItemExporter(self.file,
   encoding="utf-8", ensure_ascii=False)
14         self.exporter.start_exporting()
15
16     def close_spider(self, spider):
17         self.exporter.finish_exporting()
18         self.file.close()
19
20     def process_item(self, item, spider):
21         self.exporter.export_item(item)
22         return item
```

2. 修改设置文件

在 setting.py 设置文件中修改方法的执行优先级。数字从小到大，数字越小，优先级就越高，具体设置如下：

```
1  ITEM_PIPELINES = {
2     # 'BoLeSpider.pipelines.BolespiderPipeline': 1,
3     'BoLeSpider.pipelines.JsonExporterPipleline': 1,
4  }
```

3. JSON 格式数据的本地化存储

运行 main.py 文件，实现本地 JSON 文件存储。执行完成后，打开 articleexport.json 文件查看结果，如图 3-13 所示。

```
articleexport.json ×
1  [{"title": ["Linux 搜索文件和文件夹的 4 种简单方法"], "create_date": "201
    "url": "http://blog.jobbole.com/114561/", "dianzan": 1, "soucang"
   comment": 0},{"title": ["神奇的 Linux 命令行字符形状工具 boxes"], "cr
   ": "2018-12-16", "url": "http://blog.jobbole.com/114549/", "dianza
   soucang": 1, "comment": 0},{"title": ["cat 命令的源码进化史"], "crea
    "2019-01-03", "url": "http://blog.jobbole.com/114591/", "dianzan"
   soucang": 0, "comment": 0},{"title": ["微软变了！招程序员的流程完全改
   create_date": "2019-01-05", "url": "http://blog.jobbole.com/114610
   dianzan": 2, "soucang": 6, "comment": 1},{"title": ["学会这两件事，
   Git 老司机"], "create_date": "2018-12-18", "url": "
   http://blog.jobbole.com/114551/", "dianzan": 1, "soucang": 0, "com
   ,{"title": ["计算机科学自学指南"], "create_date": "2018-12-22", "url
   http://blog.jobbole.com/114573/", "dianzan": 2, "soucang": 18, "co
   },{"title": ["救命！我的电子邮件发不到 500 英里以外！"], "create_date
   2018-12-29", "url": "http://blog.jobbole.com/114589/", "dianzan":
   soucang": 1, "comment": 0},{"title": ["在 Linux 上使用 tarball"], "
   create_date": "2019-01-07", "url": "http://blog.jobbole.com/114628
   dianzan": 1, "soucang": 1, "comment": 0},{"title": ["追思杰出的 Lin
```


图 3-13 JSON 格式数据的本地化存储

3.5 爬取数据的 MySQL 存储

相对于JSON存储，大家更为熟悉数据库存储，本节介绍爬取数据的本地数据库存储方法。本书选用的是通用的 MySQL 数据库，当然也可以选择 Oracle、SQL Server 等数据库。

3.5.1 MySQL 与 Navicat 部署

MySQL 原本是一个开放源码的关系数据库管理系统，原开发者为瑞典的 MySQL AB 公司，该公司于 2008 年被 Sun 公司收购。2009 年，Oracle 公司（甲骨文公司）收购了 Sun 公司，于是 MySQL 成为 Oracle 旗下的产品。

MySQL 由于性能高、成本低、可靠性好，已经成为最流行的开源数据库，被广泛地应用在 Internet 上的中小型网站中。随着 MySQL 的不断成熟，它也逐渐用于更多大规模网站和应用，比如维基百科、Google 和 Facebook 等网站。非常流行的开源软件组合 LAMP 中的“M”指的就是 MySQL。

Navicat 是香港卓软数码科技有限公司生产的一系列 MySQL、MariaDB、MongoDB、Oracle、SQLite、PostgreSQL 及 Microsoft SQL Server 的图形化数据库管理及开发软件。它有一个类似浏览器的图形用户界面，支持本地和远端数据库的多重连接。它的设计合乎各种用户的需求，这些用户包括数据库管理员，程序员，各种类型的个人客户，以及与合作伙伴共享信息的不同企业或公司。

由于 MySQL 与 Navicat 为大家所熟悉，基本安装和部署有关的资料较多，本书不再赘述。

3.5.2 MySQL 存储爬虫数据

1. 数据库表的设计

打开本地 MySQL 数据库，其中用户名为 root，密码为 root。成功登录后新建数据库名为 test，并在 test 数据库下新建 myarticles 数据表。具体设计如表 3-2 所示。

表 3-2 数据表设计

字 段 名	数据类型	是否主键	备 注
Id	int	是	新闻编号
Title	varchar	否	新闻题目
Createdata	datetime	否	创建时间
url	varchar	否	新闻网址
Dianzan	int	否	点赞数
Soucang	int	否	收藏数
Comment	int	否	评论数

数据表的设计如图 3-14 所示。

栏位 索引 外键 触发器 选项 注释 SQL 预览

名	类型	长度	小数点	允许空值 (	
id	int	100	0	☐	🔑1
title	varchar	200	0	☑	
createdate	datetime	0	0	☑	
url	varchar	200	0	☑	
dianzan	int	11	0	☑	
soucang	int	11	0	☑	
comment	int	11	0	☑	
img_url	varchar	300	0	☑	
img_path	varchar	300	0	☑	

图 3-14 MySQL 数据库表的设计

2. 数据库存储的同步机制

打开 pipline.py 修改代码如下，本方法采用的是同步读写机制，即提取文件的同时执行写操作。首先建立本地数据库的连接并把中文编码格式设置为 UTF-8，之后执行一般的 SQL 插入操作。

```
1  # -*- coding: utf-8 -*-
2  from scrapy.exporters import JsonItemExporter
3
```

```
4  class BolespiderPipeline(object):
5      def process_item(self, item, spider):
6          return item
7
8  # 将爬取的数据字段存储在 MySQL 数据库中
9  import MySQLdb
10 import MySQLdb.cursors
11
12 class MysqlPipeline(object):
13     #采用同步的机制写入 MySQL
14     def __init__(self):
15         self.conn = MySQLdb.connect('127.0.0.1', 'root', 'root',
   'test', charset="utf8", use_unicode=True)
16         self.cursor = self.conn.cursor()
17
18     def process_item(self, item, spider):
19         insert_sql = """
20             insert into myarticles(title,
   createdate,url,dianzan,soucang,comment) VALUES(%s,%s,%s,%s,%s,%s)
21         """
22         self.cursor.execute(insert_sql, (item["title"],
   item["create_date"], item["url"],
   item["dianzan"],item["soucang"],item["comment"]))
23         self.conn.commit()
```

3. 数据库存储的异步机制

当爬取海量网络数据的时候，爬取速度与存储速度往往会产生冲突，采用前文介绍的数据库存储技术很可能会造成数据阻塞。基于此，需要改进数据存储方式，即采用异步存储机制。下面来介绍异步存储机制的代码实现。

首先在 pipline.py 文件中修改代码如下：

```
1  from twisted.enterprise import adbapi
2
3  class MysqlTwistedPipline(object):
4      def __init__(self, dbpool):
5          self.dbpool = dbpool
6  @classmethod
7  def from_settings(cls, settings): # cls 即 MysqlTwistedPipline
8      dbparms = dict(
```

```
 9          host = settings["MYSQL_HOST"],
10          db = settings["MYSQL_DBNAME"],
11          user = settings["MYSQL_USER"],
12          passwd = settings["MYSQL_PASSWORD"],
13          charset='utf8',
14          cursorclass=MySQLdb.cursors.DictCursor,
15          use_unicode=True
16      )
17      dbpool = adbapi.ConnectionPool("MySQLdb", **dbparms)
18      return cls(dbpool)
19
20  def process_item(self, item, spider):
21      #使用 twisted 将 MySQL 插入变成异步执行
22      query = self.dbpool.runInteraction(self.do_insert, item)
23      query.addErrback(self.handle_error, item, spider) #处理异常
24
25  def handle_error(self, failure, item, spider):
26      #处理异步插入的异常
27      print (failure)
28
29  def do_insert(self, cursor,item):
30      insert_sql = """
31          insert into myarticles(title, createdate,url,dianzan,
    soucang,comment,img_url,img_path) VALUES(%s,%s,%s,%s,%s,%s,%s,%s)
32      """
33      cursor.execute(insert_sql, (item["title"], item["create_date"],
    item["url"], item["dianzan"], item["soucang"], item["comment"],
    item["front_image_url"],item["front_image_path"]))
```

其次，在 setting.py 文件末行添加如下代码，用于实现全局变量的设置。

```
1  # 数据库设置
2  MYSQL_HOST = "127.0.0.1"
3  MYSQL_DBNAME = "test"
4  MYSQL_USER = "root"
5  MYSQL_PASSWORD = "admin"
```

4. 修改设置文件

在 setting.py 设置文件中修改方法的执行优先级。数字从小到大，数字越小，优先级就越高，具体设置如下：

```
1  ITEM_PIPELINES = {
2      # 'BoLeSpider.pipelines.BolespiderPipeline': 1,
3      # 'BoLeSpider.pipelines.JsonExporterPipleline': 1,
4      'BoLeSpider.pipelines.MysqlPipeline': 1,
5  }
```

5. 本地化 MySQL 存储

运行 main.py 文件，实现本地 MySQL 数据存储。执行完成后，打开 myarticles 数据表查看，结果如图 3-15 所示。

id	title	createdate	url	dianzan	soucang	comment
81	在 Linux 上使用 tarball	2019-01-07	http://blog.jobbole.com/114628/	1	1	0
82	计算机科学自学指南	2018-12-22	http://blog.jobbole.com/114573/	2	16	1
83	微软变了！招程序员的流	2019-01-05	http://blog.jobbole.com/114610/	2	5	1
84	5 款 Linux 街机游戏	2019-01-11	http://blog.jobbole.com/114636/	1	0	0
85	Linux 搜索文件和文件夹的	2018-12-19	http://blog.jobbole.com/114561/	1	0	0
86	救命！我的电子邮件发不	2018-12-29	http://blog.jobbole.com/114589/	1	1	0
87	遇思杰出的 Linux 内核开	2019-01-08	http://blog.jobbole.com/114630/	2	1	1
88	cat 命令的源码进化史	2019-01-03	http://blog.jobbole.com/114591/	1	0	0
89	Vim 命令合集	2019-01-18	http://blog.jobbole.com/114641/	1	2	2
90	关于 top 工具的 6 个替代	2018-12-11	http://blog.jobbole.com/114546/	1	1	0
91	Python 中星号的本质及其	2019-02-16	http://blog.jobbole.com/114655/	1	2	1
92	神奇的 Linux 命令行字符	2018-12-16	http://blog.jobbole.com/114549/	1	1	0
93	能从远程获得乐趣的 Linu	2019-01-13	http://blog.jobbole.com/114638/	1	3	1
94	克劳德·香农（信息论之父	2019-02-16	http://blog.jobbole.com/114648/	1	2	1
95	学会这两件事，让你成为	2018-12-18	http://blog.jobbole.com/114551/	1	0	2
96	5 个好用的开发者 Vim 插	2019-02-24	http://blog.jobbole.com/114666/	1	0	0
97	14 个依然很棒的 Linux A	2019-02-19	http://blog.jobbole.com/114663/	1	1	1
98	在 Linux 命令行上拥有一	2018-12-21	http://blog.jobbole.com/114570/	1	0	0
99	从软件工程的角度解读任	2019-01-08	http://blog.jobbole.com/114605/	3	4	0

图 3-15　MySQL 存储文章数据

3.6　网络爬虫技术扩展

数据采集是一项庞杂的工作，倘若是文档文件或者数据库文件，采用拷贝和文件导出的方法即可完成。面对海量的非结构化文件，尤其是网络数据不可避免地会选择网络爬虫技术。网络爬虫作为一门单独的学科领域，其涉及的知识非常深，仅仅这一项技术足够一本书去阐述，故而本书只是管中窥豹地介绍了爬虫技术，更多的网络爬虫技术难点包括：

- 实现网站虚拟登录并爬取数据。
- 网站反爬策略。
- 网站模板定期变动。
- 网站 URL 抓取失败。
- 网站频繁抓取 IP 被封。

3.7 本章小结

本章介绍了结构化、半结构化和非结构化数据及其数据的采集策略。面对非结构化网页信息，带领读者实现了页面分析和数据爬取，并把抓取的数据进行本地化存储。由于网络爬虫技术内容较多，本书篇幅有限，只是管中窥豹地介绍了网络爬虫技术与方法。下一章介绍文本信息抽取，即对采集的数据（包括 DOC、PDF、HTML、Excel 等）抽取文本信息。

第 4 章

文本信息抽取

通过数据采集获取的数据信息往往五花八门、杂乱无章，因此需要对这些不同类型的数据进行集成，并将集成数据传入到电脑中，然后通过算法模型挖掘其潜在的价值，作为智能应用的支撑。本章介绍文本信息抽取技术，以帮助读者更好地利用爬取的数据。

4.1 文本抽取概述

数据是智能时代的根基，但无论是以数据库文件为代表的结构化数据、网页数据为代表的半结构化数据，还是以图片、音视频为代表的非结构化数据，往往都是五花八门、杂乱无章的，那么，如何对不同类型的数据进行数据集成，将其处理成统一的文档格式输入到算法模型之中，成为数据处理的首要任务。

处理不同格式的文档，通常会采取不同的策略。在处理结构化和半结构化数据时，可以直接提取文本信息，做进一步的数据预处理；而处理非结构化的数据（诸如图片、音视频）时，可采用一定的技术手段，获取其对应的数据特征矩阵。这一点不太容易理解，比如说想解析一张图片的数据，图片是有长、宽组成的，还包括红、蓝、绿三种基本色，假设只关注这 5 个基本特征，那么就可以采用特征数据点来表示，如表 4-1 所示。

表 4-1 模拟图片特征数据

图片名	长(bit)	宽(bit)	红	绿	蓝
猫 1	12	100	0	0	1
狗 2	101	234	1	1	1
猪 3	202	24	0	1	0

表 4-1 的数据表示猫 1 这张图片，长宽位点是（12, 100），由纯蓝色构成；狗 2 这张图片长宽位点是（101, 234），由红绿蓝 3 色构成；猪 3 这张图片长宽位点是（202, 24），由纯绿色构成。这就是非结构数据图片转化为数值型数据的原理。

一般文本抽取形式是，将采集到的不同类型文档统一处理成文本信息或者特征矩阵，得到高质量的数据集，然后将数据集放进算法模型中来挖掘其背后的价值。总之，最终的目的是将数据传入到电脑中，通过算法模型挖掘其潜在的价值，作为智能应用的支撑，这个过程被称为数据挖掘。如图 4-1 所示给出了一个数据挖掘的流程。

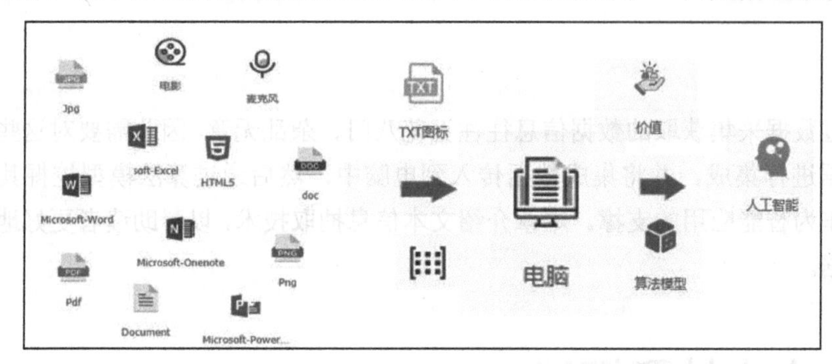

图 4-1 无序数据处理示意图

4.2 文本抽取问题

采集的原数据存在数据质量差、文档格式杂、数据表示形式多样化、数据信息错误等诸多问题，单纯考虑文本信息处理工作，就文本信息而言，采集到的文档数据可能是网页、SQL 文件、PDF 文档、DOC 文档等，对这些文本数据集成的思路就是文本信息的提取，然后进行格式化处理，常见的文本抽取方式包括：

- 使用在线格式转换工具转换。
- 使用Office内置格式进行转换。
- 自己开发文本抽取工具进行文本抽取。

如图 4-2 所示。

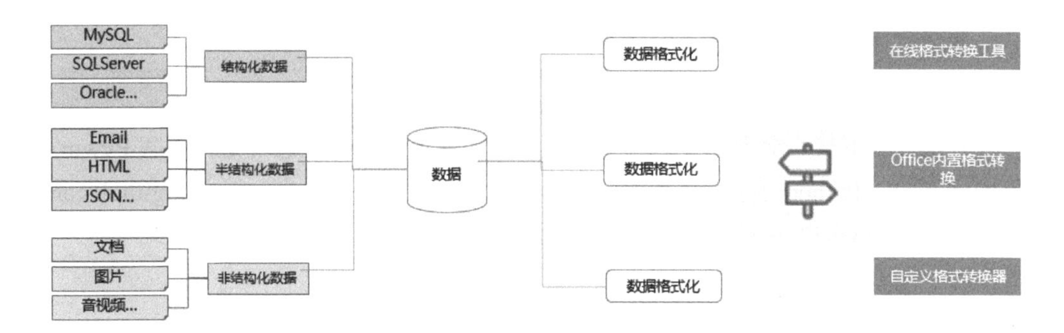

图 4-2 常见的文本抽取方式

其中，前两种方法存在以下不足：

- 格式转换后，识别乱码较多。
- 不支持或者限制支持批量处理。
- 批量转化收费问题。
- 格式转换后的 txt 文件存在编码问题。
- 生成的文件名存在数字乱码。
- 操作不够灵活便捷。

实际工程中期待的目标是：

- 支持PDF/Word等文档自动化文本抽取。
- 提取高质量的文本内容。
- 自动过滤不符合指定格式的文件。
- 生成的目标文件与原文件文件名保持一致。
- 生成文档采用统一的编码格式保存（如：UTF-8）。
- 支持默认保存路径和自定义保存路径。

基于以上目标，下面来介绍文本抽取的具体方法。

4.3 Pywin32 抽取文本信息

4.3.1 Pywin32 介绍

Pywin32 是 Python 的第三方库文件，它提供了从 Python 访问 Windows API 的功能。Windows Pywin32 允许开发者像 VC 一样来使用 Python 开发 win32 应用和对 Windows 系统实现自动化操作，Pywin32 核心模块是 win32.com。

读者可通过以下 3 种方法安装 Pywin32。

方法一 通过 shell 命令执行 pip install pypiwin32。

方法二 下载后缀为 exe 的文件，然后手动安装。值得注意的是，下载 Pywin32 版本号要与 Python 版本号保持一致，其官网下载地址为：https://github.com/mhammond/pywin32/ releases。对应各版本的插件如图 4-3 所示。

pywin32-224.win-amd64-py2.7.exe	7.28 MB
pywin32-224.win-amd64-py3.5.exe	9.19 MB
pywin32-224.win-amd64-py3.6.exe	9.19 MB
pywin32-224.win-amd64-py3.7.exe	9.19 MB
pywin32-224.win32-py2.7.exe	6.7 MB
pywin32-224.win32-py3.5.exe	8.4 MB
pywin32-224.win32-py3.6.exe	8.4 MB
pywin32-224.win32-py3.7.exe	8.39 MB
Source code (zip)	
Source code (tar.gz)	

图 4-3 不同版本的 Pywin32

方法三 在 GitHub 网站上下载源代码，找到软件下载包 Packages，选择对应的版本并下载。

4.3.2 抽取 Word 文档文本信息

这里我们以抽取 Word 文档中的文本为例，来介绍抽取文件信息的方法。工作环境为 Win10-64bit 和 Python 3.5，且已成功预安装 Pywin32 插件。实例文档为本书第 1 章内容，如图 4-4 所示。

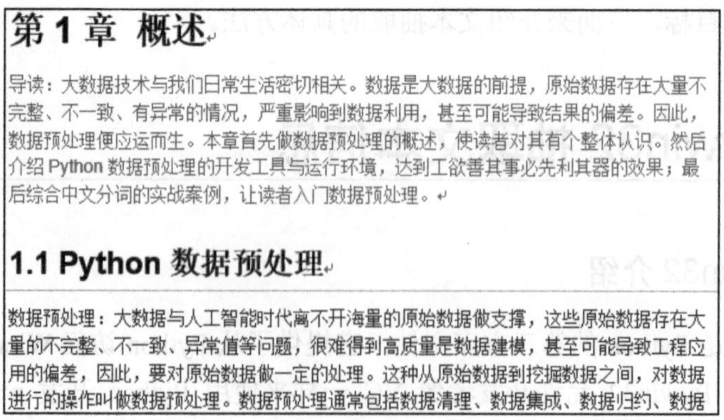

第 1 章 概述

导读：大数据技术与我们日常生活密切相关。数据是大数据的前提，原始数据存在大量不完整、不一致、有异常的情况，严重影响到数据利用，甚至可能导致结果的偏差。因此，数据预处理便应运而生。本章首先做数据预处理的概述，使读者对其有个整体认识。然后介绍 Python 数据预处理的开发工具与运行环境，达到工欲善其事必先利其器的效果；最后综合中文分词的实战案例，让读者入门数据预处理。

1.1 Python 数据预处理

数据预处理：大数据与人工智能时代离不开海量的原始数据做支撑，这些原始数据存在大量的不完整、不一致、异常值等问题，很难得到高质量是数据建模，甚至可能导致工程应用的偏差，因此，要对原始数据做一定的处理。这种从原始数据到挖掘数据之间，对数据进行的操作叫做数据预处理。数据预处理通常包括数据清理、数据集成、数据归约、数据

图 4-4 Word 文档内容节选

1. 算法思路

本案例的算法思路如下：

（1）切分文件上级目录和文件名。
（2）修改转化后的文件名。
（3）设置保存路径。
（4）加载处理应用，将 Word 转为 txt 文本。
（5）本地化保存文本。

首先输入待处理文档的文件路径，并将文件完整目录切分为上级目录和文件名；根据文件名的后缀判断是否符合要求，符合处理要求后，修改新的文档后缀和保持完整路径。最后，执行应用程序保存抽取的文本信息。具体流程如图 4-5 所示。

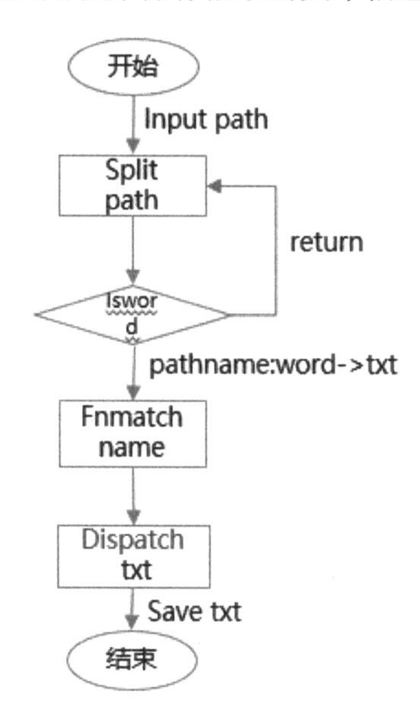

图 4-5　抽取 Word 文档的流程图

2. 代码实现

代码采用 utf8 编码格式，在导入的模块中使用 fnmatch 方法检查文档后缀，调用 Dispatch 方法加载 com 程序。具体的代码如下（源代码见：Chapter4/word2txt.py）：

```
1  import os,fnmatch
2  from win32com import client as wc
3  from win32com.client import Dispatch
```

```
4   def Word2Txt(filePath,savePath=''):
5       # 1. 切分文件上级目录和文件名
6       dirs,filename = os.path.split(filePath)
7       # 2. 修改转化后的文件名
8       new_name = ''
9       if fnmatch.fnmatch(filename,'*.doc'):
10          new_name = filename[:-4]+'.txt'
11      elif fnmatch.fnmatch(filename,'*.docx'):
12          new_name = filename[:-5]+'.txt'
13      else: return
14      print('->',new_name)
15      # 3. 文件转化后的保存路径
16      if savePath=='': savePath = dirs
17      else: savePath = savePath
18      word_to_txt = os.path.join(savePath,new_name)
19      print('->',word_to_txt)
20      # 4. 加载处理应用，word 转为 txt
21      wordapp = wc.Dispatch('Word.Application') # 打开 word 应用程序
22      mytxt = wordapp.Documents.Open(filePath)
23      mytxt.SaveAs(word_to_txt,FileFormat = 4)  # 4 表示提取文本
24      mytxt.Close()
25  if __name__=='__main__':
26      filepath = os.path.abspath(r'../Files/wordtotxt/Python 数据预处
    理.docx')
27      # savepath = '' # 自定义保存路径
28      Word2Txt(filepath)
```

（1）**代码功能描述**：将 Word 文件转存为 txt 文件，默认存储在当前路径下，可以指定存储文件的路径。

（2）**参数描述**：其中 filePath 表示文件路径，savePath 表示指定的保存路径。

（3）**结果分析**：首先对文件路径进行处理，即分割成根目录和文件名，其目的是为了实现文件后缀的修改，并设置新的保存路径。然后加载 win32.com 内置方法 Dispatch 对文本信息进行提取。

执行以上程序，得到抽取的文本内容，如图 4-6 所示。

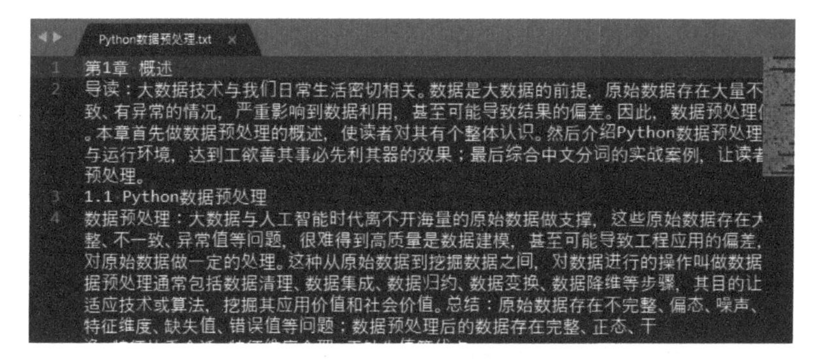

图 4-6　Word 转为 txt 文档

4.3.3　抽取 PDF 文档文本信息

1. 算法思路

本案例的算法思路如下：

（1）切分文件上级目录和文件名。
（2）修改转化后的文件名。
（3）设置保存路径。
（4）加载处理应用，将 PDF 转为 txt 文本。
（5）本地化保存文本。

2. 代码实现

代码实现抽取 PDF 文件的文本信息，其中参数 filePath 是文件路径，参数 savePath 是可选参数，指定保存路径。实现的代码如下（源代码见：Chapter4/pdf2txt.py）：

```
1  import os,fnmatch
2  from win32com import client as wc
3  from win32com.client import Dispatch
4
5  def Pdf2Txt(filePath,savePath=''):
6      # 1. 切分文件上级目录和文件名
7      dirs,filename = os.path.split(filePath)
8      # print('目录：',dirs,'\n 文件名：',filename)
9
10     # 2. 修改转化后的文件名
11     new_name = ""
```

```
12      if fnmatch.fnmatch(filename,'*.pdf') or fnmatch.fnmatch
    (filename,'*.PDF'):
13          new_name = filename[:-4]+'.txt' # 截取".pdf"之前的文件名
14      else: return
15      print('新的文件名：',new_name)
16
17      # 3. 文件转化后的保存路径
18      if savePath=="": savePath = dirs
19      else: savePath = savePath
20      pdf_to_txt = os.path.join(savePath,new_name)
21      print('保存路径：',pdf_to_txt)
22
23      # 4. 加载处理应用，pdf 转为 txt
24      wordapp = wc.Dispatch('Word.Application')
25      mytxt = wordapp.Documents.Open(filePath)
26      mytxt.SaveAs(pdf_to_txt,4)     # 4 表示提取文本
27      mytxt.Close()
```

4.3.4 打造灵活的文本抽取工具

前面的两个案例是通过文件后缀判断文件类型，进而选择不同的策略进行文本内容抽取。本小节将以上方法封装起来，做一个多文档自适应的文本抽取工具。该工具只需要传入文件路径，就可以自动判断文档类型并抽取文本信息，最终可以实现任意文档内容的批量抽取。本节只是封装上述两个功能并留下接口，读者可以自动扩展实现 Excel、PPT 等不同文档内容的抽取。

首先来看看如何自动识别文档类型。

前文讲过，进行文本信息抽取的核心步骤是切分目录、修改后缀名、设置新的保存路径、抽取文本并保存。其中文档识别主要集中在后缀名的判定上，那么，如何实现程序自动识别不同类型的文档呢？实际上只需要将文档识别函数封装即可，具体实现代码如下（完整的代码见 Chapter4/ExtractTxt.py）：

```
1  def TranType(filename,typename):
2      # 新的文件名称
3      new_name = ""
4      if typename == '.pdf' : # pdf->txt
5          if fnmatch.fnmatch(filename,'*.pdf') :
6              new_name = filename[:-4]+'.txt' # 截取".pdf"之前的文件名
```

```
7          else: return
8      elif typename == '.doc' or typename == '.docx' :  # word->txt
9          if fnmatch.fnmatch(filename, '*.doc') :
10             new_name = filename[:-4]+'.txt'
11         elif fnmatch.fnmatch(filename, '*.docx'):
12             new_name = filename[:-5]+'.txt'
13         else: return
14     else:
15         print('警告：\n您输入[',typename,']不合法，本工具支持pdf/doc/
       docx格式,请输入正确格式。')
16         return
17     return new_name
```

（1）**代码功能描述：**根据文件后缀修改文件名。

（2）**参数描述：**其中 filePath 表示文件路径，typename 表示文件后缀。

（3）**返回数据：**new_name 用于返回修改后的文件名。

```
1  def Files2Txt(filePath,savePath=''):
2      ...
3      # 获取后缀
4      typename = os.path.splitext(filename)[-1].lower()
5      new_name = TranType(filename,typename)
6      print('新的文件名：',new_name)
7      ...
```

这样，在主函数中只需要输入文件名，抽取工具就会实现自动识别、文本抽取、自定义保存等一系列工作。具体代码如下：

```
1  if __name__ == '__main__':
2      filePath1 = os.path.abspath(r'../Files/wordtotxt/Python数据预处
   理.docx')
3      filePath2 = os.path.abspath(r'../Files/pdftotxt/Python数据预处
   理.pdf')
4      Files2Txt(filePath1)
```

注 意

本节对文本信息抽取是在 Windows 环境下，在 Linux 和 Mac 系统下并不适，读者在 Linux 环境下可以使用 Apache Tika toolkit 工具。（参考：https://www.cnblogs.com/baiboy/p/tika.html）

4.4 文本批量编码

文本抽取大多时候是按照指定 UTF-8 编码格式，但有时候网络下载的文档存在编码不一致的问题，甚至不知道哪些是 GB2312，哪些是 UTF-8，倘若文档较少还能逐一筛选，如果是百万级甚至更多的文本数量通过人工处理显然是不现实的。本节介绍一款 UTF-8 批量转换器，利用该转换器可批量转换文件的编码，读者可以下载源码并在 Packages 文件夹下找到该转换器。具体操作如下：

（1）找到需要进行编码转换的文件夹，如图 4-7 所示。

（2）在右侧区域选中需要转换的文件，然后单击鼠标右键或者按 F9 键，保存到指定文件夹下即可。

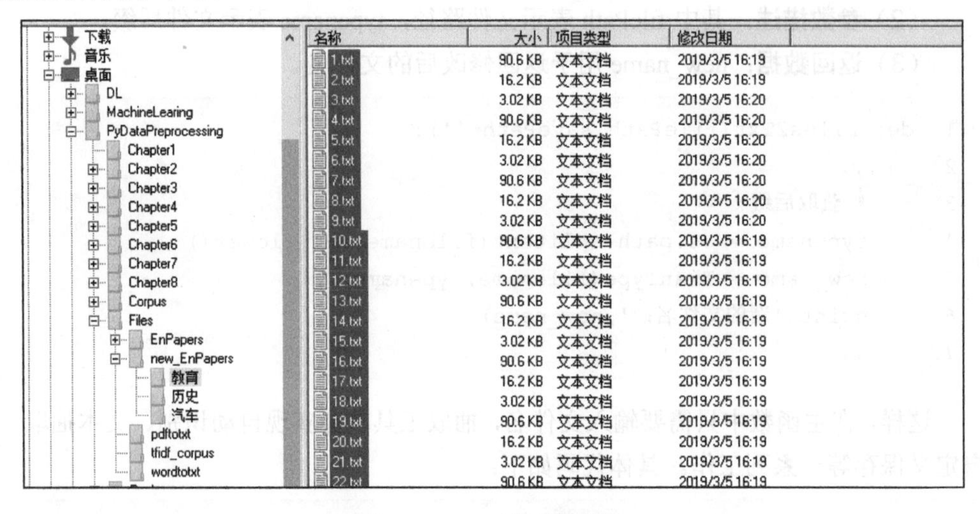

图 4-7 UTF-8 批量转换器

4.5 实战案例：遍历文件批量抽取新闻文本内容

本节实现新闻文本的批量抽取——对历史、教育、汽车各 30 篇的 PDF 文档进行文本内容的抽取（本语料来源于复旦大学新闻语料库）。结合 4.3 节介绍的文本抽取方法，实现根目录下文档的批量抽取，并自动保存到指定位置。

4.5.1　递归读取文件

文件的读写操作对于处理文本来说是基础工作，如何对根目录下的所有文件读取呢？递归遍历是一种策略，首先通过传入根目录来判断是否是文件夹，然后判断文件夹下是否有二级目录。如果不存在二级目录，就打印出文件名；如果存在二级目录，继续做递归处理，直到遍历所有文件为止。实现代码如下（源代码见：Chapter4/TraverFiles.py）：

```
1  '''
2  功能描述：遍历目录处理子文件
3  参数描述： 1 rootDir 目标文件的根目录
4  '''
5  class TraversalFun():
6      # 1. 初始化
7      def __init__(self,rootDir):
8          self.rootDir = rootDir # 目录路径
9
10     # 2. 遍历目录文件
11     def TraversalDir(self):
12         TraversalFun.AllFiles(self,self.rootDir)
13
14     # 3. 递归遍历所有文件，并提供具体文件操作功能
15     def AllFiles(self,rootDir):
16         # 返回指定目录包含的文件或文件夹的名字列表
17         for lists in os.listdir(rootDir):
18             # 待处理文件夹名字集合
19             path = os.path.join(rootDir, lists)
20             # 核心算法，对文件具体操作
21             if os.path.isfile(path):
22                 print(os.path.abspath(path))
23             # 递归遍历文件目录
24             elif os.path.isdir(path):
25                 TraversalFun.AllFiles(self,path)
```

代码说明：

该代码文件主要遍历目录处理子文件，其中参数 rootDir 是目标文件的根目录。

在 main 函数里面调用方法，代码如下：

```
1  if __name__ == '__main__':
2      time_start=time.time()
3  
4      # 根目录文件路径
5      rootDir = r"../Files/EnPapers"
6      tra=TraversalFun(rootDir)  # 默认方法参数打印所有文件路径
7      tra.TraversalDir()         # 遍历文件并进行相关操作
8  
9      time_end=time.time()
10     print('totally cost',time_end-time_start,'s')
```

运行结果如图 4-8 所示。

```
C:\Users\Administrator\Desktop\PyDataPreprocessing\Files\EnPapers\汽车\30.pc
C:\Users\Administrator\Desktop\PyDataPreprocessing\Files\EnPapers\汽车\4.pdf
C:\Users\Administrator\Desktop\PyDataPreprocessing\Files\EnPapers\汽车\5.pdf
C:\Users\Administrator\Desktop\PyDataPreprocessing\Files\EnPapers\汽车\6.pdf
C:\Users\Administrator\Desktop\PyDataPreprocessing\Files\EnPapers\汽车\7.pdf
C:\Users\Administrator\Desktop\PyDataPreprocessing\Files\EnPapers\汽车\8.pdf
C:\Users\Administrator\Desktop\PyDataPreprocessing\Files\EnPapers\汽车\9.pdf
totally cost 0.0 s

***Repl Closed***
```

图 4-8　遍历所有文件名

注意　以上实现的递归方法是一种常规的文件遍历方法，本书后续会介绍一种更高效的迭代方法。

4.5.2　遍历抽取新闻文本

1. 初始化方法参数

本节直接调用 4.3.4 节介绍的 Files2Txt 方法。执行以下命令调用自己封装的模块（源代码见：Chapter4/ConvFormat.py）：

```
1  import ExtractTxt as ET
```

其中 ExtractTxt 就是前面的 ExtractTxt.py 文件的名称，ET 是模块的简写名，这样就可以调用其下所有的方法了。

接下来对文本批量抽取类进行初始化修改，在 4.3.4 节的基础上对代码作如下修改（添加一个保存目录的参数 saveDir）：

```
1  # 1. 初始化
2  def __init__(self,rootDir,func=None,saveDir=""):
```

```
3       self.rootDir = rootDir # 目录路径
4       self.func = func            # 参数方法
5       self.saveDir = saveDir      # 保存路径
```

代码中有3个参数，第一个参数rootDir，必选参数，是待处理文件的根目录；第二个参数func是可选参数，也是方法参数，这里即为传入的ET.Files2Txt方法（一个用来抽取文本内容的核心方法）；第三个参数saveDir也是可选参数，文档抽取后的保存根目录，默认为空即保存在当前目录下，支持用户自定义路径。

2. 遍历目录文件

在遍历文件的时候，上一节传入了一个参数即根目录，这里需要传入两个参数，其中多出来的一个参数用来保存根目录：

- rootDir：原始文本的根目录。
- save_dir：遍历后文本保存的根目录。

接下来根据前面的知识，对代码做如下修改：

```
1   # 2. 遍历目录文件
2   def TraversalDir(self):
3       # 切分文件上级目录和文件名
4       dirs,latername = os.path.split(self.rootDir)
5       # print(rootDir,'\n',dirs,'\n',latername)
6
7       # 保存目录
8       save_dir = ""
9       if self.saveDir=="": # 默认文件保存路径
10      save_dir = os.path.abspath(os.path.join(dirs, 'new_'+latername))
11      else: save_dir = self.saveDir
12
13      # 创建目录文件
14      if not os.path.exists(save_dir): os.makedirs(save_dir)
15      print("保存目录：\n"+save_dir)
16
17      # 遍历文件并将其转化txt文件
18      TraversalFun.AllFiles(self,self.rootDir,save_dir)
```

3. 遍历目录子文件

在子文件操作过程中有两点变化，第一，判断是否为目标文件，如果是目标文件，则传入文本抽取方法func进行处理；第二，如果是文件夹，则对保存子目录进行修改。具体代码修改如下：

```
1   # 3. 递归遍历所有文件，并提供具体文件的操作功能
2   def AllFiles(self,rootDir,save_dir=''):
3       # 返回指定目录包含的文件或文件夹的名字列表
4       for lists in os.listdir(rootDir):
5       # 待处理文件夹名字的集合
6       path = os.path.join(rootDir, lists)
7
8       # 核心算法，对文件具体操作
9       if os.path.isfile(path):
10      self.func(os.path.abspath(path),os.path.abspath(save_dir))
11
12      # 递归遍历文件目录
13      if os.path.isdir(path):
14      newpath = os.path.join(save_dir, lists)
15      if not os.path.exists(newpath):
16      os.mkdir(newpath)
17      TraversalFun.AllFiles(self,path,newpath)
```

4. 批量抽取文本信息

最后，在main函数里面运行根目录并抽取所有文本信息，代码如下：

```
1   if __name__ == '__main__':
2       time_start=time.time()
3       # 根目录文件路径
4       rootDir = r"../Files/EnPapers"
5       # saveDir = r"./Corpus/TxtEnPapers"
6       tra=TraversalFun(rootDir,ET.Files2Txt)
                                          # 默认方法参数打印所有文件路径
7       tra.TraversalDir()
8       time_end=time.time()
9       print('totally cost',time_end-time_start,'s')
```

批量文档信息抽取的运行结果，如图4-9所示。

至此，自定义文本信息批量抽取工作全部完成，90篇文档抽取用时275秒左右。其时间分布主要为两点，一是调用API打开提取文档文本信息所用的时间；二是遍历读取文件所用的时间。针对遍历文件读取，递归方法随着数据量增加将极大地影响运行时间，后面章节会基于此改进一种迭代方法的文件遍历算法。

```
保存路径： C:\Users\Administrator\Desktop\PyDataPreprocessing\Files\new_EnPapers
\汽车\6.txt
保存路径： C:\Users\Administrator\Desktop\PyDataPreprocessing\Files\new_EnPapers
\汽车\7.txt
保存路径： C:\Users\Administrator\Desktop\PyDataPreprocessing\Files\new_EnPapers
\汽车\8.txt
保存路径： C:\Users\Administrator\Desktop\PyDataPreprocessing\Files\new_EnPapers
\汽车\9.txt
totally cost 6250.105193853378 s

***Repl Closed***
```

图 4-9　批量抽取所有文本信息

4.6　本章小结

本章介绍了数据采集和存储及对不同形式数据特征的处理策略。针对文本信息抽取问题，实战打造了一款适合多格式批量处理的文本抽取工具；然后通过一个综合实战案例来遍历文件并批量抽取新闻文本内容，该遍历方法封装完成后可以作为工具来使用。下一章介绍在完成数据集成和文本信息的抽取以后，如何高效遍历文件，如何进行数据清洗以及数据清洗包括哪些步骤等内容。

第 5 章 文本数据清洗

数据清洗是指删除、更正错误数据，处理不完整、格式有误或多余的数据，解决来自各个信息系统不同数据间一致性的问题。本章介绍以正则方法来清洗文本数据、处理网页数据和处理简繁中文问题，利用高效读取文件的方法来完成批量文本的清洗工作。

5.1 新闻语料的准备

语料可以理解为语言材料，包括口语材料和书面材料。语料的定义较为广泛，其来源可能是教材、报纸、综合刊物、新闻材料、图书等，语料所涉及的学科门类也较为复杂。本章所介绍的新闻语料，狭义上来讲，就是为实验或工程应用所准备的相对规范的数据集。其目的是通过监督式学习方法，训练算法模型以达到工程应用的目的。本书新闻语料来源于复旦大学新闻语料摘选，原始语料有近千万条，为了适应讲解，笔者选择了平衡语料 30 余万条，具体语料信息如表 5-1 所示。

表 5-1　新闻语料

编　　号	新闻类别	新闻数量	语料大小
1	财经	37098	117MB
2	教育	41936	141MB
3	科技	65534	122MB

（续表）

编　号	新闻类别	新闻数量	语料大小
4	时政	63086	118MB
5	体育	65534	191MB
6	娱乐	65534	136MB

为什么不是自己构建语料而采用开源数据集？3.3 节介绍的数据采集和爬虫技术，可以完成对某特定领域数据的爬取和整理，结合数据预处理技术，最终整理成相对规范的文本信息，理论上讲完全是可行的。但是，就实际情况而言，语料库构建需要遵循以下几个原则：

- 代表性。在应用领域中，不是根据量来划分是否是语料库，而是语料库需在一定的抽样框架范围内采集而来，并且在特定的抽样框架内做到代表性和普遍性。
- 结构性。有目的地收集语料的集合，必须以电子形式存在，计算机可读的语料集合结构性体现在语料库中语料记录的代码，元数据项、数据类型、数据宽度、取值范围、完整性约束。
- 平衡性。主要体现在平缓因子，包括学科、年代、文体、地域、登载语料的媒体、使用者的年龄、性别、文化背景、阅历、预料用途（私信/广告等），根据实际情况选择其中一个或者几个重要的指标作为平衡因子，最常见的平衡因子有学科、年代、文体、地域等。
- 规模性。大规模的语料对语言研究特别是对自然语言研究处理很有用，但是随着语料库的增大，垃圾语料越来越多。但语料达到一定规模以后，语料库的功能并不能随之增长，因此，语料库规模应根据实际情况而定。
- 元数据。元数据对于研究语料库有着重要的意义，我们可以通过元数据了解语料的时间、地域、作者、文本信息等，还可以构建不同的子语料库。除此之外，还可以对不同的子语料对比，另外还可以记录语料知识版权、加工信息、管理信息等。

此外，一个高效的数据语料本身就是有经济价值的，且构造烦琐、费时费力，这也是本文选择如上开源语料库的原因所在。当然，针对一些特定的商业需求，并没有那么幸运能够找到开源语料，这个时候就需要自己构建，可采用前面章节介绍的方法去实现。

5.2 高效读取文件

在 4.5.1 节介绍过一种递归的方法——遍历读取文件，该方法效率较低。本节介绍一种基于生成器方法的文件遍历。开始本节之前，先回顾一下 4.5.1 节的递归遍历方法，然后介绍 yield 生成器读取文件。

5.2.1 递归遍历读取新闻

递归在计算机科学中是指一种通过重复将问题分解为同类的子问题而解决问题的方法。递归式方法可以被用于解决很多的计算机科学问题，因此它是计算机科学中一个十分重要的概念。计算机科学家尼克劳斯·维尔特如此描述递归：递归的强大之处在于它允许用户用有限的语句描述无限的对象。因此，在计算机科学中，递归可以被用来描述无限步的运算，尽管描述运算的程序是有限的。

事实上，递归算法的核心思想就是分而治之，在一些适用场景下可以让人惊讶不已。这里通过一个实验即递归算法遍历读取 CSCMNews 文件夹下的 30 余万新闻语料，来介绍递归在遍历文件中的应用，该例每读取 5000 条信息在屏幕上打印一条读取完成的信息。代码实现如下（源代码见：Chapter5/FileRead.py）：

```
1  # 遍历 CSCMNews 目录文件
2  def TraversalDir(rootDir):
3      # 返回指定目录包含的文件或文件夹的名字列表
4      for i,lists in enumerate(os.listdir(rootDir)):
5          # 待处理文件夹名字的集合
6          path = os.path.join(rootDir, lists)
7          # 核心算法，对文件具体操作
8          if os.path.isfile(path):
9              if i%5000 == 0:
10                 print('{t} *** {i} \t docs has been read'.format(i=i,
                            t=time.strftime('%Y-%m-%d %H:%M:%S',
                            time.localtime())))
11         # 递归遍历文件目录
12         if os.path.isdir(path):
13             TraversalDir(path)
```

运行 main 主函数来读取目录文件并验证所花费的时间。

```
1  if __name__ == '__main__':
2      t1=time.time()
3      # 根目录文件路径
4      rootDir = r"../Corpus/CSCMNews"
5      TraversalDir(rootDir)
6
```

```
7       t2=time.time()
8       print('totally cost %.2f' % (t2-t1)+' s')
```

实验证明，完成约 30 万新闻文本读取需花费 65.28 秒（这里还没有对文件执行任何操作），但随着语料数量的增加，执行速度会越来越慢，因此递归并不适合遍历读取大量文件的应用场景。递归遍历读取新闻语料的结果如图 5-1 所示。

```
2019-03-25 14:10:42 *** 5000 --- docs has been read
2019-03-25 14:10:43 *** 10000 --- docs has been read
2019-03-25 14:10:44 *** 15000 --- docs has been read
2019-03-25 14:10:45 *** 20000 --- docs has been read
2019-03-25 14:10:46 *** 25000 --- docs has been read
2019-03-25 14:10:47 *** 30000 --- docs has been read
2019-03-25 14:10:47 *** 35000 --- docs has been read
totally cost 62.07 s

*** Repl Closed ***
```

图 5-1　递归遍历文件

5.2.2　yield 生成器

1. 生成器

生成器是计算机科学中特殊的子程序。实际上，所有生成器都是迭代器。生成器非常类似于返回数组的函数，都具有参数、可被调用、产生一系列的值。但是，生成器不是构造出数组包含所有的值并一次性返回，而是每次产生一个值，因此生成器看起来像函数，但行为像迭代器。

2. yield 生成器

yield 是一个类似 return 的关键字，只是这个函数返回的是个生成器。可能读者还是不太理解，没有关系，通过生成斐波那契数列就会理解了。斐波那契（Fibonacci）数列是一个非常简单的递归数列，这个数列除了第一项和第二项外，数列中的任意一项都可由前面两项相加而来，示例如下：

- 形式化表示：1, 1, 2, 3, 5, 8, 13, 21, 34, 55, 89, 144......
- 数学化表示：$F(0)=1$，$F(1)=1$, $F(n)=F(n-1)+F(n-2)$（$n>=2$，$n \in N^*$）

实现斐波那契数列的前 10 万项，代码的实现如下（源代码见：Chapter5/genyield.py）：

```
1   # 普通斐波那契数列
2   def fab1(max):
3       n, a, b = 0, 0, 1
```

```
4      while n < max:
5          a, b = b, a + b
6          n = n + 1
7  # 最大迭代次数
8  maxnum = 100000
9  t1 = time.time()
10 fab1(maxnum)
11 t2 = time.time()
12 print('fab1 total tims %.2f ' % (1000*(t2-t1)) + ' ms')
```

执行程序结果如下：

```
fab1 total tims 135.92  ms
```

接下来，使用 yield 生成器实现斐波那契数列的前 10 万项：

```
1  # 生成器：斐波那契数列
2  def fab2(max):
3      n, a, b = 0, 0, 1
4      while n < max:
5          yield b       # 使用 yield
6          a, b = b, a + b
7          n = n + 1
8
9  # 最大迭代次数
10 maxnum = 100000
11 t1 = time.time()
12 fab2(maxnum)
13 t2 = time.time()
14 print('fab2 total tims %.2f ' % (1000*(t2-t1)) + ' ms')
```

执行程序结果如下：

```
fab2 total tims 1.00  ms
```

通过上面两个实验对比发现，fab2 方法更加高效，代码简洁明了。可见，把一个函数改为生成器函数就获得了迭代能力，只需要添加关键字 yield 即可。另外 yield 还有以下几个特性：

- yield数据存储在非内存中，而数组、列表、字符串、文件等数据的缺点是所有数据都在内存中，海量的数据会消耗大量内存。

- yield生成器是可以迭代的，工作原理就是重复调用 next() 方法，直到捕获一个异常。
- 有yield的函数不再是一个普通的函数，而是一个生成器（Generator），可用于迭代。
- yield是一个类似 return 的关键字。

5.2.3　高效遍历读取新闻

yield 生成器可以大大提升执行效率，如果是读取文件的操作，只需要构建一个类文件就可以，实现的代码如下（源代码见：Chapter5/EfficRead.py）：

```
1  # 加载目录文件
2  class loadFiles(object):
3      def __init__(self, par_path):
4          self.par_path = par_path
5      def __iter__(self):
6          folders = loadFolders(self.par_path)
7          # level directory
8          for folder in folders:
9              catg = folder.split(os.sep)[-1]
10             #secondary directory
11             for file in os.listdir(folder):
12                 yield catg, file
13
14 # 加载目录下的子文件
15 class loadFolders(object):   # 迭代器
16     def __init__(self, par_path):
17         self.par_path = par_path
18     def __iter__(self):
19         for file in os.listdir(self.par_path):
20             file_abspath = os.path.join(self.par_path, file)
21             # if file is a folder
22             if os.path.isdir(file_abspath):
23                 yield file_abspath
```

其中，loadFiles 类负责加载目录文件，而 loadFolders 类负责加载文件夹下的子文件。

上述代码最大的变化就是 return 关键字改为 yield，如此便成了生成器函数，通过 yield 生成器函数遍历 30 余万新闻文件，每完成 5000 个文件读取便打印一条信息，调用 main 函数如下：

```
1  if __name__=='__main__':
2      start = time.time()
3      filepath = os.path.abspath(r'../Corpus/CSCMNews')
4      files = loadFiles(filepath)
5      for i, msg in enumerate(files):
6          if i%5000 == 0:
7              print('{t} *** {i} \t docs has been Read'.format(i=i,
   t=time.strftime('%Y-%m-%d %H:%M:%S',time.localtime())))
8      end = time.time()
9     print('total spent times:%.2f' % (end-start)+ ' s')
```

执行以上函数，运行结果如图 5-2 所示。

```
2019-03-25 14:22:12 *** 300000  docs has been Read
2019-03-25 14:22:12 *** 305000  docs has been Read
2019-03-25 14:22:12 *** 310000  docs has been Read
2019-03-25 14:22:12 *** 315000  docs has been Read
2019-03-25 14:22:12 *** 320000  docs has been Read
2019-03-25 14:22:12 *** 325000  docs has been Read
2019-03-25 14:22:12 *** 330000  docs has been Read
2019-03-25 14:22:12 *** 335000  docs has been Read
total spent times:0.71 s

*** Repl Closed ***
```

图 5-2 yield 生成器遍历文件的结果

递归遍历读取 30 万新闻文件耗时 65.28 秒，而 yield 生成器仅仅耗时 0.71 秒，可见，yield 生成器优势巨大，随着对文件操作和数据量的增加，这种区别甚至可以达到指数级。读者可以将本节封装的 yield 生成器类文件保留下来，应用到其他文件操作之中。

5.3 通过正则表达式来清洗文本数据

5.3.1 正则表达式

在很多文本编辑器里，正则表达式（代码中常简写为 regex、regexp 或 RE）通常被用来检索、替换那些匹配某个模式的文本。许多程序设计语言都支持利用正则表达式进行字符串操作。

正则表达式是一种用来匹配字符串的强有力的武器，它的设计思想是用一种描述性的语言来给字符串定义一个规则，凡是符合规则的字符串，就认为它“匹配”了，否则，该字符串就是“不匹配”的。

正则表达式的基本语法如表 5-2 所示。

表 5-2　正则语法

单 字 符	匹配数量	匹配位置
\d 匹配数字	*：0 个或者更多	^：一行的开头
\w 匹配(数字、字母)	+：1 个或更多，至少 1 个	$：一行的结尾
\W 匹配非(数字、字母)	?：0 个或 1 个	\b：单词结尾
\s 匹配(空格、tab 等)	{min, max}：出现次数在一个范围内	
\S 匹配非(空格、tab 等)	{n}：匹配出现 n 次的	
. 匹配任何的字符	[]：满足任意一个都可以	

下面看几个关于正则表达式的应用示例（源代码见：Chapter5/regular.py）。

1. 提取“0”结束的字符串

```
1  line = 'this is a dome about  this  scrapy2.0'
2  regex_str='^t.*0$'
3  match_obj = re.match(regex_str,line)
4  if match_obj:
5      print(match_obj.group(1))
```

2. 提取指定字符“t”与“t”之间的子串

```
1  line = 'this is a dome about  this  scrapy2.0'
2  regex_str=".*?(t.*?t).*" # 提取 tt 之间的子串
3  match_obj = re.match(regex_str,line)
4  if match_obj:
5      print(match_obj.group(0))
```

3. 提取“课程”前面的内容

```
1  line = '这是 Scrapy 学习课程,这次课程很好'
2  regex_str=".*?([\u4E00-\u9FA5]+课程)"
3  match_obj = re.match(regex_str,line)
4  if match_obj:
5      print(match_obj.group(0))
```

4. 提取日期内容

```
1  line = 'xxx 出生于 1989 年'
2  regex_str=".*?(\d+)年"
```

```
3  match_obj = re.match(regex_str,line)
4  if match_obj:
5      print(match_obj.group(0))
```

5. 提取不同格式的出生日期

```
1  line = '张三出生于1990年10月1日'
2  line = '李四出生于1990-10-1'
3  line = '王五出生于1990-10-01'
4  line = '孙六出生于1990/10/1'
5  line = '张七出生于1990-10'
6
7  regex_str='.*出生于(\d{4}[年/-]\d{1,2}([月/-]\d{1,2}|[月/-]$|$))'
8  match_obj = re.match(regex_str,line)
9  if match_obj:
10     print(match_obj.group(1))
```

5.3.2 清洗文本数据

使用正则表达式处理文本数据，可以剔除"脏"数据和对满足指定条件的数据进行筛选。这里选用一篇体育新闻对其文本信息进行清洗，原始新闻文本节选如下：

马晓旭意外受伤让国奥警惕 无奈大雨格外青睐殷家军 记者傅亚雨沈阳报道 来到沈阳，国奥队依然没有摆脱雨水的困扰。7月31日下午6点，国奥队的日常训练再度受到大雨的干扰，无奈之下队员们只慢跑了25分钟就草草收场。31日上午10点，国奥队在奥体中心外场训练的时候，天就是阴沉沉的，气象预报显示当天下午沈阳就有大雨，但幸好队伍上午的训练并没有受到任何干扰。下午6点，当球队抵达训练场时，大雨已经下了几个小时，而且丝毫没有停下来的意思。抱着试一试的态度，球队开始了当天下午的例行训练，25分钟过去了，天气没有任何转好的迹象，为了保护球员们，国奥队决定中止当天的训练，全队立即返回酒店。

首先读取文本信息，编写如下代码（源代码见：Chapter5/ REdealText.py）：

```
1  # 读取文本信息
2  def readFile(path):
3      str_doc = ""
4      with open(path,'r',encoding='utf-8') as f:
5          str_doc = f.read()
```

```
6     return str_doc
7
8  # 1 读取文本
9  path= r'../Corpus/CSCMNews/体育/0.txt'
10 str_doc = readFile(path)
11 print(str_doc)
```

假设需要清除文本中的特殊符号、标点、英文、数字等，仅只保留汉字信息，同时去除换行符，并将多个空格转变成一个空格，具体代码实现如下：

```
1  def textParse(str_doc):
2      # 通过正则表达式过滤掉特殊符号、标点、英文、数字等。
3      r1 = '[a-zA-Z0-9′!"#$%&\'()*+,-./:: ;; |<=>?@, —。?★、…【】《》?
   “”‘’! [\\]^_`{|}~]+'
4      # 去除换行符
5      str_doc=re.sub(r1, ' ', str_doc)
6      # 多个空格成 1 个
7      str_doc=re.sub(r2, ' ', str_doc)
8      return str_doc
9
10 # 正则清洗字符串
11 word_list=textParse(str_doc)
12 print(word_list)
```

执行上述代码，得到文本信息清洗后的结果，如图 5-3 所示。

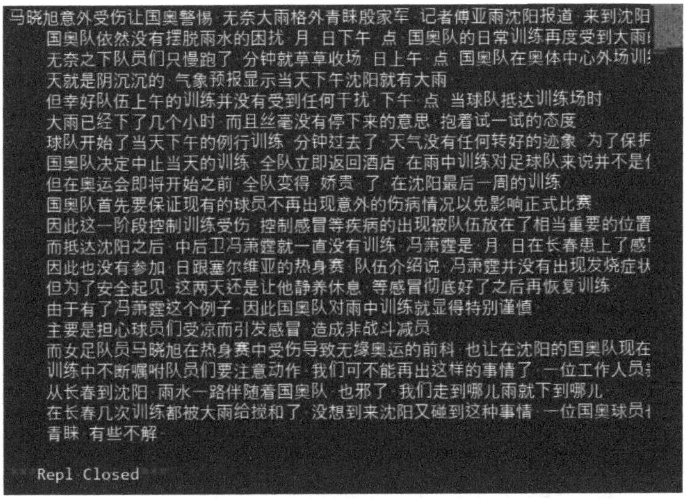

```
马晓旭意外受伤让国奥警惕 无奈大雨格外青睐殷家军 记者傅亚雨沈阳报道 来到沈阳
    国奥队依然没有摆脱雨水的困扰 月 日下午 点 国奥队的日常训练再度受到大雨
    无奈之下队员们只慢跑了 分钟就草草收场 日上午 点 国奥队在奥体中心外场训
    天就是阴沉沉的 气象预报显示当天下午沈阳就有大雨
    但幸好队伍上午的训练并没有受到任何干扰 下午 点 当球队抵达训练场时
    大雨已经下了几个小时 而且丝毫没有停下来的意思 抱着试一试的态度
    球队开始了当天下午的例行训练 分钟过去了 天气没有任何转好的迹象 为了保护
    国奥队决定中止当天的训练 全队立即返回酒店 在雨中训练对足球队来说并不是
    但在奥运会即将开始之前 全队变得 娇贵 了 在沈阳最后一周的训练
    国奥队首先要保证现有的球员不再出现意外的伤病情况以免影响正式比赛
    因此这一阶段控制训练受伤 控制感冒等疾病的出现被队伍放在了相当重要的位置
    而抵达沈阳之后 中后卫冯萧霆就一直没有训练 冯萧霆是 月 日在长春患上了感
    因此也没有参加 日跟塞尔维亚的热身赛 队伍介绍说 冯萧霆并没有出现发烧症状
    但为了安全起见 这两天还是让他静养休息 等感冒彻底好了之后再恢复训练
    由于有了冯萧霆这个例子 因此国奥队对雨中训练就显得特别谨慎
    主要是担心球员们受凉而引发感冒 造成非战斗减员
    而女足队员马晓旭在热身赛中受伤导致无缘奥运的前科 也让在沈阳的国奥队现在
    训练中不断嘱咐队员们要注意动作 我们可不能再出这样的事情了 一位工作人员
    从长春到沈阳 雨水一路伴随着国奥队 也邪了 我们走到哪儿雨就下到哪儿
    在长春几次训练都被大雨给搅和了 没想到来沈阳又碰到这种事情 一位国奥球员
    青睐 有些不解

  Repl Closed
```

图 5-3　通过正则表达式来清洗文本信息

以上实验，只是简单地使用了正则表达式方法来处理文本信息，正则表达式的具体使用情况也要视需要处理的文本信息来定。

5.4 清洗 HTML 网页数据

有时候面对的不一定是纯文本信息，也有可能是网页数据，或者是微博数据，此时，如何清洗这些半结构化的数据呢？

设想现在有这样一个需求，任务是做信息抽取，然后构建足球球员技能数据库。我们首先想到的是一些足球网站，然后编写爬虫代码去爬取与足球相关的新闻，并对这些网页信息本地化存储，如图 5-4 所示是与足球相关的新闻网页。

```
<!DOCTYPE html>
<html>
<head>
    <meta charset="utf-8">
    <meta http-equiv="X-UA-Compatible" content="IE=edge">
    <meta name="baidu_union_verify" content="
    e375dfea1f5937c9114d7fea78c91675">
    <meta name="keywords" content="
    懂球帝|足球新闻|足球App|足球资讯|足球直播|足球视频|足球比分|中国足球"/>
                <title>上港5-4恒大5分领跑剑指冠军，下轮打平便可夺冠，武
                磊平纪录 - 广州恒大淘宝|上海上港|蔡慧康|武磊|胡尔克|张成
                林|阿兰|保利尼奥|王燊超|吕文君|懂球帝</title>
    <script src="https://static1.dongqiudi.com/web-new/static/js/
    jQuery.1.11.min.js"></script>
    <link rel="shortcut icon" href="https://static1.dongqiudi.com/web-new/
    web/images/fav.ico?20170706" type="image/x-icon">
        <link rel="stylesheet" href="https://static1.dongqiudi.com/
        web-new/web/css/style.css?2018102201">
    <style>

</head>
```

图 5-4　爬取足球相关网页新闻

乍一看非常头疼，如何抽取这里的文本信息呢？一篇一篇地手工处理显然不现实，如果采用上面正则表达式的方法又会出现各种形式的干扰数据。这里介绍一种网页数据通用的正则处理方法。以下是具体的实现代码（源代码见：Chapter5/DealHtml.py）：

```
1  # 清洗 HTML 标签文本
2  # @param htmlstr HTML 字符串.
3  def filter_tags(htmlstr):
4      # 过滤 DOCTYPE
5      htmlstr = ' '.join(htmlstr.split()) # 去掉多余的空格
6      re_doctype = re.compile(r'<!DOCTYPE .*?> ', re.S)
7      s = re_doctype.sub('',htmlstr)
8      # 过滤 CDATA
```

```
 9      re_cdata = re.compile('//<!CDATA\[[ >]* //\] > ', re.I)
10      s = re_cdata.sub('', s)
11      # Script
12      re_script = re.compile('<\s*script[^>]*>[^<]*<\s*/\s*script\s*>',
    re.I)
13      s = re_script.sub('', s)  # 去掉 SCRIPT
14      # style
15      re_style = re.compile('<\s*style[^>]*>[^<]*<\s*/\s*style\s*>',
    re.I)
16      s = re_style.sub('', s)  # 去掉 style
17      # 处理换行
18      re_br = re.compile('<br\s*?/?>')
19      s = re_br.sub('', s)     # 将 br 转换为换行
20      # HTML 标签
21      re_h = re.compile('</?\w+[^>]*>')
22      s = re_h.sub('', s)  # 去掉 HTML 标签
23      # HTML 注释
24      re_comment = re.compile('<!--[^>]*-->')
25      s = re_comment.sub('', s)
26      # 多余的空行
27      blank_line = re.compile('\n+')
28      s = blank_line.sub('', s)
29      # 剔除超链接
30      http_link = re.compile(r'(http://.+.html)')
31      s = http_link.sub('', s)
32      return s
33
34  # 通过正则表达式来处理 HTML 网页数据
35  s=filter_tags(str_doc)
36  print(s)
```

执行上述代码，得到如图 5-5 所示的结果。

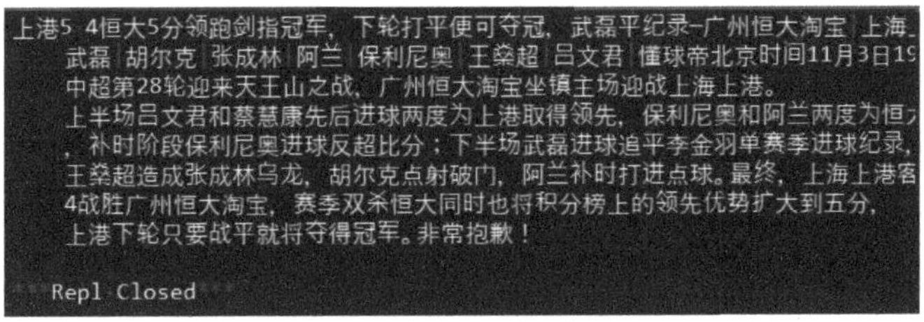

```
上港5 4恒大5分领跑剑指冠军，下轮打平便可夺冠，武磊平纪录-广州恒大淘宝|上海_
    武磊|胡尔克|张成林|阿兰|保利尼奥|王燊超|吕文君|懂球帝北京时间11月3日19
    中超第28轮迎来天王山之战，广州恒大淘宝坐镇主场迎战上海上港。
    上半场吕文君和蔡慧康先后进球两度为上港取得领先，保利尼奥和阿兰两度为恒
    ，补时阶段保利尼奥进球反超比分；下半场武磊进球追平李金羽单赛季进球纪录，
    王燊超造成张成林乌龙，胡尔克点射破门，阿兰补时打进点球。最终，上海上港客
    4战胜广州恒大淘宝，赛季双杀恒大同时也将积分榜上的领先优势扩大到五分，
    上港下轮只要战平就将夺得冠军。非常抱歉！

***Repl Closed***
```

图 5-5 通过正则表达式来清洗网页信息

5.5 简繁字体转换

做中文信息处理，尤其是用网络爬虫爬取网络文本信息时，很可能一些深度遍历的网站来源于香港地区和其他国外网站。众所周知，香港地区由于历史原因仍旧广泛使用繁体字，采集的数据中不免存在简繁字体共存，这对中文分析是非常不便的，必须统一成一种字体格式，才方便后续的工作。

幸运的是不用自己编写转换程序，只需要去官网下载一个简繁字体工具包 zhtools 即可。读者可以从本书源码中直接获取，也可以去 GitHub 上下载（https://github.com/skydark/nstools/tree/master/zhtools）。下载完成之后打开 zh_wiki.py 文件可以看到如下内容：

```
1  # -*- coding: utf-8 -*-
2  # copy from Wikipedia
3
4  zh2Hant = {
5  '呆': '獃',
6  "打印机": "印表機",
7  '帮助文件': '說明檔案',
8  "画": "畫",
9  "板": "板",
10 "表": "表",
11 "才": "才",
12 "丑": "醜",
13 "出": "出",
14 "淀": "澱",
15 ...
16 "希特拉": "希特勒",
17 "黛安娜": "戴安娜",
18 "希拉": "赫拉",
19 }
```

上述工具包字典包括字词约 8260 个，几乎涵盖了常用简繁字体及其字词。当然，读者也可以自定义添加新的字词。通过这个字典我们很快就会发现，这是一种基于规则方法实现的中文简繁字体转换。接下来，尝试将上一节网页中提取的简体中文进行繁体化，编写代码如下（源代码见：Chapter5/zhline.py）：

```
1  from zhtools.langconv import *
2
3  # 转换简体到繁体
4  str2 =r'上港 5-4 恒大 5 分领跑剑指冠军，下轮打平便可夺冠，武磊平纪录–广州恒大淘宝 上海上港 蔡慧康 武磊 胡尔克 张成林 阿兰 保利尼奥 王燊超 吕文君 懂球帝北京时间 11 月 3 日 19:35，中超第 28 轮迎来天王山之战，广州恒大淘宝坐镇主场迎战上海上港。上半场吕文君和蔡慧康先后进球两度为上港取得领先，保利尼奥和阿兰两度为恒大将比分扳平，补时阶段保利尼奥进球反超比分，下半场武磊进球追平李金羽单赛季进球纪录，王燊超造成张成林乌龙，胡尔克点射破门，阿兰补时打进点球。最终，上海上港客场 5-4 战胜广州恒大淘宝，赛季双杀恒大同时也将积分榜上的领先优势扩大到五分，上港下轮只要战平就将夺得冠军。'
5  line2 = Converter('zh-hant').convert(str2)
6  print('简体->繁体:\n',line2)
```

执行上述代码，运行结果如图 5-6 所示。

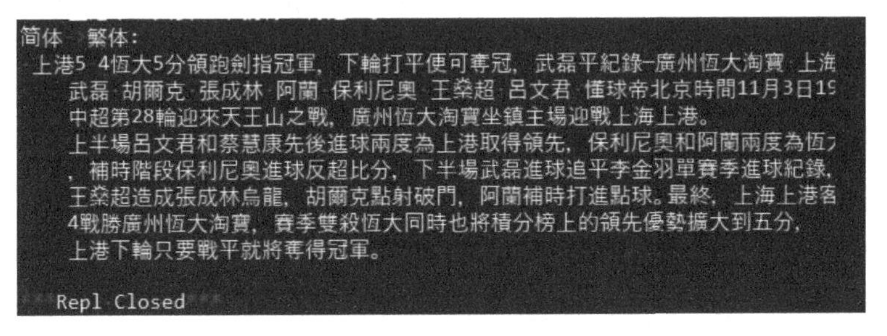

图 5-6　简体字转化为繁体字

繁体字再转回简体字也比较简单，实现代码如下：

```
1  from zhtools.langconv import *
2  # 转换繁体到简体
3  str1 = '上港 5-4 恆大 5 分領跑劍指冠軍，下輪打平便可奪冠，武磊平紀錄—廣州恆大淘寶 上海上港 蔡慧康 武磊 胡爾克 張成林 阿蘭 保利尼奧 王燊超 呂文君 懂球帝北京時間 11 月 3 日 19:35，中超第 28 輪迎來天王山之戰，廣州恆大淘寶坐鎮主場迎戰上海上港。上半場呂文君和蔡慧康先後進球兩度爲上港取得領先，保利尼奧和阿蘭兩度爲恆大將比分扳平，補時階段保利尼奧進球反超比分，下半場武磊進球追平李金羽單賽季進球紀錄，王燊超造成張成林烏龍，胡爾克點射破門，阿蘭補時打進點球。最終，上海上港客場 5-4 戰勝廣州恆大淘寶，賽季雙殺恆大同時也將積分榜上的領先優勢擴大到五分，上港下輪只要戰平就將奪得冠軍。'
4  line1 = Converter('zh-hans').convert(str1)
5  print('繁体->简体:\n',line1)
```

执行上述代码，运行结果如图 5-7 所示。

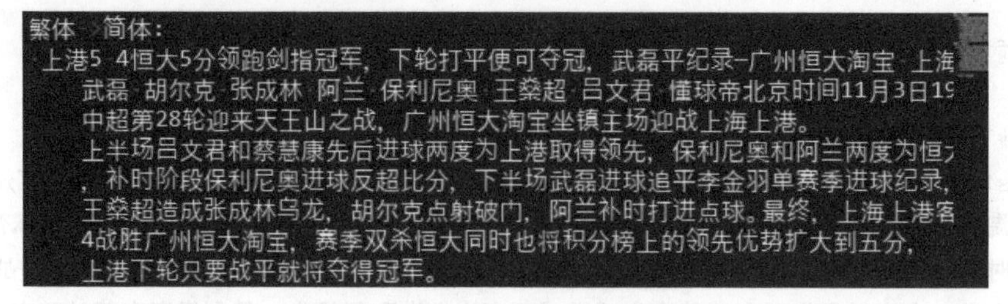

图 5-7 繁体字转化为简体字

5.6 实战案例：批量新闻文本数据清洗

5.6.1 高效读取文件内容

在 5.2 节中，详细地介绍了迭代遍历与 yield 生成器遍历的两个小实验，通过实验对比发现，高效文件读取方式效果显著。上节只是读取文件名，那么如何修改文件内容呢？这是本节侧重的知识点。在代码中，loadFolders 方法保持不变，主要对 loadFiles 方法进行修改即可。

第 5.2 节中的 loadFiles 方法代码如下：

```
1  class loadFiles(object):
2      def __init__(self, par_path):
3          self.par_path = par_path
4      def __iter__(self):
5          folders = loadFolders(self.par_path)
6          for folder in folders:              # level directory
7              catg = folder.split(os.sep)[-1]
8              for file in os.listdir(folder):     # secondary directory
9                  yield catg, file
```

把上述代码修改如下：

```
1  class loadFiles(object):
2      def __init__(self, par_path):
3          self.par_path = par_path
4      def __iter__(self):
5          folders = loadFolders(self.par_path)
6          for folder in folders:              # level directory
```

```
7            catg = folder.split(os.sep)[-1]
8            for file in os.listdir(folder):     # secondary directory
9                file_path = os.path.join(folder, file)
10               if os.path.isfile(file_path):
11                   this_file = open(file_path, 'rb') #rb 读取方式更快
12                   content = this_file.read().decode('utf8')
13                   yield catg, content
14                   this_file.close()
```

在第 5.2 节中，其中 for file in os.listdir(folder) 后直接返回类名和文件名，本节在此循环后主要体现了两个方面的变化，一是对子路径是否为文件的判断；二是对子文件读取操作，并返回文本信息内容。这样修改后封装的文件读取更加高效、便捷、通用。

5.6.2　抽样处理文件

在统计学中，抽样是一种推论统计方法，它是指从目标总体中抽取一部分个体作为样本，通过观察样本的某一或某些属性，依据所获得的数据对总体的数量特征得出具有一定可靠性的估计判断，从而达到对总体的认识。抽样方法诸多，常见的有以下几种：

- 简单随机抽样。也叫纯随机抽样，指从总体 N 个单位中随机地抽取 n 个单位作为样本，使得每一个容量为样本都有相同的概率被抽中。其特点是，每个样本单位被抽中的概率相等，样本的每个单位完全独立，彼此间无一定的关联性和排斥性。简单随机抽样是其他各种抽样形式的基础，通常只是在总体单位之间差异程度较小和数目较少时，才采用这种方法。
- 系统抽样。也称等距抽样，指将总体中的所有单位按一定顺序排列，在规定的范围内随机地抽取一个单位作为初始单位，然后按事先规定好的规则确定其他样本单位。先从数字 1~k 之间随机抽取一个数字r作为初始单位，以后依次取 r+k、r+2k……单位。这种方法操作简便，可提高估计的精度。
- 分层抽样。指将抽样单位按某种特征或某种规则划分为不同的层，然后从不同的层中独立、随机地抽取样本。从而保证样本的结构与总体的结构比较相近，以提高估计的精度。
- 整群抽样，将总体中若干个单位合并为组，抽样时直接抽取群，然后对选中群内的所有单位全部实施调查。抽样时只需群的抽样框，可简化工作量，缺点是估计的精度较差。

接下来，实现新闻文本的抽样读取。假设抽样率为 5 即每隔 5 条信息处理一篇文章，然后每处理 5000 篇文章在屏幕上打印一条信息，其执行代码如下：

```
1  if __name__=='__main__':
2      start = time.time()
3      filepath = os.path.abspath(r'../Corpus/CSCMNews')
4      files = loadFiles(filepath)
5      n = 5  # n 表示抽样率
6      for i, msg in enumerate(files):
7          if i % n == 0:
8              if int(i/n) % 1000 == 0:
9                  print('{t} *** {i} \t docs has been dealed'.format(i=i,
                       t=time.strftime('%Y-%m-%d %H:%M:%S',
                       time.localtime())))
10     end = time.time()
11     print('total spent times:%.2f' % (end-start)+ ' s')
```

使用简单抽样的方法得到的信息处理结果如图 5-8 所示，该过程总耗时为1120.44 秒。

```
2019-03-25 15:12:40 *** 300000   docs has been dealed
2019-03-25 15:12:55 *** 305000   docs has been dealed
2019-03-25 15:13:10 *** 310000   docs has been dealed
2019-03-25 15:13:26 *** 315000   docs has been dealed
2019-03-25 15:13:42 *** 320000   docs has been dealed
2019-03-25 15:13:57 *** 325000   docs has been dealed
2019-03-25 15:14:14 *** 330000   docs has been dealed
2019-03-25 15:14:31 *** 335000   docs has been dealed
total spent times:1120.44 s

***Repl Closed***
```

图 5-8　抽样处理文本信息

5.6.3 通过正则表达式批量清洗文件

我们的最终目的是通过批量操作清洗文本信息，到目前为止，已经实现了文件的遍历和文本提取。其实知道了如何使用简单抽样，距离最终目标也只差一步之遥了。本节使用正则表达式处理文本的 textParse 方法，直接导入即可，导入方法如下：

```
1  from REdealText import textParse
```

接下来，提取文章类别、文章内容、通过正则表达式进行清洗，实现的代码如下（源代码见：Chapter5/30wClear.py）：

```
1  for i, msg in enumerate(files):
2      if i % n == 0:
3          catg = msg[0]          # 文章类别
```

```
4          content = msg[1]    # 文章内容
5          content = textParse(content) # 通过正则表达式进行清洗
```

打印结果，依旧保持每 5000 条新闻打印一条信息，注意观察执行时间。完整的代码如下：

```
1  if __name__=='__main__':
2      start = time.time()
3      filepath = os.path.abspath(r'../Corpus/CSCMNews')
4      files = loadFiles(filepath)
5      n = 5  # n 表示抽样率， n 抽 1
6      for i, msg in enumerate(files):
7          if i % n == 0:
8              catg = msg[0]    # 文章类别
9              content = msg[1] # 文章内容
10             content = textParse(content) # 正则清洗
11             if int(i/n) % 1000 == 0:
12                 print('{t} *** {i} \t docs has been dealed'
13                     .format(i=i, t=time.strftime('%Y-%m-%d %H:%M:%S',
   time.localtime())),'\n',catg,':\t',content[:20])
14     end = time.time()
15     print('total spent times:%.2f' % (end-start)+ ' s')
```

本例最后一步，运行 main 函数，得到最终的结果，如图 5-9 所示。

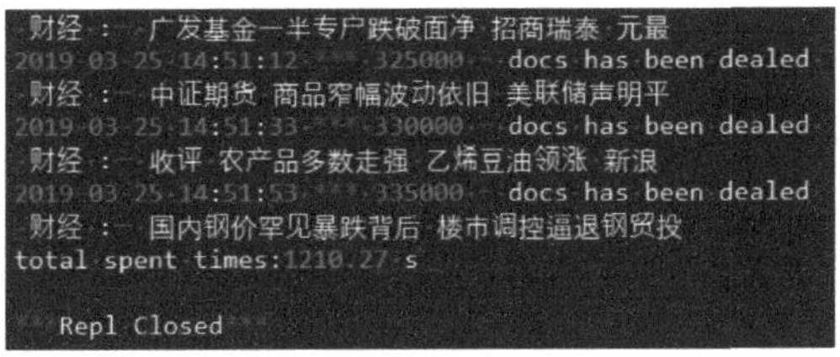

```
 财经 :  广发基金一半专户跌破面净 招商瑞泰 元最
2019-03-25 14:51:12 *** 325000   docs has been dealed
 财经 :  中证期货 商品窄幅波动依旧 美联储声明平
2019-03-25 14:51:33 *** 330000   docs has been dealed
 财经 :  收评 农产品多数走强 乙烯豆油领涨 新浪
2019-03-25 14:51:53 *** 335000   docs has been dealed
 财经 :  国内钢价罕见暴跌背后 楼市调控逼退钢贸投
total spent times:1210.27 s

*** Repl Closed ***
```

图 5-9 新闻文本数据的批量清洗

5.7 本章小结

本章介绍了新闻语料的基本情况及语料构建的相关原则，对比了递归遍历与生成器遍历，并打造了一款高效的文件读取工具。最后，结合正则表达式的数据清洗方法完成了新闻语料的批量处理。下一章继续学习中文分词的相关技术。

第 6 章 中文分词技术

中文分词技术属于自然语言处理技术的范畴，中文分词是其他中文信息处理的基础。本章首先介绍中文分词的相关概念和应用，接着对停用词和词性进行剖析，最后完成 30 万新闻文本的批量分词处理工作。

6.1 中文分词简介

6.1.1 中文分词概述

中文分词指的是将一个汉字序列切分成一个一个单独的词。分词就是将连续的字序列按照一定的规范重新组合成词序列的过程。在英文的行文中，单词之间是以空格作为自然分界符的，而中文只是句和段能通过明显的分界符来简单划界，而词是没有一个形式上的分界符的。虽然英文也同样存在短语的划分问题，不过在词这一层上，中文比之英文要复杂得多、困难得多。例如，英文句子：I am a student. 中文含义：我是一名学生。由于英文的语言使用习惯，通过空格很容易拆分出单词；而中文字词界限模糊往往不容易区别哪些是“字”，哪些是“词”。这也是为什么要把中文的词语进行切分的原因。

中文分词的方法其实不局限于中文应用，也被应用到英文处理。例如手写识别，英文单词之间的空格就不很清楚，中文分词方法可以反过来帮助判别英文单词的边界。

6.1.2　常见中文分词方法

早在 20 世纪 80 年代就有中文分词的研究工作，曾有人提出“正向最大匹配法”“逆向最大匹配法”“双向扫描匹配法”“逐词遍历法”等方法，共计多达 16 种之多。由于这些分词方法多是基于规则和词表的方法，随着统计方法的发展，不少学者提出了很多关于统计模型的中文分词方法，主要有以下几种：

（1）基于字符串匹配的分词方法

基本思想是基于词典匹配，将待分词的中文文本根据一定的规则切分和调整，然后跟词典中的词语进行匹配，匹配成功则按照词典的词进行分词，匹配失败则调整或者重新选择，如此反复循环即可。代表方法有基于正向最大匹配和基于逆向最大匹配及双向匹配法。

（2）基于理解的分词方法

基本思想是通过专家系统或者机器学习神经网络方法模拟人的理解能力。前者是通过专家对分词规则的逻辑推理并总结形成特征规则，不断迭代完善规则，其受到资源消耗大和算法复杂度高的制约。后者通过机器模拟人类理解的方式，虽可以取得不错的效果，但是依旧受训练时间长和过度拟合（Overfitting，也称为过拟合）等因素困扰。

（3）基于统计的分词方法

关于统计的中文分词方法的基本思想本文整理如下：

- 基于隐马尔可夫模型的中文分词方法。基本思想是通过文本作为观测序列去确定隐藏序列的过程。该方法采用 Viterbi 算法对新词的识别效果不错，但是具有生成式模型的缺点，需要计算联合概率，因此随着文本的增大存在计算量大的问题。
- 基于最大熵模型的中文分词方法。基本思想是学习概率模型时，在可能的概率分布模型中，以熵最大的进行切分。该法可以避免生成模型的不足，但是存在偏移量问题。
- 基于条件随机场模型的中文分词方法。基本思想主要来源于最大熵马尔可夫模型，主要关注的字跟上下文标记位置有关，进而通过解码找到词边界。因此需要大量训练语料，而训练和解码又非常耗时。

综上所述，关于词典和规则的方法其分词速度较快，但是在不同领域取得的效果差异很大，还存在构造费时费力、算法复杂度高、移植性差等缺点。基于统计的中文分词，虽然其相较于规则的方法能取得不错的效果，但也依然存在模型训练时间长、分词速度慢等问题。针对这些问题，本文提出基于隐马尔可夫统计模型和自定义词典结合的方法，其在分词速度、歧义分析、新词发现和准确率方面都具有良好的效果。

6.2 结巴分词精讲

6.2.1 结巴分词的特点

结巴分词（jieba 分词）是基于 Python 的中文分词工具，其分词功能强大且安装方便，该分词工具具备以下特征：

- 支持三种分词模式，即：
  - 全模式分词，把句子中所有的可以成词的词语都扫描出来，速度非常快，但是不能解决歧义。
  - 精确模式分词，试图将句子最精确地切开，适合文本分析。
  - 搜索引擎模式分词，在精确模式的基础上，对长词再次切分，提高召回率，适合用于搜索引擎分词。
- 支持繁体分词。
- 支持自定义词典。
- MIT 授权协议。

6.2.2 结巴分词的安装

结巴分词安装方法包括：全自动安装、半自动安装和手工安装。其中全自动安装也是最为简便和常用的安装方式，具体安装方式如下：

- 全自动安装：pip install jieba。
- 半自动安装：先下载 jieba 分词包文件http://pypi.python.org/pypi/jieba/，解压后在根目录文件下执行 python setup.py install 命令即可。
- 手动安装：将 jieba 目录放置于当前目录或者 site-packages 目录。

6.2.3 结巴分词核心方法

- jieba.cut 方法，可接受三个输入参数，分别是分词的字符串、cut_all参数（用来控制是否采用全模式）和HMM参数（用来控制是否使用HMM模型）。
- jieba.cutforsearch方法，可以接受两个参数，一是需要分词的字符串；二是是否使用HMM模型（该方法适合用于搜索引擎构建倒排索引的分词，粒度比较细）。

- 待处理的字符串可以是unicode、UTF-8、GBK编码格式。注意：不建议直接输入GBK字符串，如果这样做，可能会出现无法预料的错误——解码成UTF-8。
- jieba.cut方法和 jieba.cutforsearch方法返回的结构都是一个可迭代的 generator，可以使用 for 循环来获得分词后得到的每一个词语（Unicode 编码）。
- jieba.lcut 方法和 jieba.lcutforsearch 方法直接返回列表（List）。
- 可以使用 jieba.Tokenizer(dictionary=DEFAULT_DICT) 新建自定义分词器，用于同时使用不同的词典。jieba.dt 为默认分词器，所有全局分词相关的函数都是该分词器的映射。

6.2.4 结巴中文分词的基本操作

jieba 分词包括三种分词模型，即全模式分词、精确分词和搜索引擎分词，可以实现自定义调整词典、关键词提取、词性标注和句法分析等功能（源代码见：Chapter6/jiebaCut.py）。

1. 全模式分词

示例代码如下：

```
1  import jieba
2  # 1 全模式，扫描所有可以成词的词语，速度非常快，不能解决歧义
3  seg_list = jieba.cut("我来到成都四川大学", cut_all=True)
4  print("\nFull Mode: " + "/ ".join(seg_list))
```

代码运行结果：Full Mode: 我/ 来到/ 成都/ 四川/ 四川大学/ 大学

2. 精确模式

示例代码如下：

```
1  # 2 默认是精确模式，适合文本分析
2  seg_list = jieba.cut("我来到成都四川大学", cut_all=False)
3  print("\nDefault Mode: " + "/ ".join(seg_list))  # 默认模式
```

代码运行结果：Default Mode: 我/ 来到/ 成都/ 四川大学

3. 搜索引擎分词

示例代码如下：

```
1  # 3 搜索引擎模式,对长词再次切分，提高召回率，适合用于搜索引擎分词
2  # jieba.cut_for_search 该方法适合用于搜索引擎构建倒排索引的分词，粒度比
   较细
```

```
3  seg_list = jieba.cut_for_search("小明硕士毕业于中国科学院计算所，后在日
   本京都大学深造",HMM=False)
4  print('\n 搜索引擎模式：'+", ".join(seg_list))
```

代码运行结果：

搜索引擎模式：小，明，硕士，毕业，于，中国，科学，学院，科学院，中国科学院，计算，计算所，，，后，在，日本，京都，大学，日本京都大学，深造

6.2.5 自定义分词词典

1. 自定义调整词典

无论哪种分词都不能做到 100%的准确，尤其是对一些歧义词的处理，比如“如果放到数据库中将会出错”，其中“数据库中，将会出错”和“数据库，中将”有不同的分词方式，为保证准确分词，有时候需要进行自定义词典的调整。下面代码是其中的一些代表示例：

```
1  print('='*40)
2  print('2. 添加自定义词典/调整词典')
3  print('-'*40)
4  print('原文档：\t'+'/'.join(jieba.cut('如果放到数据库中将出错。',
   HMM=False)))
5  # 如果/放到/数据库/中将/出错/。
6  print(jieba.suggest_freq(('中', '将'), True))
7  print('改进文档：\t'+'/'.join(jieba.cut('如果放到数据库中将出错。',
   HMM=False)))
8  # 如果/放到/数据库/中/将/出错/。
9  print('\n 原文档：\t'+'/'.join(jieba.cut('「台中」正确应该不会被切开',
   HMM=False)))
10 #「/台/中/」/正确/应该/不会/被/切开
11 print(jieba.suggest_freq('台中', True))
12 #69
13 print('改进文档：\t'+'/'.join(jieba.cut('「台中」正确应该不会被切开',
   HMM=False)))
14 #「/台中/」/正确/应该/不会/被/切开
```

运行结果如图 6-1 所示。（注：图中的“将”字是由系统默认打出的，是系统存在的问题。）

```
2. 添加自定义词典/调整词典

原文档：如果/放到/数据库/中将/出错/。
494
改进文档：如果/放到/数据库/中/将/出错/。

原文档：「/台/中/」/正确/应该/不会/被/切开
69
改进文档：「/台中/」/正确/应该/不会/被/切开
```

图 6-1　自定义调整词典

运行上述代码，图 6-1 结果显示“如果放到数据库中将出错。”在默认情况下分词结果：“如果/放到/数据库/中将/出错/”，这显然是错误的，该语境下“中将”应分开处理，正确的分词为：“如果/放到/数据库/中/将/出错/”。这里使用 add_word(word, freq=None, tag=None)在程序中动态修改词典。

注 意

自动计算的词频在使用 HMM 新词发现功能时可能无效。

2. 自定义调整词典解决歧义分词问题

上述方法手动定义词典显得很不方便。还有更好的方法——可以将自定义词典放在一个文本文件中来解决歧义分词问题，还可以实现批量处理。这里使用源代码中 Files/user_dict.txt 文件作为自定义的分词词典，比如加载“很高兴”这个词，代码如下：

```
1  import sys
2  sys.path.append("../")
3  jieba.load_userdict("../Files/user_dict.txt") # 加载自定义分词词典
4
5  seg_list1 = jieba.cut("今天很高兴在学习网和大家交流学习")
6  print('\n\n 加载自定义分词词典：\n'+"/ ".join(seg_list1))
```

运行结果：

加载自定义分词词典：今天/ 很高兴/ 在/ 学习网/ 和/ 大家/ 交流 学习

6.2.6　关键词提取

关键词提取是指从一段文本内容中提取重要的信息，调用 jieba 分词中的 extract_tags 方法可以实现该功能，该方法有三个参数，分别是待处理的字符串、提取前 n 个词和是否根据权重设置。以下是一个提取一段文本关键词的代码示例：

```
1  s = "此外，公司拟对全资子公司吉林欧亚置业有限公司增资 4.3 亿元，增资后，吉林欧
   亚置业注册资本由 7000 万元增加到 5 亿元。吉林欧亚置业主要经营范围为房地产开发及
   百货零售等业务。目前在建吉林欧亚城市商业综合体项目。2013 年，实现营业收入 0 万
   元，实现净利润-139.13 万元。"
2  for x, w in jieba.analyse.extract_tags(s,10, withWeight=True):
3      print('%s %s' % (x, w))
```

运行结果如图 6-2 所示。

```
3. 关键词提取
-------------------------------------------------
TF IDF
-------------------------------------------------
欧亚 0.7300142700289363
吉林 0.659038184373617
置业 0.4887134522112766
万元 0.3392722481859574
增资 0.33582401985234045
4.3 0.25435675538085106
7000 0.25435675538085106
2013 0.25435675538085106
139.13 0.25435675538085106
实现 0.19900979900382978
```

图 6-2 根据词频概率提取关键词

6.2.7 词性标注

词性标注就是对分词结果根据词性进行标记。后续章节会专门介绍词性的用法，另外词性标注在过滤特征词或者实体处理中都是有用的。以下是词性标注的用法示例代码：

```
1  words = jieba.posseg.cut("我爱北京天安门")
2  for word, flag in words:
3      print('%s %s' % (word, flag))
```

运行结果如图 6-3 所示。

```
4. 词性标注
-------------------------------------------------
我 r
爱 v
北京 ns
天安门 ns
```

图 6-3 词性标注

图 6-3 是根据分词工具构建的词性表（源代码见：PyDataPreprocessing/Files/词性.txt），其中 r 为代词，v 为动词，ns 为地名。

6.3 HanLP 分词精讲

HanLP 是一个由一系列模型与算法组成的 Java 工具包，其目标是普及自然语言处理在生产环境中的应用。HanLP 具备功能完善、性能高效、架构清晰、语料时新、可自定义等特点，在提供丰富功能的同时，其内部模块坚持低耦合、模型坚持惰性加载、服务坚持静态提供、词典坚持明文发布，使用起来非常方便，同时自带一些语料处理工具，以帮助用户训练自己的语料。（源代码见 Chapter6/HanLPCut.py）

6.3.1 JPype1 的安装

HanLP 是由 Java 语言开发的分词工具，Python 想调用该分词工具，需要借助 JPype1 包。JPype1 是 Python 调用 Java 库文件的模块。其安装方法有如下两种方式：

- pip install JPype1
- pip install JPype1-0.6.3-cp37-cp37m-win_amd64.whl

6.3.2 调用 HanLP 的 Java 包

要使用 HanLP 需要调用 Java 包文件，具体实现代码如下：

```
1  from jpype import *
2  startJVM(getDefaultJVMPath(),
   "-Djava.class.path=C:\hanlp\hanlp-1.3.2.jar;
3          C:\hanlp", "-Xms1g", "-Xmx1g") # 启动 JVM，Linux 需替换分号;为
   冒号:
4  ...
5  shutdownJVM()
```

代码说明：

- HanLP下载地址（链接: https://pan.baidu.com/s/13TBljHX0FeLTjLBC844sbw 提取码: 2ax7），读者将其解压到 C 盘下即可。
- 安装配置 jre1.7+，本文省略具体安装步骤。

6.3.3 HanLP 分词

1. 第一个 Demo

```
1  paraStr1='中国科学院计算技术研究所的宗成庆教授正在教授自然语言处理课程'
2  print("="*30+"HanLP 分词"+"="*30)
3  HanLP = JClass('com.hankcs.hanlp.HanLP')
4  print(HanLP.segment(paraStr1))
```

本段代码实现对字符串进行中文分词，运行结果如图 6-4 所示。

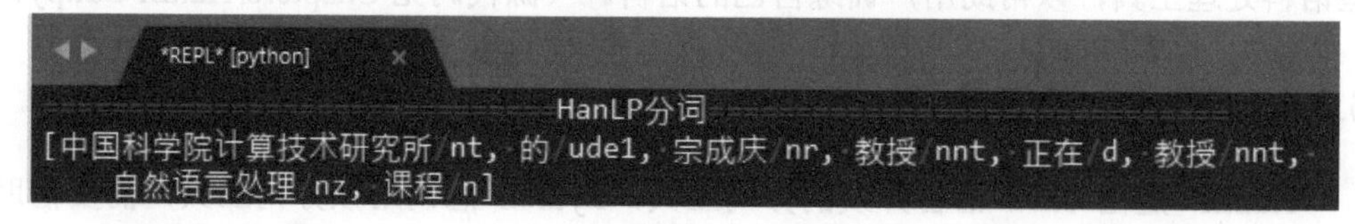

图 6-4 HanLP 默认分词

2. 标准分词

```
1  print("="*30+"标准分词"+"="*30)
2  StandardTokenizer =
   JClass('com.hankcs.hanlp.tokenizer.StandardTokenizer')
3  print(StandardTokenizer.segment(paraStr1))
```

一个 Dome 中的 HanLP.segment 其实是对 StandardTokenizer.segment 的包装，该分词算法是基于词图生成的。运行结果如图 6-5 所示。

```
==============================标准分词==============================
[中国科学院计算技术研究所/nt, 的/ude1, 宗成庆/nr, 教授/nnt, 正在/d, 教授/nnt,
  自然语言处理/nz, 课程/n]
```

图 6-5 HanLP 标准分词

3. NLP 分词

```
1  # NLP 分词 NLPTokenizer 会执行全部命名实体识别和词性标注
2  print("="*30+"NLP 分词"+"="*30)
3  NLPTokenizer = JClass('com.hankcs.hanlp.tokenizer.NLPTokenizer')
4  print(NLPTokenizer.segment(paraStr1))
```

NLP 分词 NLPTokenizer 会执行词性标注和命名实体识别，默认模型训练自 9970 万字的大型综合语料库，是已知范围内全世界最大的中文分词语料库。语料库规模决定实际效果，面向生产环境的语料库应当在千万字量级。运行结果如图 6-6 所示。

```
==============================NLP分词==============================
[中国科学院计算技术研究所/nt, 的/ude1, 宗成庆/nr, 教授/nnt, 正在/d, 教授/v,
    自然语言处理/nz, 课程/n]
```

图 6-6 HanLP NLP 分词

4. 索引分词

```
1  print("="*30+"索引分词"+"="*30)
2  IndexTokenizer =
   JClass('com.hankcs.hanlp.tokenizer.IndexTokenizer')
3  termList= IndexTokenizer.segment(paraStr1);
4  for term in termList :
5    print(str(term) + " [" + str(term.offset) + ":" + str(term.offset
   + len(term.word)) + "]")
```

索引分词 IndexTokenizer 是面向搜索引擎的分词器，能够对长词全切分，另外通过 term.offset 可以获取词在文本中的偏移量。运行结果如图 6-7 所示。

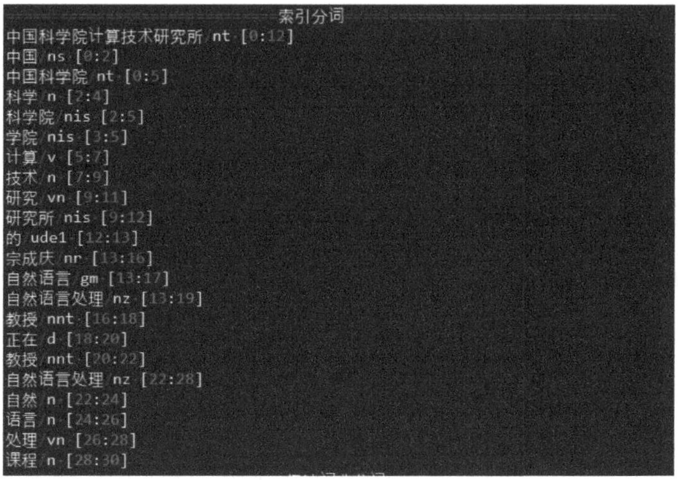

```
==============================索引分词==============================
中国科学院计算技术研究所/nt [0:12]
中国/ns [0:2]
中国科学院/nt [0:5]
科学/n [2:4]
科学院/nis [2:5]
学院/nis [3:5]
计算/v [5:7]
技术/n [7:9]
研究/vn [9:11]
研究所/nis [9:12]
的/ude1 [12:13]
宗成庆/nr [13:16]
自然语言/gm [13:17]
自然语言处理/nz [13:19]
教授/nnt [16:18]
正在/d [18:20]
教授/nnt [20:22]
自然语言处理/nz [22:28]
自然/n [22:24]
语言/n [24:26]
处理/vn [26:28]
课程/n [28:30]
```

图 6-7 HanLP 索引分词

5. 极速词典分词

```
1  print("="*30+" 极速词典分词"+"="*30)
2  SpeedTokenizer =
   JClass('com.hankcs.hanlp.tokenizer.SpeedTokenizer')
3  print(NLPTokenizer.segment(paraStr1))
```

极速分词是词典最长分词，速度极其快，精度一般。其算法原理是基于多模式匹配，运行结果如图 6-8 所示。

```
==============================极速词典分词==============================
[中国科学院计算技术研究所/nt, 的/ude1, 宗成庆/nr, 教授/nnt, 正在/d, 教授/v,
    自然语言处理/nz, 课程/n]
```

图 6-8　HanLP 极速分词

6.3.4　HanLP 实现自定义分词

自定义分词是一份全局的用户自定义词典，可以随时增删，影响全部分词器。另外可以在任何分词器中关闭它。通过代码动态增删不会保存到词典文件。示例代码如下：

```
1  paraStr2 = '攻城狮逆袭单身狗，迎娶白富美，走上人生巅峰'
2  print("="*30+" 自定义分词"+"="*30)
3  CustomDictionary =
   JClass('com.hankcs.hanlp.dictionary.CustomDictionary')
4  CustomDictionary.add('攻城狮')
5  CustomDictionary.add('单身狗')
6  HanLP = JClass('com.hankcs.hanlp.HanLP')
7  print(HanLP.segment(paraStr2))
```

该分词算法基于 Trie 树和多模式匹配来实现的，运行结果如图 6-9 所示。

```
==============================自定义分词==============================
[攻城狮/nz, 逆袭/nz, 单身狗/nz, ，/w, 迎娶/v, 白富美/nr, ，/w, 走上/v, 人生/n, 巅峰
    /n]
```

图 6-9　HanLP 自定义分词

6.3.5　命名实体识别与词性标注

命名实体识别就是对语料中的人名、地名、机构名、时间、地点等识别。诸如下面对机构名“中国科学院计算技术研究所”，人名“宗成庆”，课程名“自然语言处理”识别示例代码如下：

```
1  paraStr1='中国科学院计算技术研究所的宗成庆教授正在教授自然语言处理课程'
2  print("="*20+"命名实体识别与词性标注"+"="*30)
3  NLPTokenizer = JClass('com.hankcs.hanlp.tokenizer.NLPTokenizer')
4  print(NLPTokenizer.segment(paraStr1))
```

运行结果如图 6-10 所示。

```
==========================命名实体识别与词性标注==========================
[中国科学院计算技术研究所/nt, 的/ude1, 宗成庆/nr, 教授/nnt, 正在/d, 教授/v,
    自然语言处理/nz, 课程/n]
```

图 6-10 HanLP 命名实体识别

6.3.6 HanLP 实现关键词抽取

对于一段文字，其关键词并非简单的词频统计，而是对信息描述的重要体现。HanLP 实现关键词抽取是基于 TextRank 算法来实现的，示例代码如下：

```
1  paraStr3="水利部水资源司司长陈明忠 9 月 29 日在国务院新闻办举行的新闻发布会上
   透露，根据刚刚完成了水资源管理制度的考核，有部分省接近了红线的指标,有部分省超
   过红线的指标。对一些超过红线的地方，陈明忠表示，对一些取用水项目进行区域的限
   批,严格地进行水资源论证和取水许可的批准。"
2  print("="*30+"关键词提取"+"="*30)
3  print(HanLP.extractKeyword(paraStr3, 8))
```

运行结果如图 6-11 所示。

```
==============================关键词提取==============================
[水资源, 陈明忠, 进行, 红线, 用水, 国务院新闻办, 表示, 新闻]
```

图 6-11 HanLP 抽取关键词

6.3.7 HanLP 实现自动摘要

HanLP 自动摘要内部采用 TextRank 算法实现，用户可以直接调用。下面示例是文章摘要自动实现的代码：

```
1  paraStr0 ="据报道，2017 年 5 月，为了承接一项工程，来自河南一家建筑公司的柳先
   生和十几名同事被派到南京做前期筹备工作。为了节约开支，大伙商量决定采取 A A 制的
   方式搭伙做饭。不料，2017 年 11 月建邺区市场监管局(下称市监局)上门进行检查，要
   求柳先生等人不得在出租房内做饭，并且开出了一份《行政处罚听证告知书》...作为食
   品药品安全卫生监督管理部门，市监局严格认真执法本无可厚非。但此次重罚搭伙吃饭的
   做法除了反映执法能力问题外，滥用执法权力的冲动亦不可忽视。每一个执法者都须切
   记，执法的核心宗旨是保护公民的合法权益，人民授予的权力更不可被滥用。"
2  print("="*30+"自动摘要"+"="*30)
3  print(HanLP.extractSummary(paraStr0, 5))
```

运行结果如图 6-12 所示。

```
----------------------------------自动摘要----------------------------------
[建邺区市监局就是根据这一规定认定柳先生等人的搭伙做饭属于开设食堂的,
    柳先生等人表示很不能理解市监局的这一处罚,
    市监局向媒体提供了一份建筑公司出具的情况说明,
    该情况说明和授权书都是在市监局的工作人员诱导下写的,
    违法生产经营的食品货值金额不足一万元的]
```

图 6-12　HanLP 实现自动文摘

6.4　自定义去除停用词

6.4.1　以正则表达式对文本信息进行清洗

文本分词中的去除停用词在数据预处理中是不可或缺的内容，这里将分词处理操作进行封装，主要涉及文本内容读取和正则清洗，接着进行分词和停用词处理等。以下是给出各个功能的实现代码（源代码见：Chapter6/StopWords.py）

1. 读取文本信息

代码示例如下：

```
1  def readFile(path):
2      str_doc = ""
3      with open(path,'r',encoding='utf-8') as f:
4          str_doc = f.read()
5      return str_doc
6
7  # 1 读取文本
8  path= r'../Corpus/CSCMNews/体育/0.txt'
9  str_doc = readFile(path)
```

2. 分词去停用词

代码示例如下：

```
1  # 利用 jieba 对文本进行分词，返回切词后的 list（列表）
2  def seg_doc(str_doc):
3      # 1 正则处理原文本
4      sent_list = str_doc.split('\n')
5      # map 内置高阶函数:一个函数 f 和 list，函数 f 依次作用在 list.
6      sent_list = map(textParse, sent_list)  # 通过正则表达式进行处理，去
   掉一些字符，例如\u3000
```

```
7       # 2 获取停用词
8       stwlist = get_stop_words()
9       # 3 分词并去除停用词
10      word_2dlist = [rm_tokens(jieba.cut(part,
    cut_all=False),stwlist) for part in sent_list]
11      # 4 合并列表
12      word_list = sum(word_2dlist, [])
13      return word_list
```

3. 以正则表达式清洗字符串

代码示例如下：

```
1   # 以正则表达式对字符串进行清洗
2   def textParse(str_doc):
3       # 通过正则表达式过滤掉特殊符号、标点、英文、数字等
4       r1 = '[a-zA-Z0-9’!"#$%&\'()*+,-./:： ;；|<=>?@，—。?★、…【】《》？
    “”‘’！[\\]^_`{|}~]+'
5       str_doc=re.sub(r1, ' ', str_doc)
6       # 去掉字符
7       str_doc = re.sub('\u3000', '', str_doc)
8       # 去除空格
9       # str_doc=re.sub('\s+', ' ', str_doc)
10      # 去除换行符
11      # str_doc = str_doc.replace('\n',' ')
12      return str_doc
```

4. 创建停用词列表

代码示例如下：

```
1   # 创建停用词列表
2   def get_stop_words(path=r'../Files/NLPIR_stopwords.txt'):
3       file = open(path, 'r',encoding='utf-8').read().split('\n')
4       return set(file)
5
6   # 去掉一些停用词和数字
7   def rm_tokens(words,stwlist):
8       words_list = list(words)
9       stop_words = stwlist
10      for i in range(words_list.__len__())[::-1]:
```

```
11          if words_list[i] in stop_words:      # 去除停用词
12             words_list.pop(i)
13          elif words_list[i].isdigit():        # 去除数字
14             words_list.pop(i)
15          elif len(words_list[i]) == 1:        # 去除单个字符
16             words_list.pop(i)
17          elif words_list[i] == " ":           # 去除空字符
18             words_list.pop(i)
19       return words_list
```

5. 执行分词后的方法

代码示例如下：

```
1  if __name__=='__main__':
2     # 1 读取文本
3     path= r'../Corpus/CSCMNews/体育/0.txt'
4     str_doc = readFile(path)
5     # print(str_doc)
6
7  # 2 分词去停用词
8  word_list = seg_doc(str_doc)
9  print(word_list)
```

运行结果如图 6-13 所示。

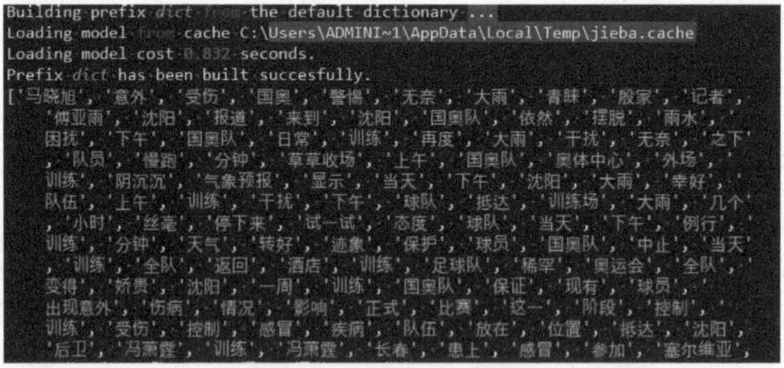

```
Building prefix dict from the default dictionary ...
Loading model from cache C:\Users\ADMINI~1\AppData\Local\Temp\jieba.cache
Loading model cost 0.832 seconds.
Prefix dict has been built succesfully.
['马晓旭', '意外', '受伤', '国奥', '警惕', '无奈', '大雨', '青睐', '殷家', '记者',
 '傅亚雨', '沈阳', '报道', '来到', '沈阳', '国奥队', '依然', '摆脱', '雨水', '
 困扰', '下午', '国奥队', '日常', '训练', '再度', '大雨', '干扰', '无奈', '之下'
 , '队员', '慢跑', '分钟', '草草收场', '上午', '国奥队', '奥体中心', '外场', '
 训练', '阴沉沉', '气象预报', '显示', '当天', '下午', '沈阳', '大雨', '幸好', '
 队伍', '上午', '训练', '干扰', '下午', '球队', '抵达', '训练场', '大雨', '几个'
 , '小时', '丝毫', '停下来', '试一试', '态度', '球队', '当天', '下午', '例行', '
 训练', '分钟', '天气', '转好', '迹象', '保护', '球员', '国奥队', '中止', '当天'
 , '训练', '全队', '返回', '酒店', '训练', '足球队', '稀罕', '奥运会', '全队', '
 变得', '娇贵', '沈阳', '一周', '训练', '国奥队', '保证', '现有', '球员', '
 出现意外', '伤病', '情况', '影响', '正式', '比赛', '这一', '阶段', '控制', '
 训练', '受伤', '控制', '感冒', '疾病', '队伍', '放在', '位置', '抵达', '沈阳',
 '后卫', '冯萧霆', '训练', '冯萧霆', '长春', '患上', '感冒', '参加', '塞尔维亚',
```

图 6-13　分词处理的结果

6.4.2　结巴中文分词词性解读

在结巴分词中，其给出的中文分词都有其特定的词性，并给出了字符标记说明，以下列出了中文词性的说明及其字符说明。

```
1  Ag  形语素    形容词性语素。形容词代码为 a，语素代码 g 前面置以 A。
2  a   形容词    取英语形容词 adjective 的第 1 个字母。
3  ad  副形词    直接作状语的形容词。形容词代码 a 和副词代码 d 并在一起。
4  an  名形词    具有名词功能的形容词。形容词代码 a 和名词代码 n 并在一起。
5  b   区别词    取汉字“别”的声母。
6  c   连词      取英语连词 conjunction 的第 1 个字母。
7  Dg  副语素    副词性语素。副词代码为 d，语素代码 g 前面置以 D。
8  d   副词      取 adverb 的第 2 个字母，因其第 1 个字母已用于形容词。
9  e   叹词      取英语叹词 exclamation 的第 1 个字母。
10 f   方位词    取汉字“方”。
11 g   语素      绝大多数语素都能作为合成词的“词根”，取汉字“根”的声母。
12 h   前接成分  取英语 head 的第 1 个字母。
13 i   成语      取英语成语 idiom 的第 1 个字母。
14 j   简称略语  取汉字“简”的声母。
15 k   后接成分
16 l   习用语    习用语尚未成为成语，有点“临时性”，取“临”的声母。
17 m   数词      取英语 numeral 的第 3 个字母，n，u 已有他用。
18 Ng  名语素    名词性语素。名词代码为 n，语素代码 g 前面置以 N。
19 n   名词      取英语名词 noun 的第 1 个字母。
20 nr  人名      名词代码 n 和“人(ren)”的声母并在一起。
21 ns  地名      名词代码 n 和处所词代码 s 并在一起。
22 nt  机构团体  “团”的声母为 t，名词代码 n 和 t 并在一起。
23 nz  其他专名  “专”的声母的第 1 个字母为 z，名词代码 n 和 z 并在一起。
24 o   拟声词    取英语拟声词 onomatopoeia 的第 1 个字母。
25 p   介词      取英语介词 prepositional 的第 1 个字母。
26 q   量词      取英语 quantity 的第 1 个字母。
27 r   代词      取英语代词 pronoun 的第 2 个字母,因 p 已用于介词。
28 s   处所词    取英语 space 的第 1 个字母。
29 Tg  时语素    时间词性语素。时间词代码为 t,在语素的代码 g 前面置以 T。
30 t   时间词    取英语 time 的第 1 个字母。
31 u   助词      取英语助词 auxiliary
32 Vg  动语素    动词性语素。动词代码为 v。在语素的代码 g 前面置以 V。
33 v   动词      取英语动词 verb 的第一个字母。
34 vd  副动词    直接作状语的动词。动词和副词的代码并在一起。
35 vn  名动词    指具有名词功能的动词。动词和名词的代码并在一起。
36 w   标点符号
37 x   非语素字  非语素字只是一个符号，字母 x 通常用于代表未知数、符号。
38 y   语气词    取汉字“语”的声母。
39 z   状态词    取汉字“状”的声母的前一个字母。
40 un  未知词    不可识别词及用户自定义词组。取英文 unkonwn 首两个字母。
```

6.4.3 根据词性规则构建自定义停用词

打开 user_dict.txt 文件构建自定义停用词表如下：

```
1  <!-- 词语、词频（可省略）、词性（可省略） -->
2  很高兴 vd
3
```

6.5 词频统计

词频统计是一种用于情报检索与文本挖掘的常用加权技术，用以评估一个词对于一个文件或者一个语料库中的一个领域文件集的重要程度。字词的重要性随着它在文件中出现的次数成正比增加，但同时会随着它在语料库中出现的频率成反比下降。NLTK 自然语言工具包大大方便了词频的处理，此外，它还包含分词、词性标注、命名实体识别、句法分析等功能。

6.5.1 NLTK 介绍与安装

1. NLTK 介绍

NLTK（Natural Language Toolkit，自然语言工具包）是 Python 编程语言实现的自然语言处理工具，它是由宾夕法尼亚大学计算机和信息科学的史蒂芬·伯德和爱德华·洛珀编写的。NLTK 支持 NLP 研究和教学相关的领域，它收集的大量公开数据集、模型上提供了全面易用的接口，涵盖了分词、词性标注（Part-Of-Speech Tag, POS-Tag）、命名实体识别（Named Entity Recognition, NER）、句法分析（Syntactic Parse）等功能，广泛应用于经验语言学、认知科学、人工智能、信息检索和机器学习领域。目前已有 25 个国家的 32 所大学将 NLTK 作为教学工具。

NLTK 的模块及功能如表 6-1 所示。

表 6-1 NLTK 的模块及功能

任　务	模　块	描　述
获取语料库	nltk.corpus	语料库和词典的标准化接口
字符串处理	nltk.tokenize，nltk.stem	分词、句子分解和提取主干（不支持中文）
搭配研究	nltk.collocations	t 检验、卡方检验和互信息
词性标注	nltk.tag	n-gram、backoff 和 HMM

（续表）

任　务	模　块	描　述
分类/聚类	nltk.classify、nltk.cluster	决策树、最大熵、朴素贝叶斯、EM 和 K-means
分块	nltk.chunk	正则表达式、n-gram 和命名实体
解析	nltk.parse	图标、基于特征、一致性和概率性
语义解释	nltk.sem、nltk.inference	演算、模型检验
指标评测	nltk.metrics	准确率、召回率和协议系数
概率与估计	nltk.probability	频率分布和平滑概率分布
应用	nltk.app、nltk.chat	图形化关键字排序、分析器，wordNet 查看器
语言学领域工作	nltk.toolbox	处理 SIL 工具箱格式的数据

2. NLTK 的安装

（1）查看 Python 版本，如图 6-14 所示。

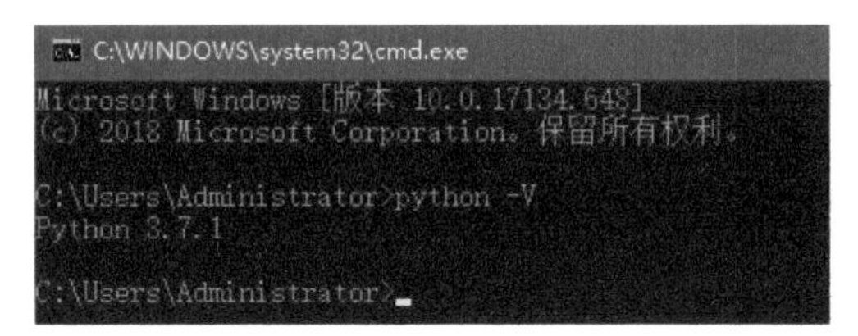

图 6-14　Python 版本

（2）对于 Windows 系统，下载 NLTK 的安装文件 nltk-3.2.1.win32.exe（https://pan.baidu.com/ s/1qYzXFPy），并执行这个 exe 文件，这个安装文件会自动匹配到 Python 安装路径，如果没有找到路径说明 NLTK 版本不正确，到官网（网址：https://pypi.python.org/pypi/nltk/3.2.1）选择正确的版本下载，如图 6-15 所示。

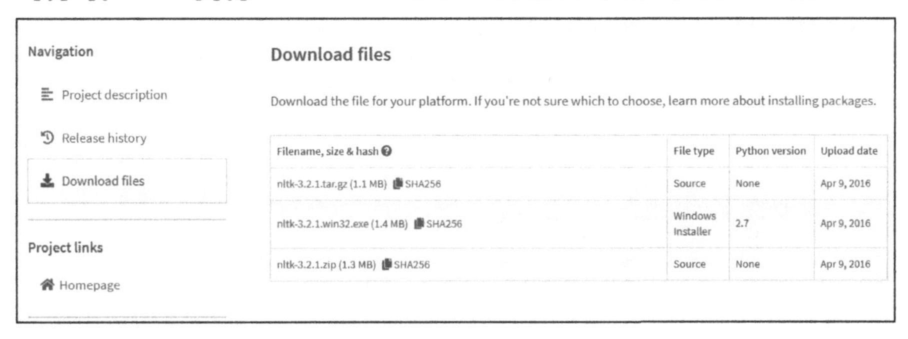

图 6-15　Python 安装的根路径

（3）安装成功后，打开 Python 编辑器，输入以下命令下载 NLTK 数据包：

```
1  >>> import nltk
2  >>> nltk.download()
```

如图 6-16 所示，选中 book，修改下载路径“D:\Users\Administrator\Anaconda3\nltk_data”。（book 包含了数据案例和内置函数。）

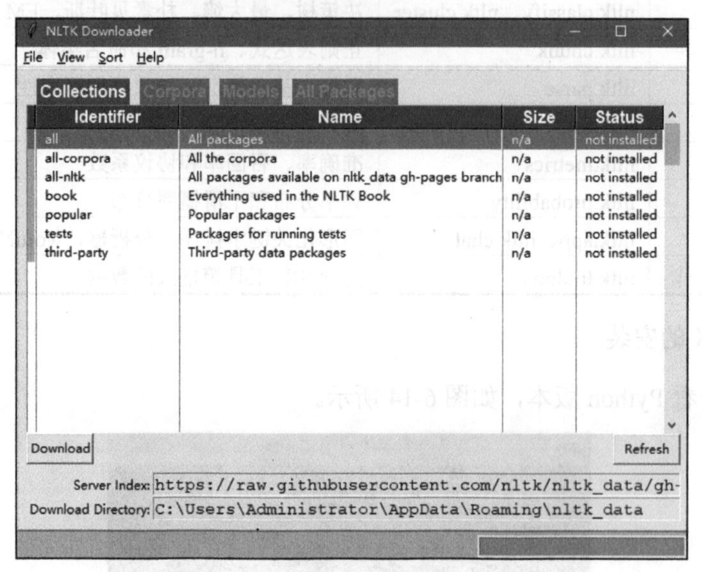

图 6-16　下载 NLTK 的 book 数据包

（4）配置环境变量。计算机->属性->高级系统设置->高级->环境变量-系统变量->path，输入如下路径：C:\Users\Administrator\AppData\Roaming\nltk_data。

（5）打开 Python 解释器输入如下代码：

```
>>> from nltk.book import *
```

出现如图 6-17 所示，表示安装成功。

```
>>> from nltk.book import *
*** Introductory Examples for the NLTK Book ***
Loading text1, ..., text9 and sent1, ..., sent9
Type the name of the text or sentence to view it.
Type: 'texts()' or 'sents()' to list the materials.
text1: Moby Dick by Herman Melville 1851
text2: Sense and Sensibility by Jane Austen 1811
text3: The Book of Genesis
text4: Inaugural Address Corpus
text5: Chat Corpus
text6: Monty Python and the Holy Grail
text7: Wall Street Journal
text8: Personals Corpus
text9: The Man Who Was Thursday by G . K . Chesterton 1908
>>>
```

图 6-17　成功安装 NLTK 数据包

6.5.2 统计新闻文本词频

安装完成 NLTK 以后，使用 NLTK 的方法统计中文分词的词频信息，编写如下代码（源代码见：Chapter6/FreqWord.py）：

```
1  from nltk import *
2  fdist=FreqDist(word_list)
3  print(fdist.keys(),fdist.values())
```

代码运行结果如下：

```
dict_keys(['马晓旭', '意外', '受伤',
... '没想到', '碰到', '不解'])
dict_values([2, 1, 3, ... 1, 1, 1])
```

6.5.3 统计特定词频和次数

还可以统计指定词语的出现频率及其次数，编写如下代码：

```
1  print('='*3,'指定词语词频统计','='*3)
2  w='训练'
3  print(w,'出现频率：',fdist.freq(w))        # 给定样本的频率
4  print(w,'出现次数：',fdist[w])             # 出现次数
```

代码运行结果如下：

```
=== 指定词语词频统计 ===
训练 出现频率： 0.06878306878306878
训练 出现次数： 13
```

6.5.4 特征词的频率分布表

由于散落的列表形式不容易观察词频分布情况，因此使用特征词频分布表来显示，具体代码如下：

```
1  fdist=FreqDist(word_list)
2  print('='*3,'频率分布表','='*3)
3  fdist.tabulate(10) # 频率分布表
```

代码说明：tabulate 方法中的参数表示显示前 N 个特征词。

代码运行结果：

```
训练  沈阳  国奥队  大雨  下午  球员  感冒  冯萧霆  受伤  雨水
 13    8     8      5     4     4     4     4      3     3
```

6.5.5 频率分布图与频率累计分布图

1. 频率分布图

分布表的形式显然优于列表的展现形式，但是还有更好的分析方法——图形化分析，所谓“一图胜千言”就是突出可视化的强大之处，比如用频率分布图（其中中文字体解决方法下文有介绍）来分析，编写如下代码：

```
1  from nltk import *
2  fdist=FreqDist(word_list)
3  fdist.plot(30) # 频率分布图
```

运行结果如图 6-18 所示。

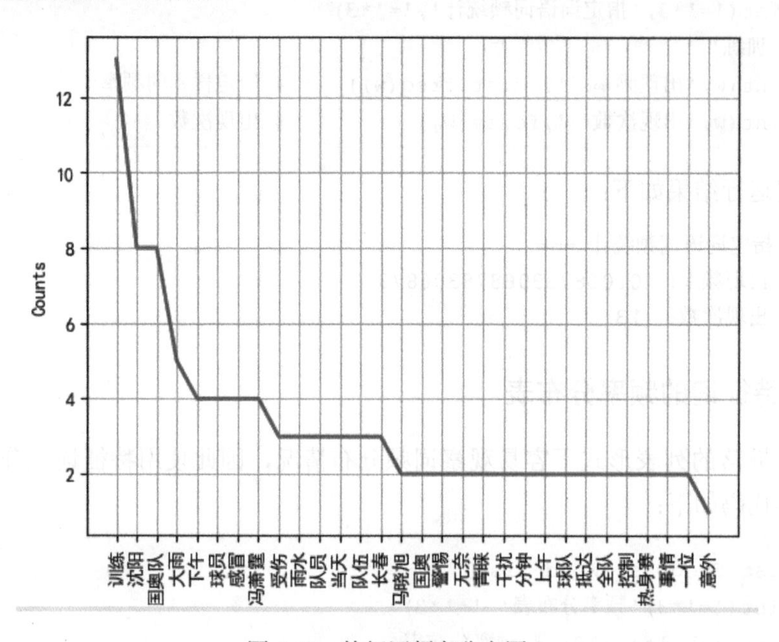

图 6-18 特征词频率分布图

2. 频率累计分布图

编写如下代码：

```
1  from nltk import *
2  fdist=FreqDist(word_list)
3  fdist.plot(30,cumulative=True) # 频率累计图
```

运行结果如图 6-19 所示。

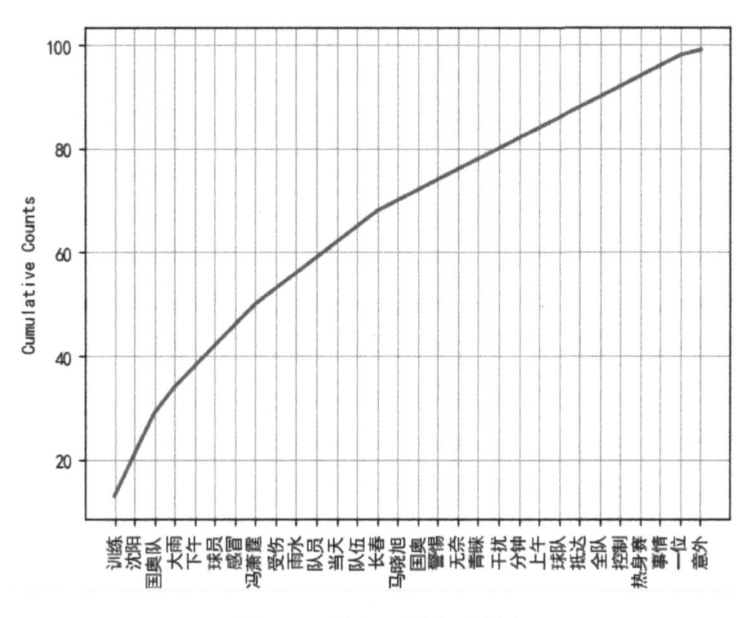

图 6-19 特征词频率累计图

3. Matplotlib 中文字体显示

Matplotlib 模块常用于可视化处理，对于科研或者工程都是便捷的。Matplotlib 对英文支持表现良好，然而对中文字体默认是识别不出来的，因此需要对字体进行配置。

（1）查看当前使用的字体格式。

```
1  from matplotlib.font_manager import findfont, FontProperties
2  print(findfont(FontProperties(family=FontProperties().get_family(
   ))))
```

（2）在 C:\Windows\Fonts 查找中文字体 SimHei.ttf，并将其复制到../mpl-data/font/ttf 文件夹下面。

（3）设置使用的字体。

```
1  matplotlib.rcParams['font.sans-serif'] = 'SimHei'
```

6.5.6 基于 Counter 的词频统计

对于前文体育新闻中的词频统计，除了使用 NLTK 工具外，还可以借助 Counter 来实现：

```
1  # ********统计词频方法 2**************
2  from collections import Counter
3  Words = Counter(word_list)
4  print(Words.keys(),Words.values())
5  wlist =[w for w in Words if len(w)>2]
6  print(wlist)
```

上述代码 word_list 是一个列表，存放分词的结果。通过 collections. Counter 方法对列表进行 Key-value 操作，并统计词频信息。接下来，选择词语长度大于 2 的词特征并打印输出。

运行结果如下：

```
dict_keys(['马晓旭', '意外', '受伤',
... '没想到', '碰到', '不解'])
dict_values([2, 1, 3, ... 1, 1, 1])

['马晓旭', '傅亚雨', '国奥队', '草草收场', '奥体中心', '阴沉沉', '气象预报',
'训练场', '停下来', '试一试', '足球队', '奥运会', '出现意外', '冯萧霆', '塞尔维
亚', '热身赛', '对雨中', '非战斗', '工作人员', '没想到']
```

6.6 自定义去高低词频

1. 词频统计模块的复用

此处，对上文介绍的模块进行复用，可以使用 StopWords 模块调用文件读取和分词方法，使用 FreqWord 模块调用词频统计等方法。首先使用下述代码导入模块：

```
1  from StopWords import readFile,seg_doc
2  from FreqWord import *
```

2. 实现高低频词的提取

在完成词频统计之后，为了更加精准地分析特征词和模型结果，需要对特征词进行进一步的处理。这里面涉及高词频和低词频的问题，对于词频的选择主要考虑以下 3 个方面：

- 选择高低词频。有时候高低词频更能代表文本的特征，比如一篇足球的报告，其中足球、跑位等领域特征词频明显高于普通词，此刻就对高频词赋予更大的权重。

- 选择中间词。还有些需求，特别高或者特别低的词频是一种异常值，不能突显文章的核心内容，因此需要处理，截取中位特征词。
- 至于高低词频的选择，可根据实际应用环境来设定。

编写如下代码：

```
1  def freqword(fdist):
2      wordlist =[]
3      print('='*3,'打印统计的词频','='*3)
4      for key in fdist.keys():
5          if fdist.get(key)>2 and fdist.get(key)<15:
6       wordlist.append(key+':'+str(fdist.get(key)))
7      return wordlist
```

运行结果：

```
=== 打印统计的词频 ===
['受伤:3', '大雨:5', '沈阳:8', '国奥队:8', '雨水:3', '下午:4', '训练:13',
'队员:3', '当天:3', '队伍:3', '球员:4', '感冒:4', '冯萧霆:4', '长春:3']
```

6.7　自定义规则提取特征词

特征词中有一类词特别重要，这类词指的是实体，包括人名、地名、机构名、数字、日期等，往往可以提供很大的信息价值。因此，会出现一个专门的研究方向叫作命名实体识别。可以借助上文的词性对命名实体进行简单的选择，比如需要提取人名、地名、机构团体和其他专有名词，对应的只需要选择 ['nr', 'ns','nt','nz']即可，编写代码如下（源代码见：Chapter6/FeatureWord.py）：

```
1   import jieba.posseg as ps
2   # 不同业务场景:评论情感判断，可以自定义特征抽取规则
3   def extract_feature_words(str_doc):
4       featWord =""
5       stwlist = get_stop_words()
6       user_pos_list = [ 'nr', 'ns','nt','nz']  # 用户自定义特征词性列表
7       for word, pos in ps.cut(str_doc):
8           # 过滤掉停用词
9           if word not in stwlist and pos in user_pos_list:
10              if word+' '+pos+'\n' not in featWord:
```

```
11              featWord += word+' '+pos+'\n'
12      print(featWord)
```

运行结果如下：

马晓旭 nr
国奥 nz
傅亚雨 nr
沈阳 ns
国奥队 nt
奥体中心 nt
冯萧霆 nr
长春 ns
非战斗 nz

6.8 实战案例：新闻文本分词处理

本案例直接调用loadFiles方法即可。本案例代码与第5章综合实战变化不大，核心变化是seg_doc(content)方法对抽取文本的分词的处理，依然遍历执行所有文件，并每隔5000个处理文件打印一条完成信息。30万条新闻信息分词处理的执行代码如下（源代码见：Chapter6/30wDealText.py）：

```
1  if __name__=='__main__':
2      start = time.time()
3      filepath = os.path.abspath(r'../Corpus/CSCMNews')
4      files = loadFiles(filepath)
5      n = 5  # n 表示抽样率
6      for i, msg in enumerate(files):
7          if i % n == 0:
8              catg = msg[0]
9              file = msg[1]
10             file = seg_doc(file)
11             if int(i/n) % 1000 == 0:
12                 print('{t} *** {i} \t docs has been dealed'
13                     .format(i=i, t=time.strftime
   ('%Y-%m-%d %H:%M:%S',time.localtime())),'\n',catg,':\t',file[:30])
14     end = time.time()
15     print('total spent times:%.2f' % (end-start)+ ' s')
```

运行结果如图 6-20 所示。

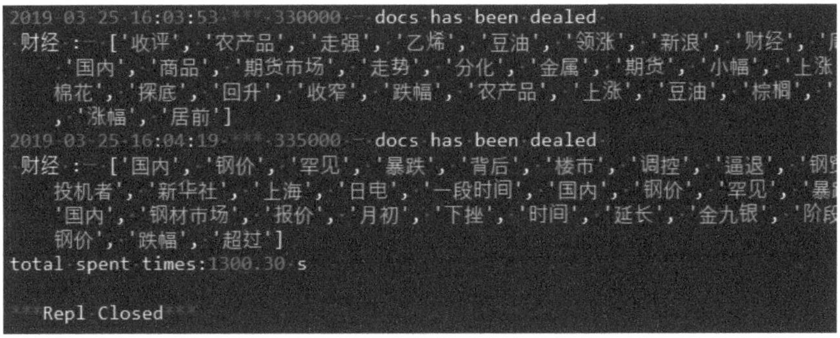

```
2019-03-25 16:03:53 *** 330000 -- docs has been dealed
财经 : ['收评', '农产品', '走强', '乙烯', '豆油', '领涨', '新浪', '财经', '
   '国内', '商品', '期货市场', '走势', '分化', '金属', '期货', '小幅', '上涨
   棉花', '探底', '回升', '收窄', '跌幅', '农产品', '上涨', '豆油', '棕榈', '
   , '涨幅', '居前']
2019-03-25 16:04:19 *** 335000 -- docs has been dealed
财经 : ['国内', '钢价', '罕见', '暴跌', '背后', '楼市', '调控', '逼退', '钢
   投机者', '新华社', '上海', '日电', '一段时间', '国内', '钢价', '罕见', '暴
   '国内', '钢材市场', '报价', '月初', '下挫', '时间', '延长', '金九银', '阶段
   钢价', '跌幅', '超过']
total spent times:1300.30 s

***Repl Closed***
```

图 6-20　30 万新闻文本分词处理的结果

6.9　本章小结

本章介绍中文分词的概况，并重点分析了结巴分词和 HanLP 分词，并结合 NLTK 技术对分词后的特征词进行处理。最后，综合以上知识点完成新闻文本数据分词的处理工作。

在分词完成后，还需要将分词结果进行向量化，这将是下一章重点讲解的内容。

第 7 章

文本特征向量化

文本特征向量化属于数据预处理的重要内容，其根本目的就是将文本数据进行向量化，便于算法模型对数据进行处理。本章首先介绍特征集和标签集以及解析数据中缺失值的处理问题与对策，然后，着重介绍归一化处理方法，最后，对比词集模型和词袋模型完成新闻文本特征的向量化。

7.1 解析数据文件

经过数据的预处理、分词、缺失值处理等等一系列工作之后，得到了相对高效的文本数据，接下来需要将数据输入算法模型中，对具体的算法模型进行训练和改进。此时，需要进行特征集和标签集的拆分，也就是解析数据文件，其目的是将特征数据集用于训练算法模型，将预测的结果与标签集对比，然后进一步改进算法（源代码见：Chapter7/splitData.py）。

1. 数据准备

假设经过数据预处理工序得到如下的文本数据（数据文件为 dataset.txt）：

```
1   40920  8.326976    0.953952    3
2   14488  7.153469    1.673904    2
3   26052  1.441871    0.805124    1
```

```
4  ...        ...          ...       ...
5  16633  6.956372    1.519308    2
6  13887  0.636281    1.273984    2
7  52603  3.574737    0.075163    1
```

其中前 3 列为特征集，分别表示：特征 1，年均投入时间（min）；特征 2，玩游戏占时间百分比；特征 3，每天看综艺的时间（h）。最后一列表示标签集，即：1 表示学习专注；2 表示学习正常；3 表示比较贪玩。

2. 解析特征集与标签集

编写以下代码，对上述数据文件进行特征集与标签集解析。

```
1  def file_matrix(filename):
2      f = open(filename)
3      arrayLines = f.readlines()
4      returnMat = zeros((len(arrayLines),3))     # 特征数据集
5      classLabelVactor = []                      # 标签集
6      index = 0
7      for line in arrayLines:
8          listFromLine = line.strip().split('\t')    # 分析数据，空格处理
9          returnMat[index,:] = listFromLine[0:3]
10         classLabelVactor.append(int(listFromLine[-1]))
11         index +=1
12     return returnMat,classLabelVactor
```

上述代码，首先调用 zeros 方法构建一个特征集等大的矩阵，类似的创建一个标签集的空列表；然后，对每一行数据进行拆分，并将前 3 列数据存放在特征数据矩阵中，最后一列的特征存储在标签集里面。

3. 执行主函数

编写以下执行主函数的代码：

```
1  if __name__=='__main__':
2      path = os.path.abspath(r'../Files/dataset.txt')
3      returnMat,classLabelVactor=file_matrix(path)
4      print('数据集:\n',returnMat,'\n 标签集:\n',classLabelVactor)
```

运行结果如图 7-1 所示。

```
*REPL* [python]    *REPL* [python]
数据集:
 [[4.0920000e+04 8.3269760e+00 9.5395200e-01]
 [1.4488000e+04 7.1534690e+00 1.6739040e+00]
 [2.6052000e+04 1.4418710e+00 8.0512400e-01]
 [7.5136000e+04 1.3147394e+01 4.2896400e-01]
 [3.8344000e+04 1.6697880e+00 1.3429600e-01]
 [7.2993000e+04 1.0141740e+01 1.0329550e+00]
 [3.5948000e+04 6.8307920e+00 1.2131920e+00]
 [4.2666000e+04 1.3276369e+01 5.4388000e-01]
 [6.7497000e+04 8.6315770e+00 7.4927800e-01]
 [3.5483000e+04 1.2273169e+01 1.5080530e+00]
 [5.0242000e+04 3.7234980e+00 8.3191700e-01]
 [6.3275000e+04 8.3858790e+00 1.6694850e+00]
```

图 7-1　拆分特征集与标签集

7.2 处理缺失值

7.2.1 什么是数据缺失值

数据缺失值是指粗糙数据中由于缺少信息而造成的数据的聚类、分组、删失或截断。它指的是现有数据集中某个或某些属性的值是不完全的。

1. 数据缺失的原因

- 手工误操作。即网页数据由于人工输入造成的客观错误。
- 信息暂时无法获取。例如在医疗数据库中，并非所有病人的所有临床检验结果都能在给定的时间内得到，致使一部分属性值空缺出来。
- 信息被遗漏。可能是因为输入时认为不重要、忘记填写了或对数据理解错误而遗漏，也可能是由于数据采集设备的故障、存储介质的故障、传输媒体的故障、一些人为因素等原因而丢失了。
- 某个或某些属性不可用。对于一个对象来说，该属性值是不存在的，如一个未婚者的配偶姓名、一个儿童的固定收入状况等。
- 信息不重要。如一个属性的取值与给定语境是无关的，或训练数据库的设计者并不在乎某个属性的取值。
- 获取信息的代价太大。
- 实时性能要求较高，即要求得到这些信息前迅速做出判断或决策。

2. 数据缺失带来的问题

数据缺失在许多研究领域都是一个复杂的问题。对数据挖掘来说，缺失值的存在，会造成以下问题：

- 造成系统丢失大量的有用信息。
- 系统中所表现出的不确定性更加显著，系统中蕴涵的确定性成分更难把握。
- 包含空值的数据会使挖掘过程陷入混乱，导致不可靠的输出。

3. 缺失值处理方法

处理不完整数据集的方法主要有三大类：删除元组、数据补齐、不处理。其中数据补齐法包括：

- 人工填写
- 特殊值填充
- 平均值填充
- 热卡填充
- K最近距离邻法
- 组合完整化方法
- 回归
- 期望值最大化方法
- 多重填补

7.2.2 均值法处理数据缺失值

均值法处理缺少值是一种常见的处理手段，下面介绍均值法处理数据缺失值的步骤和代码实现（源代码见：Chapter7/ lossval.py）。

1. 加载数据集

首先编写下述代码加载数据集：

```
1  def loadDataSet(fileName, delim='\t'):
2      fr = open(fileName)
3      stringArr = [line.strip().split(delim) for line in
   fr.readlines()]
4      datArr = [list(map(float, line)) for line in stringArr]
5      return mat(datArr)
```

代码说明：

loadDataSet 方法提供两个参数，其中 fileName 指待处理文件路径，属于必选参数；delim 是每行文本信息分隔符，属于可选参数，默认是制表符。本段代码最终返回的是 mat 类型数据，之所以将列表数据转化为 mat 方法处理后的数据，主要是便于 NumPy 操作。

2. NaN 替换成平均值

然后，编写下述代码将 NaN 替换成平均值函数。

```
1  '''将 NaN 替换成平均值函数'''
2  def replaceNanWithMean():
3      datMat = loadDataSet('../Files/dataset.data','    ')
4      numFeat = shape(datMat)
5      for i in range(numFeat[1]-1):
6          # 对 value 不为 NaN 的求均值，A 返回表示矩阵的数组
7          meanVal = mean(datMat[nonzero(~isnan(datMat[:, i].A))[0], i])
8          # 将 value 为 NaN 的值赋值为均值
9          datMat[nonzero(isnan(datMat[:, i].A))[0],i] = meanVal
10     return datMat
```

代码说明：

本段代码的核心思想是找到每列数据非 0、非 NAN 数据的均值，然后对缺少的数据进行均值填充。不容易理解的是 for 循环内的代码，这里先找到 datMat[:, i]即特征数据的列并转化为数组，然后筛选出该列非 0、非 NAN 数据并进行均值处理，最后将均值填充到缺失值对应的位置。

3. 执行主函数

最后，编写主函数执行代码如下：

```
1  if __name__=='__main__':
2      # 加载数据集
3      loadDataSet('../Files/dataset.data','    ')
4      # 均值填补缺失值
5      datMat = replaceNanWithMean()
6      print(datMat)
```

运行结果：

对 dataset.txt 修改为 dataset.data 包括数据缺失值，运行结果如图 7-2 所示。

```
[[           nan 8.3269760e+00 9.5395200e-01 3.0000000e+00]
 [1.4488000e+04 7.1534690e+00 1.6739040e+00 2.0000000e+00]
 [2.6052000e+04           nan 8.0512400e-01 1.0000000e+00]
 [7.5136000e+04 1.3147394e+01 4.2896400e-01 1.0000000e+00]
 [3.8344000e+04 1.6697880e+00 1.3429600e-01 1.0000000e+00]
 [7.2993000e+04           nan 1.0329550e+00 1.0000000e+00]
 [3.5948000e+04 6.8307920e+00 1.2131920e+00 3.0000000e+00]
 [4.2666000e+04 1.3276369e+01           nan 3.0000000e+00]
 [6.7497000e+04           nan           nan 1.0000000e+00]
 [3.5483000e+04 1.2273169e+01 1.5080530e+00 3.0000000e+00]
```

图 7-2 带有数据缺失值的数据集

NumPy 均值法处理数据缺失值的运行结果如图 7-3 所示。

```
[[3.33022113e+04 8.32697600e+00 9.53952000e-01 3.00000000e+00]
 [1.44880000e+04 7.15346900e+00 1.67390400e+00 2.00000000e+00]
 [2.60520000e+04 6.56491342e+00 8.05124000e-01 1.00000000e+00]
 [7.51360000e+04 1.31473940e+01 4.28964000e-01 1.00000000e+00]
 [3.83440000e+04 1.66978800e+00 1.34296000e-01 1.00000000e+00]
 [7.29930000e+04 6.56491342e+00 1.03295500e+00 1.00000000e+00]
 [3.59480000e+04 6.83079200e+00 1.21319200e+00 3.00000000e+00]
 [4.26660000e+04 1.32763690e+01 8.22827255e-01 3.00000000e+00]
 [6.74970000e+04 6.56491342e+00 8.22827255e-01 1.00000000e+00]
 [3.54830000e+04 1.22731690e+01 1.50805300e+00 3.00000000e+00]
 [5.02420000e+04 3.72349800e+00 8.31917000e-01 1.00000000e+00]]
```

图 7-3 均值法处理数据缺失值

7.2.3 Pandas 处理缺失值

使用 Python 的数据处理模块 Pandas 来处理数据缺失值更为方便，在实际的数据分析工作中经常使用。接下来介绍 Pandas 处理缺失值的步骤和代码实现。

首先，编写下述代码加载数据集：

```
1  import pandas as pd
2  import numpy as np
3
4  datMat = loadDataSet('../Files/dataset.data','    ')
5  df = pd.DataFrame(datMat)
6  print (df)    # 打印矩阵
```

代码说明：

本段代码调用数据科学计算库中的 Pandas 和 NumPy，其中需要说明的是 NumPy 在数据预处理过程中，经常与其他库函数配合使用。这里需要调用 DataFrame 方法填充矩阵数据即二维数据（具体细节，请回顾第 2 章的内容），最终打印出来的结果，如图 7-4 所示。

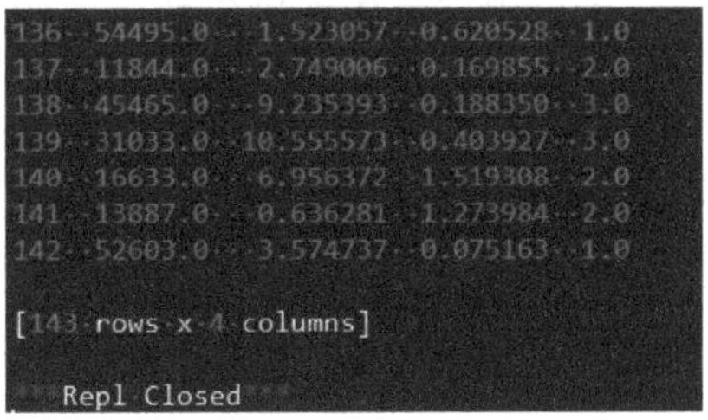

```
136  54495.0   1.523057  0.620528  1.0
137  11844.0   2.749006  0.169855  2.0
138  45465.0   9.235393  0.188350  3.0
139  31033.0  10.555573  0.403927  3.0
140  16633.0   6.956372  1.519308  2.0
141  13887.0   0.636281  1.273984  2.0
142  52603.0   3.574737  0.075163  1.0

[143 rows x 4 columns]

***Repl Closed***
```

图 7-4 Pandas 加载数据集

1. 均值填充法

上文介绍了均值填充法的示例，本节介绍另一种 Pandas 实现的均值填充法，编写如下代码：

```
1  lossVs = [df[col].mean() for col in range(datMat.shape[1])] # 计算
   特征列均值
2  lists= [ list(df[i].fillna(lossVs[i])) for i in range(len(lossVs)) ]
3  print(mat(lists).T)
```

代码说明：

第一行代码是计算每列的均值并保存在 lossVs 里面，然后调用 Pandas 内置的 fillna 方法，依次将各列的均值填充到缺失值的位置。

最后经过矩阵转置处理得到如图 7-5 所示的结果。

```
[[3.33022113e+04 8.32697600e+00 9.53952000e-01 3.00000000e+00]
 [1.44880000e+04 7.15346900e+00 1.67390400e+00 2.00000000e+00]
 [2.60520000e+04 6.56491342e+00 8.05124000e-01 1.00000000e+00]
 [7.51360000e+04 1.31473940e+01 4.28964000e-01 1.00000000e+00]
 [3.83440000e+04 1.66978800e+00 1.34296000e-01 1.00000000e+00]
 [7.29930000e+04 6.56491342e+00 1.03295500e+00 1.00000000e+00]
 [3.59480000e+04 6.83079200e+00 1.21319200e+00 3.00000000e+00]
 [4.26660000e+04 1.32763690e+01 8.22827255e-01 3.00000000e+00]
 [6.74970000e+04 6.56491342e+00 8.22827255e-01 1.00000000e+00]
 [3.54830000e+04 1.22731690e+01 1.50805300e+00 3.00000000e+00]
 [5.02420000e+04 3.72349800e+00 8.31917000e-01 1.00000000e+00]]
```

图 7-5 Pandas 均值填充缺失值

2. 标量值替换法

除了均值填充法以外，还有一种常用方法是标量值替换法。也就是说采用一个对数据结果影响不大的标量值填充到缺失值里面。该方法的标量值的选择对结果影响不是很大，对数据精度要求不是很高的项目比较适用。编写如下代码：

```
1  print ("NaN replaced with '0':")
2  print (df.fillna(0))
```

本例用标量值 0 进行缺失值的填充，运行结果如下：

```
          0          1         2    3
0       0.0   8.326976  0.953952  3.0
1   14488.0   7.153469  1.673904  2.0
2   26052.0   0.000000  0.805124  1.0
3   75136.0  13.147394  0.428964  1.0
```

3. 向前和向后填充法

向前填充法是指在缺失值位置填充对应到列的前一个值，使用的是内置函数 fillna，并将参数设为 pad 即可。向后填充法原理是一样的，不同的是将参数值设为 backfill。实现代码如下：

```
1  print (df.fillna(method='pad'))
2  print (df.fillna(method='backfill'))
```

以下是向后填充法的示例。其中第一行第一列位置本身是缺失值，这里采用该列下的 14488.0 填充，部分结果如下所示：

```
          0          1          2    3
0    14488.0   8.326976  0.953952  3.0
1    14488.0   7.153469  1.673904  2.0
2    26052.0  13.147394  0.805124  1.0
3    75136.0  13.147394  0.428964  1.0
4    38344.0   1.669788  0.134296  1.0
5    72993.0   6.830792  1.032955  1.0
```

4. 忽略无效值法

该方法比较容易理解，就是将无效值即缺失值直接忽略。实现代码如下：

```
1  print("df.dropna():\n{}\n".format(df.dropna()))
```

代码中调用了内置函数 dropna，运行结果如下所示：

```
138  45465.0   9.235393  0.188350  3.0
139  31033.0  10.555573  0.403927  3.0
140  16633.0   6.956372  1.519308  2.0
141  13887.0   0.636281  1.273984  2.0
142  52603.0   3.574737  0.075163  1.0
[137 rows x 4 columns]
```

7.3 数据的归一化处理

归一化是指把需要处理的数据经过处理后限制在 0~1 之间的统计的概率分布。归一化处理的目的是让算法收敛的更快，以提升模型拟合过程的计算效率。归一化后有两个好处：一是归一化后加快了梯度下降求最优解的速度；二是归一化有可能提高精度。

7.3.1 不均衡数据分析

选取 dataset.txt 的部分数据来分析不均衡数据对模型结果的影响。选择第一行数据即类别 3，然后再选择第 3、4 行数据均属于类别 1，其数据形式如表 7-1 所示。

表 7-1　不均衡数据分布

采样编号	投入时间(m)	游戏占比(%)	综艺时间(h)	类　别
1	40920	8.33	0.95	贪玩
3	26052	1.44	0.81	专注
4	75136	13.15	0.43	专注

分析以上数据存在的几个问题：第一，数据比较的单位不同，有时间单位和百分比；第二，数值差距较大。这样，投入时间的特征权重将远远大于其他几个特征，很可能造成预测准确率低的问题。采用一个简单的欧式距离来进行一下测算，欧式距离公式为：

$$Dist = \sqrt{(x_1 - x_2)^2 - (y_1 - y_2)^2 - \cdots - (n_1 - n_2)^2}, (n \in R) \tag{1}$$

得到样本 3 到样本 4 的距离：

$$D_{12} = \sqrt{(26052 - 75136)^2 + (1.44 - 13.147)^2 + (0.81 - 0.43)^2} = 49084.0013972 \tag{2}$$

样本 3 到样本 1 的距离为：

$$D_{31} = 14868.0015949 \tag{3}$$

从结果来看，$D_{31} < D_{12}$，即样本 3 与样本 1 距离较小，应该划归为一类数据。实际结果是样本 3 与样本 4 是同一类数据——都属于专注学习，这是由于数据不均衡造成的。由此，需要对数据进行规范化处理，常用的技术手段之一就是对数据进行归一化处理。

7.3.2 归一化的原理

数据归一化即特征值转化为 0~1 之间，其原理是：

newValue = (oldValue-min)/(max-min)

代码实现如下（源代码见：Chapter7/normdata.py）：

```
1  def norm_dataset(dataset):
2      minVals = dataset.min(0)  # 参数 0 列中最小值
3      maxVals = dataset.max(0)
4      ranges = maxVals - minVals
5      normdataset = zeros(shape(dataset)) # 原矩阵一样大小的 0 矩阵
6      m = dataset.shape[0]
7
8      # tile:复制同样大小的矩阵
9      molecular = dataset - tile(minVals,(m,1)) # 分子：(oldValue-min)
10     Denominator = tile(ranges,(m,1))          # 分母：(max-min)
11     normdataset = molecular / Denominator     # 归一化结果
12
```

```
13      print('归一化的数据结果：\n'+str(normdataset))
14      return normdataset,ranges,minVals
```

执行归一化方法之后，所有的数据均落在了 0~1 之间，请看如下的结果：

```
[[0.42790599 0.5820766  0.56097745]
 [0.18615887 0.50004551 0.98770873]
 [0.33474674 0.45890399 0.47276384]
 [0.96543572 0.91903597 0.24980559]
 [0.49268882 0.11672239 0.07514943]
 [0.93789993 0.45890399 0.60780425]
```

7.3.3　归一化的优点

对不同特征维度的数据进行伸缩变换的目的是使各个特征维度对目标函数的影响权重是一致的，即使得那些扁平分布的数据伸缩变换成类圆形，这样就改变了原始数据的分布。归一化是对数据的数值范围进行特定缩放，但不改变其数据分布的一种线性特征变换。如图 7-6 所示是归一化前后的数据分布（此图来源于网络）。

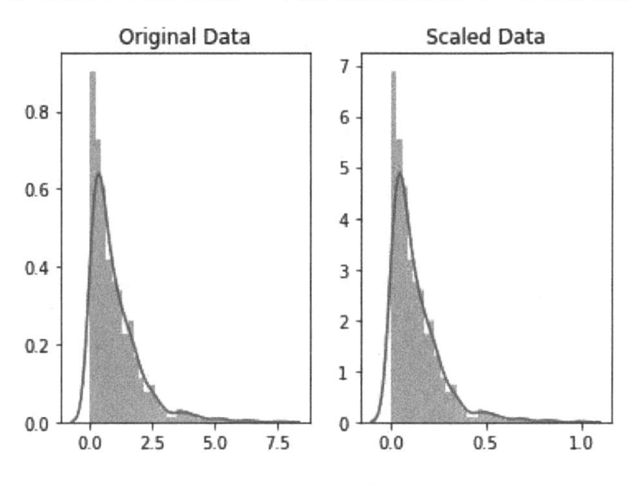

图 7-6　归一化前后数据分布图

此外，归一化最显著的优点还包括：

- 提高迭代求解的收敛速度。
- 提高迭代求解的精度。

注意，并不是所有数据都需要归一化处理，也不是归一化处理都可以提高模型的性能。比如 0/1 取值的数据特征就不需要归一化处理，因为归一化会破坏它的稀疏性，类似的包括决策树和基于平方损失的最小二乘法也不需要归一化处理。

7.4 特征词转文本向量

由于原始数据往往并不是数值型的，这样就很难直接使用缺失值和归一化方法。本节介绍如何将文本特征的数据进行向量化处理，结合前文的分词结果进行思考，假设有两个类别的文档，其内容如下：

```
1  文档 1：我来到成都,成都春熙路玩得很开心
2  文档 2：成都的小酒馆很出名
3
```

首先对该文档进行数据清洗、分词及停用词处理，得到如下结果：

```
1  文档 1：['我','来到','成都','成都','春熙路','玩','很','开心']
2  文档 2：['成都','小','酒馆','很','出名']
3
```

然后，统计所有文档的特征词集即包含所有文档的不重复特征词，得到如下结果：

```
1  [我，来到，成都，春熙路，玩，很，开心，小，酒馆，出名]
2
```

接下来，统计文本词频如下：

```
1  文档 1:
2  [我 1，来到 1，成都 2，春熙路 1，玩 1，很 1，开心 1，小 0，酒馆 0，出名 0]
3  文档 2:
4  [我 0，来到 0，成都 1，春熙路 0，玩 0，很 1，开心 0，小 1，酒馆 1，出名 1]
```

上面的列表中分别显示了各个文档中特征词对应的词频数，接下来只需要提取词频即可：

```
1  文档 1：[1,1,2,1,1,1,1,0,0,0]
2  文档 2：[0,0,1,0,0,1,0,1,1,1]
3
```

以上就是文本特征词转化为向量的整个过程，下一节进行具体的模型训练。

7.5 词频-逆词频（TF-IDF）

在模型训练的过程中，不能只是根据词频数判断词特征的权重，比如，在体育类别的文章中“进球”“比分”等特征词更具有代表性，比一般的“很棒”“漂亮”等描述性词语权重要高，这种情况下，单独以词频判断词特征权重就显得不合理。为了解决这个问题，这里引入“词频-逆词频（TF-IDF）”这个概念，关于 TF-IDF 的说明如下：

词频 TF =某个词在文章中的出现次数 / 文章总词数

逆文档频率 IDF = log(语料库的文档总数/(包含该词的文档总数+1))

词频-逆词频应用领域比较广泛，常见的如信息检索、提取关键字、文章相似度查重、自动文摘等方面均有应用。

以下来实现文档的向量化，本节重点讲述运行原理，因此语料样例比较小，读者可以根据需求增加语料。这里主要对两个短文本语料进行处理。语料文本如下（源代码见：Chapter7/TFIDF.py）：

```
1  corpus = ["我 来到 成都 成都 春熙路 很 开心",
2            "今天 在 宽窄巷子 耍 了 一天 ",]
3
```

使用机器学习库 sklearn 来实现 TF-IDF，具体代码如下：

```
1  from sklearn.feature_extraction.text import TfidfTransformer
2  from sklearn.feature_extraction.text import CountVectorizer
3  # 使用 sklearn 计算 tfidf 值特征
4  def sklearn_tfidf_feature(corpus=None):
5      # 构建词汇表
6      vectorizer = CountVectorizer()
7      # 该类会统计每个词语的 tf-idf 权重值
8      transformer = TfidfTransformer()
9       # 第一个 fit_transform 是计算 tf-idf，第二个 fit_transform 是将文本转
   换为词频矩阵
10     tfidf = transformer.fit_transform
   (vectorizer.fit_transform(corpus))
11     # 获取词袋模型中的所有词语
12     word = vectorizer.get_feature_names()
```

```
13      # 元素 a[i][j]表示 j 词在 i 类文本中的 tf-idf 权重
14      weight = tfidf.toarray()
15      # 第一个 for 遍历所有文本，第二个 for 遍历某一类文本下的词语权重
16      for i in range(len(weight)):
17          print(u"-------这里输出第", i, u"类文本的词语 tf-idf 权重------")
18          for j in range(len(word)):
19              print(word[j], weight[i][j])
20
21  if __name__=='__main__':
22      # corpus 参数样例数据如下：
23      corpus = ["我 来到 成都 成都 春熙路 很 开心",
24                "今天 在 宽窄巷子 耍 了 一天 ",
25                "成都 整体 来说 还是 挺 安逸 的",
26                "成都 的 美食 真 巴适 惨 了"]
27      sklearn_tfidf_feature(corpus)
```

上述代码中，sklearn 文本特征抽取的两个方法分别用来构建词汇表和统计 TF-IDF 值，代码的运行结果如图 7-7 所示。

```
Building prefix dict from the default dictionary ...
Loading model from cache C:\Users\ADMINI~1\AppData\Local\Temp\jieba.cache
Loading model cost 0.875 seconds.
Prefix dict has been built succesfully.
        这里输出第 0 类文本的词语tf idf权重
一天 0.0
今天 0.0
安逸 0.0
宽窄巷子 0.0
巴适 0.0
开心 0.4647574100194299
成都 0.5932972690785747
整体 0.0
春熙路 0.4647574100194299
来到 0.4647574100194299
来说 0.0
美食 0.0
还是 0.0
        这里输出第 1 类文本的词语tf idf权重
一天 0.5773502691896257
```

图 7-7　sklearn 计算各类词频-逆词频

7.6 词集模型与词袋模型

1. 打印数据集和标签

前文只是处理了两个简短的文本，本节使用真实的新闻数据，编写代码实现文本向量化和 TF-IDF 值的计算方法。以下代码抽样选择“体育”“娱乐”“教育”“时政”4 个类别的文本信息：

```
1  from numpy import *
2  import numpy as np
3
4  '''创建数据集：词列表postingList，所属类别classVec'''
5  def loadDataSet():
6      corpus =[]
7      tiyu = ['姚明', '我来', '承担', '连败', '巨人', '宣言', '酷似', '当年', '麦蒂', '新浪', '体育讯', '北京', '时间', '消息', '休斯敦', '纪事报', '专栏', '记者', '乔纳森', '费根', '报道', '姚明', '渴望', '一场', '胜利', '当年', '队友', '麦蒂', '惯用', '句式']
8      yule = ['谢婷婷', '模特', '酬劳', '仅够', '生活', '风光', '背后', '惨遭', '拖薪', '新浪', '娱乐', '金融', '海啸', 'blog', '席卷', '全球', '模特儿', '酬劳', '被迫', '打折', '全职', 'Model', '谢婷婷', '业界', '工作量', '有增无减', '收入', '仅够', '糊口', '拖薪']
9      jioayu = ['名师', '解读', '四六级', '阅读', '真题', '技巧', '考前', '复习', '重点', '历年', '真题', '阅读', '听力', '完形', '提升', '空间', '天中', '题为', '主导', '考过', '六级', '四级', '题为', '主导', '真题', '告诉', '方向', '会考', '题材', '包括']
10     shizheng = ['美国', '军舰', '抵达', '越南', '联合', '军演', '中新社', '北京', '日电', '杨刚', '美国', '海军', '第七', '舰队', '三艘', '军舰', '抵达', '越南', '岘港', '为期', '七天', '美越', '南海', '联合', '军事训练', '拉开序幕', '美国', '海军', '官方网站', '消息']
11     corpus.append(tiyu)
12     corpus.append(yule)
13     corpus.append(jioayu)
14     corpus.append(shizheng)
15     classVec = ['体育','娱乐','教育','时政']
16     return  corpus,classVec
17
18 if __name__=='__main__':
19     # 1 打印数据集和标签
20     dataSet,classlab = loadDataSet()
21     print('数据集:\n',mat(dataSet),'\n 标签集:\n',mat(classlab))
```

执行主函数加载数据集和标签集，运行结果如图7-8所示。

2. 获取所有词的集合

根据上一节对词向量转化的介绍进行词汇表的抽取，代码如下：

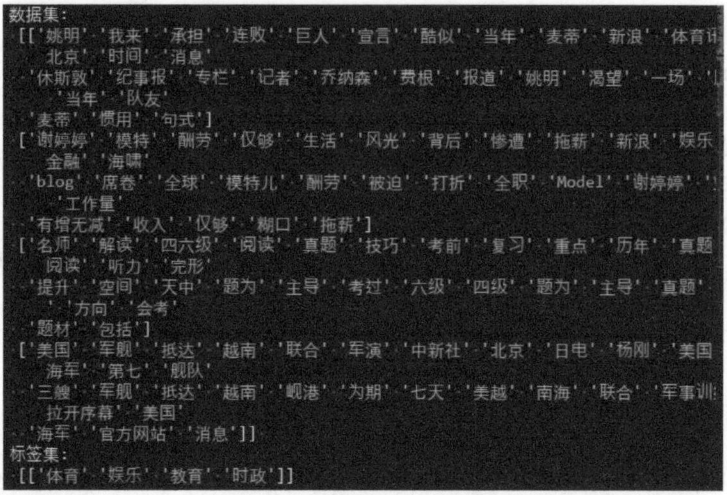

```
数据集:
 [['姚明' '我来' '承担' '连败' '巨人' '宣言' '酷似' '当年' '麦蒂' '新浪' '体育讯
   北京' '时间' '消息'
  '休斯敦' '纪事报' '专栏' '记者' '乔纳森' '费根' '报道' '姚明' '渴望' '一场'
   '当年' '队友'
  '麦蒂' '惯用' '句式']
 ['谢婷婷' '模特' '酬劳' '仅够' '生活' '风光' '背后' '惨遭' '拖薪' '新浪' '娱乐
   金融' '海啸'
  'blog' '席卷' '全球' '模特儿' '酬劳' '被迫' '打折' '全职' 'Model' '谢婷婷'
   '工作量'
  '有增无减' '收入' '仅够' '糊口' '拖薪']
 ['名师' '解读' '四六级' '阅读' '真题' '技巧' '考前' '复习' '重点' '历年' '真题
   阅读' '听力' '完形'
  '提升' '空间' '天中' '题为' '主导' '考过' '六级' '四级' '题为' '主导' '真题'
   '' '方向' '会考'
  '题材' '包括']
 ['美国' '军舰' '抵达' '越南' '联合' '军演' '中新社' '北京' '日电' '杨刚' '美国
   海军' '第七' '舰队'
  '三艘' '军舰' '抵达' '越南' '岘港' '为期' '七天' '美越' '南海' '联合' '军事训
   拉开序幕' '美国'
  '海军' '官方网站' '消息']]
标签集:
 [['体育' '娱乐' '教育' '时政']]
```

图 7-8　加载数据集与标签集

```
1  '''获取所有词的集合:返回不含重复元素的词列表'''
2  def createVocabList(dataSet):
3      vocabSet = set([])
4      for document in dataSet:
5          vocabSet = vocabSet | set(document)  # 操作符 | 用于求两个集合
   的并集
6      # print(vocabSet)
7      return list(vocabSet)
8
9  if __name__=='__main__':
10     # 2 获取所有词的集合
11     vocabList=createVocabList(dataSet)
12     print('\n 词汇列表：\n',vocabList)
```

执行词汇列表函数，运行结果如图 7-9 所示。

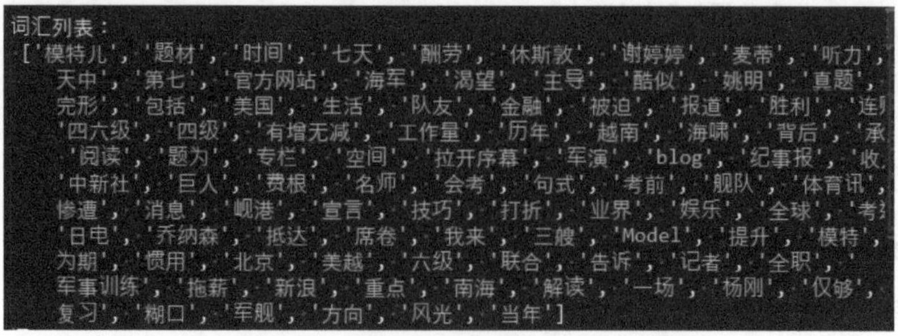

```
词汇列表：
 ['模特儿', '题材', '时间', '七天', '酬劳', '休斯敦', '谢婷婷', '麦蒂', '听力',
   天中', '第七', '官方网站', '海军', '渴望', '主导', '酷似', '姚明', '真题',
   完形', '包括', '美国', '生活', '队友', '金融', '被迫', '报道', '胜利', '连
   '四六级', '四级', '有增无减', '工作量', '历年', '越南', '海啸', '背后', '承
    '阅读', '题为', '专栏', '空间', '拉开序幕', '军演', 'blog', '纪事报', '收
   '中新社', '巨人', '费根', '名师', '会考', '句式', '考前', '舰队', '体育讯',
   惨遭', '消息', '岘港', '宣言', '技巧', '打折', '业界', '娱乐', '全球', '考
   '日电', '乔纳森', '抵达', '席卷', '我来', '三艘', 'Model', '提升', '模特',
   为期', '惯用', '北京', '美越', '六级', '联合', '告诉', '记者', '全职', '
   军事训练', '拖薪', '新浪', '重点', '南海', '解读', '一场', '杨刚', '仅够',
   复习', '糊口', '军舰', '方向', '风光', '当年']
```

图 7-9　获取数据文档的词汇集

3. 词集模型：文本向量化

词集模型的原理是遍历每个文档中的所有词，如果出现了词汇表中的词，则将输出文档向量中的对应值设为 1，分别对各个文档进行词频统计，代码如下（源代码见：Chapter7/wordset.py）：

```
1  def setOfWords2Vec(vocabList, DataSet):
2      # 1 所有文档的词向量
3      VecList = []
4      for inputSet in DataSet:
5          # print('-->',inputSet) # 每个文档
6          # 2 创建一个和词汇表等长的向量，并将其元素都设置为0
7          returnVec = [0] * len(vocabList)
8          # 如果词在词汇表则修正1
9          for word in inputSet:
10             if word in vocabList:
11                 returnVec[vocabList.index(word)] = 1
12         # 追加所有文档词向量列表
13         VecList.append(returnVec)
14     return VecList
15
16 if __name__=='__main__':
17     #***********特征词转换为向量********************
18     # 3 词集模型:文本向量化
19     setvec = setOfWords2Vec(vocabList, dataSet)
20     print('词集模型:\n',mat(setvec))
```

执行词集模型方法，得到如图 7-10 所示的结果。

```
词集模型:
 [[0 0 1 0 0 1 0 1 0 0 0 0 0 1 0 1 1 0 0 0 0 0 1 0 0 1 1 1 0 0 0 0 0 0 0 0
  1 0 0 1 0 0 0 0 1 0 0 1 1 0 0 1 0 0 1 0 1 0 1 0 0 0 0 0 0 0 1 0 0 1 0 0
  0 0 0 1 1 0 0 0 0 1 0 0 0 1 0 0 0 1 0 0 0 0 0 0 0 1]
 [1 0 0 0 1 0 1 0 0 0 0 0 0 0 0 0 0 0 0 0 0 1 0 1 1 0 0 0 0 0 1 1 0 0 1 1
  0 0 0 0 0 0 0 1 0 1 0 0 0 0 0 0 0 0 0 1 0 0 0 0 1 1 1 1 0 0 0 0 1 0 0 1
  0 1 0 0 0 0 0 0 0 0 1 0 1 1 0 0 0 0 0 1 0 1 0 0 1 0]
 [0 1 0 0 0 0 0 0 1 1 0 0 0 0 1 0 0 1 1 1 0 0 0 0 0 0 0 0 1 1 0 0 1 0 0 0
  0 1 1 0 1 0 0 0 0 0 0 0 0 1 1 0 1 0 0 0 0 0 0 1 0 0 0 0 1 0 0 0 0 0 0 0
  1 0 0 0 0 0 1 0 1 0 0 0 0 0 1 0 1 0 0 0 1 0 0 1 0 0]
 [0 0 0 1 0 0 0 0 0 0 1 1 1 0 0 0 0 0 0 0 1 0 0 0 0 0 0 0 0 0 0 0 0 1 0 0
  0 0 0 0 0 1 1 0 0 0 1 0 0 0 0 0 0 1 0 0 1 1 0 0 0 0 0 0 0 1 0 1 0 0 1 0
  0 0 1 0 1 1 0 1 0 0 0 1 0 0 0 1 0 0 1 0 0 0 1 0 0 0]]
```

图 7-10 词集模型获取文档向量

4. 词袋模型

通过上述方法完成的词集模型在实际应用中不具备合理性。比如，政治新闻中“美国”一词，采用词集模型的处理方法是，第一次遇到“美国”这个词语，将词集模型对应的特征词设为1，但第二次再次遇到该词时，并没有发现有什么变化。实际上，需要的是在第二次遇到该词时，对特征值进行累加。为解决这个问题，需要对词集模型进行以下修改（源代码见：Chapter7/wordbag.py）：

```
1  if word in vocabList:
2      returnVec[vocabList.index(word)] += 1
3
```

从某种意义上看，词汇集就像一个装词汇的袋子，因此称为词袋模型。

5. TD-IDF 计算

为什么不采用词语统计方法，而是对词特征进行 TF-IDF 变换。这个问题在前文做过介绍，不清楚的读者可以回头查阅，这里不再赘述。以下仅给出 TD-IDF 计算的实现代码（源代码见：Chapter7/ITIDF.py）：

```
1  def TFIDF(bagvec):
2      # 词频 = 某个词在文章中出现的总次数/文章中出现次数最多的词的个数
3      tf = [ doc/sum(doc) for doc in bagvec]
4      # 逆文档频率（IDF） = log（词料库的文档总数/包含该词的文档数+1）
5      m = len(bagvec) # 词料库的文档总数
6      ndw =sum(mat(bagvec).T!=0,axis=1).T  # 包含该词的文档数
7      idf =  [ log(m/(t+1)) for t in ndw]
8      tfidf = tf * np.array(idf)
9      return tfidf
10 if __name__=='__main__':
11     # 4 tf-idf 计算
12     tfidf = TFIDF(bagvec)
13     print('tf-idf:\n ',tfidf)
```

运行上述代码，调用自定义 TF-IDF 函数，结果如图 7-11 所示。

```
tf idf:
 [[0.         0.         0.02567212 0.         0.         0.02567212
   0.         0.02567212 0.         0.         0.         0.
   0.         0.02567212 0.         0.02567212 0.02567212 0.
   0.         0.         0.         0.         0.02567212 0.
   0.         0.02567212 0.02567212 0.02567212 0.         0.
   0.         0.         0.         0.         0.         0.
   0.02567212 0.         0.         0.02567212 0.         0.
   0.         0.         0.02567212 0.         0.         0.02567212
   0.02567212 0.         0.         0.02567212 0.         0.
   0.02567212 0.         0.01065489 0.         0.02567212 0.
   0.         0.         0.         0.         0.         0.
   0.02567212 0.         0.         0.02567212 0.         0.
   0.         0.         0.         0.02567212 0.01065489 0.
   0.         0.         0.         0.02567212 0.         0.
   0.         0.01065489 0.         0.         0.         0.02567212
   0.         0.         0.         0.         0.         0.
   0.         0.02567212]
```

图 7-11 新闻文档词向量化

7.7 实战案例：新闻文本特征向量化

本节完成一个新闻文本特征向量化的例子。本例在上一章批量新闻文本分词处理的基础上，调用 bagOfWords2VecMN 方法对分词结果进行词向量转化并调用 TF-IDF 方法进行优化处理，最后，每隔 5000 行打印一条文本向量化处理的结果。案例代码实现如下（源代码见：Chapter7/30wVec.py）：

```
1  if __name__=='__main__':
2      start = time.time()
3      filepath = os.path.abspath(r'../Corpus/CSCMNews')
4      files = loadFiles(filepath)
5      n = 5  # n 表示抽样率
6      for i, msg in enumerate(files):
7          if i % n == 0:
8              catg = msg[0]
9              content = msg[1]
10             # 每个文档的 TFIDF 向量化-->所有词集（gensim）
11             word_list = seg_doc(content)
12             vocabList=createVocabList(word_list)
13             bagvec = bagOfWords2VecMN(vocabList, word_list)
14             tfidf = TFIDF(bagvec)
15             if int(i/n) % 1000 == 0:
16                 print('{t} *** {i} \t docs has been dealed'
```

```
17                  .format(i=i, t=time.strftime('%Y-%m-%d %H:%M:%S',
                     time.localtime())),'\n',catg,':\t',tfidf)
18      end = time.time()
19      print('total spent times:%.2f' % (end-start)+ ' s')
```

代码说明：

首先对新闻文本进行文件遍历并返回新闻的类别和新闻内容，存放在 files 中。然后，遍历 files 文件，其中枚举方法 enumerate 是为了获取每行新闻信息的序号。这里，采用抽样为 5 的样本信息即每隔 5 条新闻随机抽取一个样本信息，以保证样本的均衡性。接下来对新闻内容进行 seg_doc 分词和词袋模型 bagOfWords2VecMN 的构建，将其转化为词频-逆词频 TF-IDF 的矩阵列表。最后，每处理完 5000 条信息在屏幕上打印一条处理结果。

新闻文本特征向量化的处理结果如图 7-12 所示。

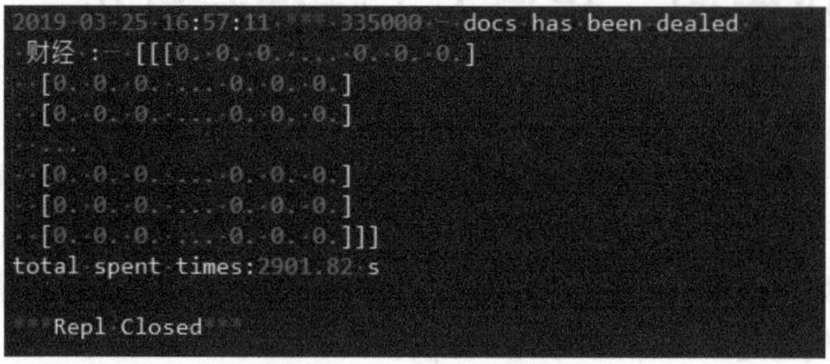

```
2019-03-25 16:57:11 *** 335000 - docs has been dealed
 财经 :  [[[0. 0. 0. ... 0. 0. 0.]
  [0. 0. 0. ... 0. 0. 0.]
  [0. 0. 0. ... 0. 0. 0.]
  ...
  [0. 0. 0. ... 0. 0. 0.]
  [0. 0. 0. ... 0. 0. 0.]
  [0. 0. 0. ... 0. 0. 0.]]]
total spent times:2901.82 s

***Repl Closed***
```

图 7-12　新闻文本特征向量化

7.8　本章小结

本章介绍了数据缺失值和归一化处理的常见方法，并通过实际案例进行了剖析。在对数据处理之前，因为需要将特征词进行向量化，所以引入词集模型和词袋模型，并采用词频-逆词频进行向量优化，最终完成了新闻文本的特征向量化。

在实际项目中，读者还可以借助一款开源的第三方 Python 处理工具包 Gensim 来实现文本的向量化，这是一款多功能文档处理“神器”，可以大大提升处理文本的效率，关于该工具的使用将在下一章进行详细讨论。

第 8 章 Gensim 文本向量化

Gensim 是一款非结构化文本处理工具包，可以便捷地构建语料库，其内置的子模块可以高效地生成 TF-IDF 向量，并支持大数据文本批量处理。同时，其内置的多种主题模型可以满足多任务需求，大大节约了数据预处理训练的时间。本章主要介绍使用 Gensim 工具实现特征向量化模型及其二次开发的相关内容。

8.1 Gensim 的特性和核心概念

Gensim 是一款开源的第三方 Python 工具包，用于从原始的非结构化文本中有效地自动抽取语义主题。它支持语料处理、LSA（Latent Semantic Analysis，潜在语义分析），LDA（Latent Dirichlet Allocation，隐含狄利克雷分布），RP（Random Projection，随机映射）、TF-IDF、word2vec 和 paragraph2vec 等多种主题模型算法，支持流式训练，并提供了诸如相似度计算和信息检索等一些常用任务的 API 接口。

Gensim 主要有如下特性：

- 内存独立。对于训练语料来说，没必要将整个语料都驻留在内存中。
- 有效地实现了许多流行的向量空间算法。包括tf-idf、分布式LSA、分布式LDA以及RP，并且很容易添加新算法。
- 对流行的数据格式进行了IO封装和转换。
- 在其语义表达中，可以相似查询。
- 可以实现主题建模的可扩展软件框架。

在使用 Gensim 工具时，会涉及以下几个核心概念：

- 语料（Corpus）。指文档的集合，用于模型训练学习，故也称作训练语料。
- 向量（Vector）。指由一组文本特征构成的列表，是一段文本在Gensim中的内部表达。
- 稀疏向量（Sparse Vector）。通常可以略去向量中多余的 0 元素，此时，向量中的每一个元素是一个（key, value）的元组，此向量称为稀疏向量。
- 模型（Model）。是一个抽象的术语。定义了两个向量空间的变换（即从文本的一种向量表达变换为另一种向量的表达）。

8.2 Gensim 构建语料词典

训练语料的预处理指的是将文档中原始的字符文本转换成 Gensim 模型所能理解的稀疏向量的过程。通常要处理的原生语料是一堆文档的集合，每一篇文档又是一些原生字符的集合。在交给 Gensim 的模型训练之前，需要将这些原生字符解析成 Gensim 能处理的稀疏向量的格式。由于语言和应用的多样性，Gensim 没有对预处理的接口做出任何强制性的限定，通常需要先对原始的文本进行分词、去除停用词等操作，得到每一篇文档的特征列表。例如，在词袋模型中，文档的特征就是其包含的特征词，以下是语料（Corpus）数据：

```
1 tiyu = ['姚明', '我来', '承担', '连败', '巨人', '宣言', '酷似', '当年', '麦蒂', '新浪', '体育讯', '北京', '时间', '消息', '休斯敦', '纪事报', '专栏', '记者', '乔纳森', '费根', '报道', '姚明', '渴望', '一场', '胜利', '当年', '队友', '麦蒂', '惯用', '句式']
2 yule = ['谢婷婷', '模特', '酬劳', '仅够', '生活', '风光', '背后', '惨遭', '拖薪', '新浪', '娱乐', '金融', '海啸', 'blog', '席卷', '全球', '模特儿', '酬劳', '被迫', '打折', '全职', 'Model', '谢婷婷', '业界', '工作量', '有增无减', '收入', '仅够', '糊口', '拖薪']
3 jioayu = ['名师', '解读', '四六级', '阅读', '真题', '技巧', '考前', '复习', '重点', '历年', '真题', '阅读', '听力', '完形', '提升', '空间', '天中', '题为', '主导', '考过', '六级', '四级', '题为', '主导', '真题', '告诉', '方向', '会考', '题材', '包括']
4 shizheng = ['美国', '军舰', '抵达', '越南', '联合', '军演', '中新社', '北京', '日电', '杨刚', '美国', '海军', '第七', '舰队', '三艘', '军舰', '抵达', '越南', '岘港', '为期', '七天', '美越', '南海', '联合', '军事训练', '拉开序幕', '美国', '海军', '官方网站', '消息']
```

其中，语料的每一个元素对应一篇文档。接下来依然以词袋模型为例，调用 Gensim 提供的 API 建立语料特征的索引字典，并将文本特征的原始表达转化成词袋模型对应的稀疏向量的表达。具体代码如下：

```
1  from gensim import corpora
2  def gensim_Corpus(corpus=None):
3      dictionary = corpora.Dictionary(corpus)    # 词典
4      mycorpus = [dictionary.doc2bow(text) for text in corpus]
                                                  # 词袋模型
5      print(mycorpus[0])
```

运行结果如下：

```
[(0, 1), (1, 1), (2, 1), (3, 1), (4, 1), (5, 1), (6, 1), (7, 2), (8, 1), (9, 1), (10, 2), (11, 1), (12, 1), (13, 1), (14, 1), (15, 1), (16, 1), (17, 1), (18, 1), (19, 1), (20, 1), (21, 1), (22, 1), (23, 1), (24, 1), (25, 1), (26, 2)]
```

于是得到了语料中每一篇文档对应的稀疏向量，向量的每一个元素代表了一个词（Word）在这篇文档中出现的次数。值得注意的是，特征词大于 1 的仅有 3 个。接下来删除停用词和仅出现一次的词，编写代码如下：

```
1  # 删除停用词和仅出现一次的词
2  once_ids = [tokenid for tokenid, docfreq in dictionary.dfs.items()
   if docfreq == 1]
3  dictionary.filter_tokens(once_ids)
4  # 消除 id 序列在删除词后产生的不连续的缺口
5  dictionary.compactify()
```

对处理后的特征词进行本地化存储，代码如下：

```
1  savePath = r'../Files/mycorpus.dict'
2  dictionary.save(savePath)  # 把字典保存起来，方便以后使用
```

加载存储的特征词典，代码如下：

```
1  mydict = corpora.Dictionary.load(savePath)
2  print(mydict)
```

然后，打印出处理后的词典，结果如下：

```
1  Dictionary(3 unique tokens: ['北京', '新浪', '消息'])
```

8.3 Gensim 统计词频特征

关于词频统计前面章节已有介绍，本节介绍基于 Gensim 的实现方法，仍然采用上一节的语料。以下首先对语料进行词典构建，然后根据词袋模型打印出每个词以及对应的词频，其实现代码如下：

```
1  from gensim import corpora
2  def gensim_Corpus(corpus=None):
3      dictionary = corpora.Dictionary(corpus)
4      dfs = dictionary.dfs  # 词频词典
5      print('统计词频特征:')
6      for key_id, c in dfs.items():
7          print(dictionary[key_id], c)
8      return dictionary[key_id], c
```

词频统计的结果如下所示：

```
统计词频特征:
姚明 1
...
麦蒂 1
新浪 2
...
军事训练 1
拉开序幕 1
官方网站 1

***Repl Closed***
```

8.4 Gensim 计算 TF-IDF

在 8.3 节已经介绍了 TF-IDF 的原理和实现方法，在本节使用 Gensim 针对多类文本实现 TF-IDF 计算。

首先使用以下命令自定义语料模块加载数据集与标签集：

```
1  from mydict import *
2  corpus,classVec = loadDataSet()
```

之后，进行特征词频-逆词频处理，并实现本地序列化存储，代码如下：

```
1  from gensim import corpora, models
2  def gensim_Corpus(corpus=None,classVec=''):
3      dictionary = corpora.Dictionary(corpus)
4      # 转换成 doc_bow
5      doc_bow_corpus = [dictionary.doc2bow(doc_cut) for doc_cut in
   corpus]
6      # 生成 tfidf 特征
7      tfidf_model = models.TfidfModel(dictionary=dictionary)  # 生成
   tfidf 模型
8      corpus_tfidf = {} # tfidf 字典
9      i=0 # 获取类别
10     for doc_bow in doc_bow_corpus:
11         file_tfidf = tfidf_model[doc_bow]  # 词袋填充
12         catg = classVec[i]                 # 类别
13         tmp = corpus_tfidf.get(catg, [])
14         tmp.append(file_tfidf)
15         print(tmp)
16         if tmp.__len__() == 1: # 某篇文章成功，不成功则为空
17             corpus_tfidf[catg] = tmp
18         i+=1
19     # 本地序列化存储
20     catgs = list(corpus_tfidf.keys()) # ['体育', '娱乐', '教育', '时
   政']
21     for catg in catgs:
22         savepath =r'../Files/tfidf_corpus'
23         corpora.MmCorpus.serialize('{f}{s}{c}.mm'.format
   (f=savepath, s=os.sep, c=catg),corpus_tfidf.get(catg),
   id2word=dictionary)
```

代码说明：

上述代码首先对语料进行 Dictionary 词典化处理，然后处理成词袋模型（即特征向量化处理）。接着调用 models 的 TfidfModel 方法逐个列表进行词频-逆词频计算。最后，将各个类别的词频-逆词频计算结果进行本地序列化存储，其中调用序列化方法 serialize 并提供各个类别的保存路径、词频-逆词频计算结果和词典。

成功执行后，得到如图 8-1 所示的运行结果。

图 8-1　TF-IDF 序列化存储

8.5 Gensim 实现主题模型

8.5.1 主题模型

1. 什么是主题模型

主题模型可理解为一种在大量文档中发现其主题的无监督式学习技术。这些主题本质上十分抽象，即彼此相关联的词语构成一个主题，同样，在单个文档中可以有多个主题。可以将主题模型的示意图理解为如图 8-2 所示（图片来源于网络）。

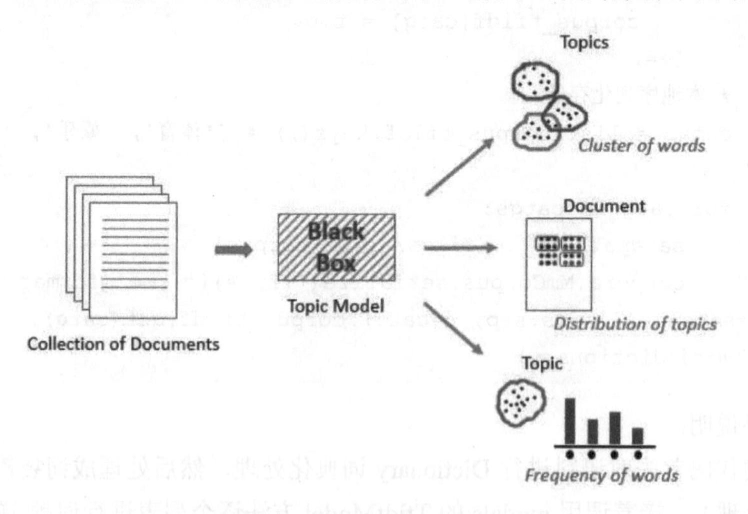

图 8-2　主题模型示意图

图 8-2 将相似和相关的词语聚集成簇，称为主题。这些主题在文档中具有特定的分布，每个主题都根据它包含的不同词的比例来定义。

2. 主题模型的应用场景

假如要对电子文档进行归类整理，当文档的数量不太多，就可以手动完成。但是在文档数量非常多，人工远远不足以完成相关工作的情况下，主题建模就非常适用。

主题建模有助于挖掘海量文本数据、查找词簇、文本之间的相似度以及发现抽象主题。如果这些理由还不够引人注目，主题建模也可用于搜索引擎，判断搜索字段与结果的匹配程度。其中本章涉及的潜在语义分析（LDA）、隐含狄利克雷分布（LSA）和随机映射（RP）都属于主题模型的范畴。

8.5.2 潜在语义分析（LSA）

1. 什么是LSA

潜在语义分析（LSA）也叫作潜在语义索引（Latent Semantic Indexing，LSI）是一种用于知识获取和展示的计算理论和方法，出发点是文本中的词与词之间存在某种联系，即存在某种潜在的语义结构。这种潜在的语义结构隐含在文本词语的上下文使用模式中。因此采用统计计算的方法，对大量的文本中进行分析来寻找这种潜在的语义结构，它不需要确定的语义编码，仅依赖于上下文中事物的联系，并用语义结构来表示词和文本，达到消除词之间的相关性和简化文本向量的目的。

2. 理解LSA

语言学是一门复杂的学科，因此就自然语言处理而言也面临着诸多挑战，常见的难题之一就是歧义词的处理。比如一义多词和一词多义，这对机器而言很难捕捉，甚至有些场景下人类也很难区分。例如，以下两个句子：

陆庄主知道此人是湖南铁掌帮的帮主。
天晴的时候，在湖南钓鱼更容易上钩。

在第一个句子中，“湖南”指的是地名，而在第二个句子中，它的含义是湖的南边。人类能够轻松地区分这些词，是因为人类可以理解这些词背后的语境。但是机器并不能捕捉到这个概念，因为它不能理解词的上下文，这就是潜在语义分析（LSA）发挥作用的地方，它可以利用词语所在的上下文来捕捉隐藏的概念即主题。因此，简单地将词映射到文档并没有什么用，真正需要的是弄清楚词语背后的隐藏概念或主题，而LSA是一种可以发现这些隐藏主题的技术。

3. LSA的技术原理

假设有m篇文档，其中包含n个唯一词项（词），假设希望从所有文档的文本数据中提取出 k 个主题（k 为主题数，k 的取值根据实际需求由用户设置），则整个技术实现流程如下：

（1）生成 m×n 维文档-词矩阵，其中矩阵元素为 TF-IDF，如图 8-3 所示。

Terms

Documents	T1	T2	T3	...	Tn
D1	0.2	0.1	0.5	...	0.1
D2	0.1	0.3	0.4	...	0.3
D3	0.3	0.1	0.1	...	0.5
...	...	...	...	...	...
Dm	0.2	0.1	0.2	...	0.1

图 8-3　文档-词矩阵

（2）使用奇异值分解（SVD）把上述矩阵的维度降到 k 维。

（3）使用降维后的矩阵构建潜在语义空间。SVD 将一个矩阵分解为三个矩阵即 $A = USV^T$，如图 8-4 所示。矩阵U_k（Document-Term Matrix）的每个行向量代表相应的文档，这些向量的长度是 k，是预期的主题数，代表数据中词的向量可以在矩阵 V_k（Term-Topic Matrix）中找到。

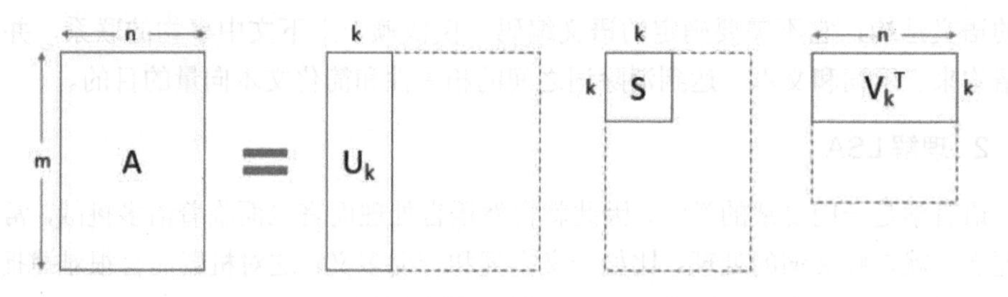

图 8-4　SVD 矩阵分解示意图

（4）SVD 为数据中的每篇文档和每个词都提供了向量，每个向量的长度均为 k。可以使用余弦相似度的方法通过这些向量找到相似的词和文档。

4. LSA 模型的实现

使用 8.2 节构造的语料词典作为语料，采用 Gensim 中的 LsiModel 进行主题生成，代码实现如下（源代码见：Chapter8/LSA.py）：

```
1  from mydict import *
2  from gensim import corpora, models
3  import pickle as pkl
4
5  # 生成 lsi 特征（潜在语义索引）
```

```
6  def gensim_Corpus(corpus=None):
7     dictionary = corpora.Dictionary(corpus)
8     # 转换成 doc_bow
9     doc_bow_corpus = [dictionary.doc2bow(doc_cut) for doc_cut in
   corpus]
10    # 生成 tfidf 特征
11    tfidf_model = models.TfidfModel(dictionary=dictionary)  # 生成
   tfidf 模型
12    tfidf_corpus = [tfidf_model[doc_bow] for doc_bow in
   doc_bow_corpus]  # 将每 doc_bow 转换成对应的 tfidf_doc 向量
13    # print('TFIDF:\n',tfidf_corpus)
14
15    lsi_model = models.LsiModel(corpus=tfidf_corpus,
   id2word=dictionary, num_topics=10)  # 生成 lsi model
16
17    # 生成 corpus of lsi
18    lsi_corpus = [lsi_model[tfidf_doc] for tfidf_doc in tfidf_corpus]
   # 转换成 lsi 向量
19    print('LSI:\n',lsi_corpus)
20    # 将 lsi 模型存储到磁盘上
21    savepath =r'../Files/lsi_model.pkl'
22    lsi_file = open(savepath, 'wb')
23    pkl.dump(lsi_model, lsi_file)
24    lsi_file.close()
25    print('--- lsi 模型已经生成 ---')
```

代码说明：

上述代码中，corpus 为 8.2 节中构造的语料，通过导入 mydict 模块，使用 corpus,classVec = loadDataSet()来加载数据。第一步是加载文档集合，建立词汇-文本矩阵 A，主要是实现将原始语料的词袋模型转化，最终生成 TF-IDF 矩阵。第二步对词汇-文本矩阵进行奇异值分解并降维和 SVD 分解矩阵，幸运的是可以直接调用 Gensim 的 models.LsiModel 模块来实现。最后，需要对降维后的矩阵构建潜在语义空间并存储在本地磁盘中，以备后续使用，这样做的目的就是一次模型训练将来多次复用，从而提高了算法的性能。

5. LSA 的实验结果

上述 LSA 主题模型构建完成以后，运行 gensim_Corpus 函数得到如图 8-5 所示结果，即输出各类文章最为重要的主题。

```
LSA生成主题:
[[(0, 0.7122860429341998), (3, -0.7018893025549962)], [(0, 0.34158119641608475
  ), (1, 0.8775111622043954), (3, 0.33659537498552544)], [(2, -0.
  9999999999999999)], [(0, 0.6250389533571518), (1, -0.4795562117277709), (3,
  0.6159156976238757)]]
  lsi模型已经生成

***Repl Closed***
```

图 8-5　LSA 生成主题

6. LSA 的优缺点

LSA 非常有用，但是也有其局限性。其优缺点如下：

（1）优点

- 可以更好地刻画文本的真实含义。
- 分析词条与文本之间的相似关系时比传统的向量空间模型具有更好的灵活性。
- 用低维词条、文本向量代替原始的空间向量，可以有效地处理大规模的文本库。
- 对于原始的词条——文本矩阵，通过LSA分析提取出k维语义空间，在保留大部分信息的同时使得K<<V。
- 通过对大量的文本分析，LSA可以自动地模拟人类的知识获取能力，甚至分类、预测的能力。
- 低维空间表示可以刻画同义词，同义词会对应着相同或相似的主题。

（2）缺点

- 因为它是线性模型，因此在具有非线性依赖性的数据集上可能效果不佳。
- LSA假设文本中的词服从正态分布，这可能不适用于所有问题。
- LSA涉及SVD，它是计算密集型的，当新数据出现时难以更新。
- 没有刻画term出现次数的概率模型。
- LSA具有词袋模型的缺点，即在一篇文章或者一个句子中忽略了词语的先后顺序。

8.5.3 隐含狄利克雷分布（LDA）

1. 什么是 LDA

LDA 是一种主题模型，它可以将文档集中每篇文档的主题按照概率分布的形式给出。同时它是一种无监督式学习算法，在训练时不需要手工标注的训练集，需要的仅仅是文档集以及指定主题的数量 k。此外，LDA 对于每一个主题均可找出一些词语来描述它。LDA 是一种无监督式学习，在文本主题识别、文本分类、文本相似度计算和文章相似推荐等方面都有应用。

LDA 可以被认为是一种聚类算法，主题对应聚类中心，文档对应数据集中的例子。主题和文档在特征空间中都存在，且特征向量是词频向量。LDA 不是用传统的距离来衡量一个类簇，它使用的是基于文本文档生成的统计模型的函数。

2. LDA 的发展历程

Papadimitriou、Raghavan、Tamaki 和 Vempala 在 1998 年发表的一篇论文中提出了潜在语义索引。1999 年，Thomas Hofmann 又在此基础上提出了概率性潜在语义索引（Probabilistic Latent Semantic Indexing，简称 PLSI）。2003 年，David M. Blei、Andrew Y. Ng 与 Michael I. Jordan 提出文档主题生成模型，LDA 可能是最常见的主题模型，是一般化的 PLSI。LDA 允许文档拥有多种主题，其他主题模型一般是在 LDA 的基础上改进的，例如，HLDA（Hierarchical Latent Dirichlet Allocation，分级狄利克雷分布）模型、Labeled LDA （Labeled Latent Dirichlet Allocation，标记的狄利克雷分布）和 LLDA （hierarchical Labeled Latent Dirichlet Allocation，分层标记的隐含狄利克雷分布），HLDA 试图建立主题之间的关系，Labeled LDA 则能够训练出带标签的主题。Labeled LDA 与 LDA 最大的不同是，LDA 是在所有主题上为某一个词进行选择某个主题，而 labeled LDA 则是只从文档相关的标签（Label）对应的主题中去选择，其余和 LDA 都是一样的。LLDA 模型的好处就是在 LDA 模型的基础上扩展到层次结构，其思想也是很简单的，认为一个文档只是由这个文档对应的层次标签所产生。

LDA 的应用十分广泛，通常会被应用在推荐系统、邮件分类和关键词提取等业务场景。

3. LDA 的生成模型

LDA 是一种典型的词袋模型，即它认为一篇文档是由一组词构成的一个集合，词与词之间没有顺序和先后的关系。一篇文档可以包含多个主题，文档中每一个词都由其中的一个主题生成。

看到一篇文章后，往往喜欢推测这篇文章是如何生成的，可能会认为作者先确定这篇文章的几个主题，然后围绕这几个主题遣词造句，表达成文。LDA 就是根据给定的一篇文档，推测其主题分布。因此，正如 LDA贝叶斯网络结构中所描述的，在 LDA 模型中一篇文档生成的方式如下：

- 从 LDA 中取样生成文档 i 的主题分布。
- 从主题的多项式分布中取样生成文档 i 第 j 个词的主题。
- 从 LDA 中取样生成主题的词语分布。
- 从词语的多项式分布中采样最终生成词语。

8.5.4 LDA 的模型实现

关于 LDA 本书主要给出相关概念、技术原理和实现方法，更多的理论知识会涉及大量的数学基础，读者可自行补充。本节使用 8.2 节构造的语料，采用 Gensim 中的 LdaModel 进行主题生成，代码实现如下（源代码见：Chapter8/LDA.py）：

```
1  from gensim import corpora, models
2  from gensim.models.doc2vec import Doc2Vec, TaggedDocument
3  from mydict import *
4
5  # 生成 lda 特征(主题模型)
6  def gensim_Corpus(corpus=None):
7      dictionary = corpora.Dictionary(corpus)
8      # 1 doc_bow 转化为 tfidf 向量
9      doc_bow_corpus = [dictionary.doc2bow(doc_cut) for doc_cut in
   corpus]
10     tfidf_model = models.TfidfModel(dictionary=dictionary)  # 生成
   tfidf 模型
11     # 将每 doc_bow 转换成对应的 tfidf_doc 向量
12     tfidf_corpus = [tfidf_model[doc_bow] for doc_bow in
   doc_bow_corpus]
13     print('doc_bow 转换成对应的 tfidf_doc 向量:\n',tfidf_corpus)
14
15     lda_model = models.LdaModel(corpus=tfidf_corpus,
   id2word=dictionary, num_topics=10)  # 生成 lda model
16     # 2 生成 corpus of LDA
17     lda_corpus = [lda_model[tfidf_doc] for tfidf_doc in tfidf_corpus]
   # 转换成 lda 向量
18     print('LDA 生成主题:\n',lda_corpus)
19
20     # 3 将 LDA 模型存储到磁盘上
21     savepath =r'../Files/lda_model.pkl'
22     lda_file = open(savepath, 'wb')
23     pkl.dump(lda_model, lda_file)
24     lda_file.close()
25     print('--- lda 模型已经生成 ---')
```

代码说明：

上述代码中，corpus 为 8.2 节中构造的语料，通过导入 mydict 模块，使用 corpus,classVec = loadDataSet()来加载数据。第一步就是加载文档集合，建立词汇-文本矩阵 A，主要是实现原始语料的词袋模型转化，最终生成 TF-IDF 矩阵。接着第二步直接调用 Gensim 的 models.LdaModel 方法实现，其中参数 corpus 为 TF-IDF 向量矩阵，参数 id2word 为生成的词典向量，num_topics 为自定义主题个数。最后将生成的结果进行本地化存储以备后续使用。

上述 LDA 主题模型构建完成后，运行 gensim_Corpus 函数得到如图 8-6 所示的结果，即输出各类文章前 10 个最为重要的主题。

```
LDA生成主题:
[[(0, 0.016934099), (1, 0.016934095), (2, 0.016934233), (3, 0.016934099), (4,
  0.8475929), (5, 0.016934179), (6, 0.016934099), (7, 0.016934099), (8, 0.
  016934099), (9, 0.016934099)], [(0, 0.017143842), (1, 0.017143838), (2, 0.
  017143838), (3, 0.017143842), (4, 0.017143944), (5, 0.84570533), (6, 0.
  017143842), (7, 0.017143842), (8, 0.017143842), (9, 0.017143842)], [(0, 0.
  017766235), (1, 0.84010386), (2, 0.017766232), (3, 0.017766235), (4, 0.
  017766232), (5, 0.017766232), (6, 0.017766235), (7, 0.017766235), (8, 0.
  017766235), (9, 0.017766235)], [(0, 0.01870277), (1, 0.018702764), (2, 0.
  8316748), (3, 0.01870277), (4, 0.018703056), (5, 0.018702764), (6, 0.
  01870277), (7, 0.01870277), (8, 0.01870277), (9, 0.01870277)]]
  lda模型已经生成

  Repl Closed
```

图 8-6　LDA 生成主题

8.5.5　随机映射（RP）

1. 什么是 RP

如果手头有一组数据$X \in R^n$，它的维数太高，从而不得不进行降维至R^k，怎么办呢？

相信不少人会条件反射性地求它的$x'x$，然后转化为沿最大方差展开的问题。这样需要求解固有值和固有向量，对于测试用的小数据尚好，但是如果面对的是几十上百 GB 大小的数据，对全部词降维将是一个漫长的过程，因此需要更加快速的方法。最简单的方法是：随机在高维空间里选几个单位向量e_i，注意，这里仅仅要求的是单位向量，并没有要求它们之间必须正交$< e_i, e_j >$=0，因此可以随便选。最后，把高维数据投影到选择的这一组基上就完成了降维。

随机映射（RP）的目的在于减小空维度，这是一个非常高效的方法（对 CPU 和内存都很友好的方法），使用随机映射通过抛出一点随机性来近似得到两个文档之间的 TF-IDF 距离。推荐目标维度也是成百上千，具体数值要视数据集大小而定。

2. RP 的原理

- 选择映射矩阵$R \in \mathcal{R}^{K\times N}$。
- 用随机数填充映射矩阵，可以选择 uniform 或者 gaussian。
- 归一化每一个新的轴（映射矩阵中的每一行）。
- 对数据降维$y = R\mathcal{X}$。

3. RP 模型的实现

使用 8.2 节构造的语料词典作为语料，采用 Gensim 中的 RpModel 进行主题生成，代码实现如下（源代码见：Chapter8/RP.py）：

```
1  from mydict import *
2  from gensim import corpora, models
3  import pickle as pkl
4
5   # 生成随机映射（Random Projections，RP)
6  def gensim_Corpus(corpus=None):
7     dictionary = corpora.Dictionary(corpus)
8     # 1 doc_bow 转化为 tfidf 向量
9     doc_bow_corpus = [dictionary.doc2bow(doc_cut) for doc_cut in
   corpus]
10    tfidf_model = models.TfidfModel(dictionary=dictionary)  # 生成
   tfidf 模型
11    tfidf_corpus = [tfidf_model[doc_bow] for doc_bow in
   doc_bow_corpus]
12    print('doc_bow 转换成对应的 tfidf_doc 向量:\n',tfidf_corpus)
13
14    # 2 生成 corpus of RP
15    rp_model = models.RpModel(tfidf_corpus, num_topics=10)
16    rp_corpus = [rp_model[tfidf_doc] for tfidf_doc in tfidf_corpus]
   # 转换成随机映射 tfidf 向量
17    print('RP:\n',rp_corpus)
18
19    # 3 将随机映射（RP）模型存储到磁盘上
20    savepath =r'../Files/rp_model.pkl'
21    rp_file = open(savepath, 'wb')
22    pkl.dump(rp_model, rp_file)
23    rp_file.close()
24    print('--- RP 模型已经生成 ---')
```

4. RP 的实验结果

上述随机映射主题模型构建完成后，运行 gensim_Corpus 函数得到以下结果，即输出各类文章前 10 个最为重要的主题，如图 8-7 所示。

```
RP:
 [[(0, 0.24494898319244385), (1, 0.08164966106414795), (2, 0.19051587581634521)
   , (3,  0.4626814126968384), (4,  0.08164966106414795), (5, 0.
   24494898319244385), (6,  0.19051587581634521), (7, 0.13608276844024658), (8
   ,  0.5715476274490356), (9,  0.19051587581634521)], [(0,  0.
   025906406342983246), (1,  0.18134468793869019), (2,  0.3885958194732666), (
   3,  0.3885957598686218), (4,  0.12953190505504608), (5,  0.69947236776351 93
   ), (6, 0.18134474754333496), (7,  0.12953191995620728), (8, 0.
   4404085874557495), (9,  0.1813446581363678)], [(0, 0.2927699685096741), (1,
    0.1951800435781479), (2,  0.1951800435781479), (3,  0.7807201147079468),
   (4,  0.1951799988746643), (5, 0.29277002811431885), (6,  0.
   19518007338047028), (7,  0.09759001433849335), (8, 0.19518001377758255), (9,
   0.09759001433849335)], [(0, 0.3318318128585815 4), (1, 0.3318318426609039 3)
   , (2, 0.1422136723995208 7), (3, 0.4266408979892730 7), (4,  0.
   04740456491708755 5), (6, 0.14221361279487 61), (7, 0.04740455374121666), (8,
   0.1422136723995208 7), (9,  0.6636637449264526)]]
   RP模型已经生成

***Repl Closed***
```

图 8-7　RP 生成主题

8.6　实战案例：Gensim 实现新闻文本特征向量化

本节使用 Gensim 来实现新闻文本的特征向量化，相对于第 7 章自定义特征向量化的方法，本章算法实现更为简练且运行效率更高。首先对参数进行设置，其主要目的是用来本地化存储生成模型；接着生成词典模型，这个过程与前面章节原理一样，只是采用 Gensim 相关方法来实现；最后调用生成好的词典模型来生成 TF-IDF 特征向量模型，一次训练完成后，可以多次复用。本例生成的 TF-IDF 特征向量模型可以直接用于实际分类、聚类等算法中。

8.6.1　参数设置

本案例的实现代码如下：

```
1  import os,time,sys
2
3  if __name__=='__main__':
4      start = time.time()
5      n = 5  # n 表示抽样率
```

```
6     path_doc_root = '../Corpus/CSCMNews'  # 根目录，即存放按类分类好的文本数据集
7     path_tmp = '../Corpus/CSCMNews_model'  # 存放中间结果的位置
8     path_dictionary = os.path.join(path_tmp, 'CSCMNews.dict')
9     path_tmp_tfidf = os.path.join(path_tmp, 'tfidf_corpus')
```

代码说明：

其中，n 表示抽样率，依旧设置为 5，即每隔 5 条抽取一个新闻文本，当然 n 的值可以根据需求而设置。pathdocroot 为 30 万新闻文本的根目录，也就是待处理文本数据存放的目录。pathtmp 是用来存放中间结果的目录路径，其中包括 pathdictionary 和 pathtmptfidf 两个子文件夹。pathdictionary 是对 30 万新闻文本处理后选择处理的词典文件，pathtmp_tfidf 用来存放 TF-IDF 模型生成的各类新闻文本的向量模型。

8.6.2 生成词典模型

本节实现 30 万新闻文本词典的生成。需要导入 StopWords 模块的 seg_doc 方法用来分词并去除停用词，还需要导入 Gensim 的 corpora 和 models 模块，其中 corpora 模块用来构造词典及其词袋模型，models 为其内容的主题模块。具体实现代码如下（源代码见：Chapter8/30wVec.py）：

```
1  from gensim import corpora, models
2  from StopWords import *
3
4  if __name__=='__main__':
5      #====第一阶段，遍历文档，生成词典,并去掉频率较少的词====
6      if not os.path.exists(path_tmp):
7          os.makedirs(path_tmp)
8      # 如果指定的位置没有词典，则重新生成一个。如果有，则跳过该阶段
9      if not os.path.exists(path_dictionary):
10         print('=== 未检测到有词典存在，开始遍历生成词典 ===')
11         dictionary = corpora.Dictionary()
12         files = loadFiles(path_doc_root)
13         for i, msg in enumerate(files):
14             if i % n == 0:
15                 catg = msg[0]
16                 content = msg[1]
17                 content = seg_doc(content)
18                 dictionary.add_documents([file])
```

```
19                  if int(i/n) % 1000 == 0:
20                      print('{t} *** {i} \t docs has been dealed'
21                             .format(i=i, t=time.strftime
   ('%Y-%m-%d %H:%M:%S',time.localtime())))
22          # 去掉词典中出现次数过少的词
23          small_freq_ids = [tokenid for tokenid, docfreq in
   dictionary.dfs.items() if docfreq < 5 ]
24          dictionary.filter_tokens(small_freq_ids)
25          dictionary.compactify() # 重新产生连续的编号
26          dictionary.save(path_dictionary)
27          print('=== 词典已经生成 ===')
28      else:
29          print('=== 检测到词典已经存在，跳过该阶段 ===')
```

代码说明：

本段代码用来生成词典模型，是生成 IF-IDF 模型的前置工作。首先判断是否存在生成结果的文件夹 pathtmp，如果不存在则创建该目录。反之，判断是否已经生成词典 pathdictionary，未检测到有词典存在，则开始遍历生成词典。如果检测到词典已经存在，跳过该阶段即可。

在生成词典的过程中，通过高效遍历文件的 loadFiles 方法来装载所有文本信息并返回该文本类别和内容构建语料词典。然后对文本信息通过 seg_doc 方法分词并剔除停用词，最后加载到语料向量 dictionary 中。接着对装载好的语料根据词语出现频率进行选择，这一步的目的是初步降维，去除词语权重较小的词汇。最后调用 dictionary.save 方法将处理好的词典保存即可。

代码的执行结果如图 8-8 所示。

```
2019-04-01 17:10:54 *** 294000 	 docs has been dealed
2019-04-01 17:11:01 *** 297000 	 docs has been dealed
2019-04-01 17:11:08 *** 300000 	 docs has been dealed
2019-04-01 17:11:17 *** 303000 	 docs has been dealed
2019-04-01 17:11:24 *** 306000 	 docs has been dealed
2019-04-01 17:11:31 *** 309000 	 docs has been dealed
2019-04-01 17:11:38 *** 312000 	 docs has been dealed
2019-04-01 17:11:46 *** 315000 	 docs has been dealed
2019-04-01 17:11:54 *** 318000 	 docs has been dealed
2019-04-01 17:12:02 *** 321000 	 docs has been dealed
2019-04-01 17:12:09 *** 324000 	 docs has been dealed
2019-04-01 17:12:16 *** 327000 	 docs has been dealed
2019-04-01 17:12:24 *** 330000 	 docs has been dealed
2019-04-01 17:12:33 *** 333000 	 docs has been dealed
2019-04-01 17:12:42 *** 336000 	 docs has been dealed
=== 词典已经生成 ===
```

图 8-8　生成新闻词典

8.6.3 生成 TF-IDF 模型

本节生成 TF-IDF 模型，需要使用 Gensim 中的 models 模块，其中 models 模块包含 tfidfModel 方法，可以直接构造 TF-IDF 模型，具体实现代码如下：

```
1  from gensim import corpora, models
2  from StopWords import *
3
4  if __name__=='__main__':
5      start = time.time()
6      dictionary = None
7      if not os.path.exists(path_tmp_tfidf):
8          print('=== 未检测到有 tfidf 文件夹存在，开始生成 tfidf 向量 ===')
9          if not dictionary:  # 如果有跳过了第一阶段，则从指定位置读取词典
10             dictionary = corpora.Dictionary.load(path_dictionary)
11         os.makedirs(path_tmp_tfidf)
12         files = loadFiles(path_doc_root)
13         tfidf_model = models.TfidfModel(dictionary=dictionary)
14         corpus_tfidf = {}
15         for i, msg in enumerate(files):
16             if i % n == 0:
17                 catg = msg[0]
18                 content = msg[1]
19                 word_list = seg_doc(content)
20                 file_bow = dictionary.doc2bow(word_list)
21                 file_tfidf = tfidf_model[file_bow]
22                 tmp = corpus_tfidf.get(catg, [])
23                 tmp.append(file_tfidf)
24                 if tmp.__len__() == 1:
25                     corpus_tfidf[catg] = tmp
26             if i % 10000 == 0:
27                 print('{i} files is dealed'.format(i=i))
28         # 将 tfidf 中间结果保存起来
29         catgs = list(corpus_tfidf.keys())
30         for catg in catgs:
31             corpora.MmCorpus.serialize('{f}{s}{c}.mm'.format
   (f=path_tmp_tfidf, s=os.sep, c=catg),corpus_tfidf.get(catg),
   id2word=dictionary)
```

```
32              print('catg {c} has been transformed into tfidf 
   vector'.format(c=catg))
33          print('=== tfidf 向量已经生成 ===')
34      else:
35          print('=== 检测到 tfidf 向量已经生成，跳过该阶段 ===')
36      end = time.time()
37      print('total spent times:%.2f' % (end-start)+ ' s')
```

代码说明：

本段代码是 TF-IDF 模型的生成过程，首先判断 TF-IDF 模型保存路径 pathtmptfidf 是否存在，如果不存在就执行训练过程。接着寻找 dictionary，如上文已经生成则可以直接跳过词典训练过程，用 corpora.Dictionary.load 方法加载词典即可。然后通过 loadFiles 方法返回文本的类别和内容，调用 segdoc 方法进行分词并去停用词。之后通过 dictionary.doc2bow 方法转化为词袋模型，并有 tfidfmodel 方法生成 TF-IDF 向量。这个过程前面章节已经做了详细的介绍。完成之后根据类别-TF-IDF 向量保存到 corpus_tfidf 字典中。最后根据各个新闻类别，调用序列化 corpora.MmCorpus.serialize 方法进行本地存储。整个 TF-IDF 训练结果可以用于具体的算法应用中，即完成了整个数据预处理的过程，其执行结果如图 8-9 所示。

```
320000 files is dealed
330000 files is dealed
catg 体育 has been transformed into tfidf vector
catg 娱乐 has been transformed into tfidf vector
catg 教育 has been transformed into tfidf vector
catg 时政 has been transformed into tfidf vector
catg 科技 has been transformed into tfidf vector
catg 财经 has been transformed into tfidf vector
=== tfidf向量已经生成 ===
total spent times:1697.02 s

*** Repl Closed ***
```

图 8-9 生成 TF-IDF 特征向量模型

8.7 本章小结

本章介绍了基于 Gensim 工具包实现新闻文本的特征向量化，并详细介绍了 Gensim 构建语料词典和统计词频特征。重点介绍了 Gensim 中的 models 模块中的 TF-IDF 向量生成以及 LSA、LDA、RP 三种主题模型的实现过程。最后通过综合实战完成词典模型和 TF-IDF 模型的生成。

下一章将开始介绍主成分分析 PCA 模型及其 PCA 降维的原理及实现方法。

第9章 PCA降维技术

PCA（Principal Components Analysis，主成分分析）是一种分析、简化数据集的技术。PCA 经常用于减少数据集的维数，同时保持数据集中对方差贡献最大的特征。PCA 常常应用在文本处理、人脸识别、图片识别、自然语言处理等领域，可以说在数据预处理阶段非常重要的一环。本章首先对 PCA 的基本概念进行介绍，然后给出 PCA 的算法思想、流程、优缺点等，最后通过一个综合案例来实现其应用。

9.1 什么是降维

降维是对数据高维度特征的一种预处理方法。降维是将高维度的数据保留下最重要的一些特征，去除噪声和不重要的特征，从而实现提升数据处理速度的目的。在实际的生产和应用中，降维在一定的信息损失范围内，可以节省大量的时间和成本。降维也成为应用非常广泛的数据预处理方法。

比如，通过电视观看体育比赛，在电视的显示器上有一个足球，显示器大概包含了 100 万像素点，而球则可能是由较少的像素点组成，例如一千个像素点。人们实时地将显示器上的百万像素转换成为一个三维图像，该图像就给出运动场上球的位置。在这个过程中，人们已经将百万像素点的数据降至三维。这个过程就称为降维（Dimensionality Reduction）。

数据降维的目的是：

- 使数据集更容易使用。
- 确保变量是相互独立的。
- 降低很多算法的计算开销。
- 去除噪音。
- 使得结果易懂。

数据降维可用于已标注或未标注的数据上，本文主要关注未标注数据上的降维技术，该技术同样也可以应用于已标注的数据。

常见的降维技术主要有：

- PCA（主成分分析）。就是找出一个最主要的特征，然后进行分析。例如：考察一个人的智力情况，从数学、语文、英语成绩中，直接看数学成绩就行。
- FA（Factor Analysis，因子分析）。是指将多个实测变量转换为少数几个综合指标。它反映一种降维的思想，通过降维将相关性高的变量聚在一起，从而减少需要分析的变量的数量，以减少问题分析的复杂性。例如：考察一个人的整体情况，可组合3科成绩（数学、语文、英语成绩，隐变量），看3科成绩的平均成绩即可。FA的应用的领域包括社会科学、金融等。在FA中，假设观察数据的成分中有一些观察不到的隐变量（Latent Variable）或假设观察到的数据是这些隐变量和某些噪音的线性组合，那么隐变量的数据可能比观察数据的数目少，也就说通过找到隐变量就可以实现数据的降维。
- ICA（Independ Component Analysis，独立成分分析）。ICA认为，如果观测到的信号是若干个独立信号的线性组合，ICA可对其进行解混。例如：去KTV唱歌，想辨别是原唱还是主唱，使用ICA可以实现分辨原唱或主唱的目的（从2个独立的声音中分辨出原唱或主唱）。

  ICA假设数据是由N个数据源混合组成，这一点和FA有些类似，这些数据源之间在统计上是相互独立的，而在PCA中只假设数据是不相关（线性关系）的。同FA一样，如果数据源的数目少于观察数据的数目，则可以实现降维过程。

9.2 PCA概述

PCA由卡尔·皮尔逊于1901年发明，用于分析数据及建立数理模型。其方法主要是通过对协方差矩阵进行特征分解，以得出数据的主成分（即特征向量）与它们的权重值（即特征值）。PCA是最简单的以特征量来分析多元统计分布的方法，它的结果可以理解为对原数据中的方差做出解释：哪一个方向上的数据值对方差的影响最大？换而言之，PCA提供了一种降低数据维度的有效办法；如果分析者在原数据中除掉最小的特征值所对应的成分，那么所得的低维度数据必定是最优化的（即这样降低维度必定是失去信息最少的方法）。PCA 在分析复杂数据时尤为有用，比如人脸识别。

PCA 是最简单的以特征量来分析多元统计分布的方法。通常情况下，这种运算可以被看作是揭露数据的内部结构，从而更好地解释数据的变量。如果一个多元数据集能够在一个高维数据空间坐标系中被显现出来，那么 PCA 就能够提供一幅比较低维度的图像，在这幅图像上信息最多的点就是原对象的一个“投影”。这样就可以利用少量的主成分使得数据的维度降低。PCA 跟因子分析密切相关，并且已经有很多混合这两种分析的统计包。

1. PCA 的思想

PCA 解决问题的主要过程是：

（1）去除平均值。

（2）计算协方差矩阵。

（3）计算协方差矩阵的特征值和特征向量。

（4）将特征值排序。

（5）保留前 N 个最大的特征值对应的特征向量。

（6）将数据转换到上一步得到的 N 个特征向量构建的新空间中（实现了特征压缩）。

2. PCA 的原理

（1）找出第一个主成分的方向，也就是数据方差最大的方向。

（2）找出第二个主成分的方向，也就是数据方差次大的方向，并且该方向与第一个主成分方向正交（Orthogonal，如果是二维空间就叫垂直）。

（3）通过这种方式计算出所有的主成分方向。

（4）通过数据集的协方差矩阵及其特征值分析，可以得到这些主成分的值。

（5）一旦得到了协方差矩阵的特征值和特征向量，就可以保留最大的 N 个特征。这些特征向量也给出了 N 个最重要特征的真实结构，就可以通过将数据乘上这 N 个特征向量，从而将它转换到新的空间上。

3. PCA 的算法流程

下面来看一下 PCA 具体的算法流程。

输入： m 维样本集$D=(x^{(1)},x^{(2)},\dots,x^{(m)})$，以及要降维到的维数 n。

输出： 降维后的样本集D'。

完成上述任务的 PCA 算法流程是：

（1）对所有的样本进行中心化：$x^{(i)} = x^{(i)} - \frac{1}{m}\sum_{j=1}^{m} x^{(j)}$。

（2）计算样本的协方差矩阵 XX^{T}。

（3）对矩阵 XX^{T} 进行特征值分解。

（4）取出最大的 n 个特征值对应的特征向量$(w1, w2, \ldots, w'n)$，将所有的特征向量标准化后，组成特征向量矩阵 W。

（5）对样本集中的每一个样本$x^{(i)}$，转化为新的样本 $z^{(i)} = W^{\mathrm{T}}x^{(i)}$。

（6）得到输出样本集$D' = (z^{(1)}, z^{(2)}, \ldots, z^{(n)})$。

4. PCA 的优缺点

优点：降低了数据的复杂性，可识别出最重要的多个特征。

缺点：不一定需要，且可能损失有用信息。

适用的数据类型：数值数据类型。

9.3 PCA 应用场景

真实的训练数据总是存在各种各样的问题，这时就可以考虑通过 PCA 技术来解决，比如以下情况：

（1）一辆汽车的数据样本，里面既有以“千米/每小时”度量的最大速度特征，也有“公里/小时”的最大速度特征，显然这两个特征有一个是多余的。

（2）一个数学系的本科生期末考试成绩单，里面有三列，一列是对数学的兴趣程度，一列是复习时间，还有一列是考试成绩。知道要学好数学，需要有浓厚的兴趣，所以第二项与第一项强相关，第三项和第二项也是强相关。那么是不是可以合并第一项和第二项呢？

（3）一个样本特征非常多，而样例特别少，这样用回归去直接拟合非常困难，容易过度拟合。比如北京的房价：假设房子的特征是（大小、位置、朝向、是否学区房、建造年代、是否二手、层数、所在层数），这么多特征只有不到十套房子的样例。要拟合房子特征→房价的这么多特征，就会造成过度拟合。

（4）与第二点类似，假设在信息检索（IR）中建立的文档-词矩阵中，有两个词为 learn 和 study，在传统的向量空间模型中，认为两者是独立的。然而，从语义的角度来讲，两者是相似的，而且这两者出现的频率也类似，是不是可以合成为一个特征呢？

（5）在信号传输过程中，由于信道不是理想的，信道另一端收到的信号会有噪音扰动，那么怎样滤去这些噪音呢？这时可以采用PCA的方法来解决。PCA的思想是将n维特征映射到k维上（k<n），k维是全新的正交特征。k维特征称为主元，是重新构造出来的k维特征，而不是简单地从n维特征中去除其余的n-k维的特征。

9.4 PCA的算法实现

本节将通过一个小案例学习PCA降维技术。

9.4.1 准备数据

这里选择二维坐标系数，数据在源代码 Files 文件夹中的文件中（源代码见：Files/testSet.txt）。部分数据的格式如下：

```
 1  10.235186   11.321997
 2  10.122339   11.810993
 3  9.190236   8.904943
 4  9.306371   9.847394
 5  8.330131   8.340352
 6  10.152785   10.123532
 7  10.408540   10.821986
 8  9.003615   10.039206
 9  9.534872   10.096991
10  9.498181   10.825446
11  9.875271   9.233426
12  10.362276   9.376892
13  10.191204   11.250851
```

这些文本数据还不能直接使用，需要将数据进行格式化处理以满足PCA数据准备。首先加载文本数据，然后将其进行矩阵化处理，代码实现如下（源代码见：Chapter9/loadData.py）：

```
1  from numpy import *
2
3  '''加载数据集'''
4  def loadDataSet(fileName, delim='\t'):
5     fr = open(fileName)
```

```
6      stringArr = [line.strip().split(delim) for line in
   fr.readlines()]
7      datArr = [list(map(float, line)) for line in stringArr]
8      # 注意这里和 Python2 的区别，需要在 map 函数外加一个 list()，否则显示结果
   为 map at 0x3fed1d0
9      return mat(datArr)
10
11 if __name__ == "__main__":
12     # 1 加载数据，并把数据类型转换为 float
13     dataMat = loadDataSet('../Files/testSet.txt')
14     print('坐标系原始数据:\n',dataMat)
```

执行以上代码，得到数据的加载结果，如图 9-1 所示。

```
坐标系原始数据:
 [[10.235186 11.321997]
 [10.122339 11.810993]
 [ 9.190236  8.904943]
 ...
 [ 9.854922  9.201393]
 [ 9.11458   9.134215]
 [10.334899  8.543604]]

***Repl Closed***
```

图 9-1　加载坐标系数据

9.4.2　PCA 数据降维

在等式 $Av = \lambda v$ 中，v 是特征向量，λ 是特征值，该等式表示如果特征向量 v 被某个矩阵 A 左乘，那么它就等于某个标量 λ 乘以 v。幸运的是，NumPy 中有寻找特征向量和特征值的模块 linalg，它有 eig() 方法，该方法用于求解特征向量 eigVects 和特征值 eigVals。具体实现代码如下（源代码见：Chapter9/pca.py）：

```
1  from numpy import *
2  from loadData import *
3  def pca(dataMat, topNfeat=9999999):
4      # 1 计算每一列的均值
5      meanVals = mean(dataMat, axis=0) # axis=0 表示列，axis=1 表示行
6      print('各列的均值：\n', meanVals)
7
8      # 2 去平均值，每个向量同时都减去均值
```

```
 9     meanRemoved = dataMat - meanVals
10     print('每个向量同时都减去均值:\n', meanRemoved)
11 
12     # 3 计算协方差矩阵的特征值与特征向量，eigVals 为特征值，eigVects 为特征
   向量
13     # rowvar=0，传入的数据一行代表一个样本，若为非 0，传入的数据一列代表一个
   样本
14     covMat = cov(meanRemoved, rowvar=0)
15     eigVals, eigVects = linalg.eig(mat(covMat))
16     print('特征值:\n', eigVals,'\n 特征向量:\n', eigVects)
17 
18     # 4 将特征值排序，特征值的逆序就可以得到 topNfeat 个最大的特征向量
19     eigValInd = argsort(eigVals) # 特征值从小到大排序，返回从小到大的
   index 序号
20     # print('eigValInd1=', eigValInd)
21 
22     # 5 保留前 N 个特征。-1 表示倒序，返回 topN 的特征值[-1 到-(topNfeat+1)
   不包括-(topNfeat+1)]
23     eigValInd = eigValInd[:-(topNfeat+1):-1]
24     # 重组 eigVects 最大到最小
25     redEigVects = eigVects[:, eigValInd]
26     print('重组 n 特征向量最大到最小:\n', redEigVects.T)
27 
28     # 6 将数据转换到新空间
29     lowDDataMat = meanRemoved * redEigVects
30     reconMat = (lowDDataMat * redEigVects.T) + meanVals
31     return lowDDataMat, reconMat #降维后的数据集，新的数据集空间
32 
33 if __name__ == "__main__":
34     # 1 加载数据，并把数据类型转换为 float
35     dataMat = loadDataSet('../Files/testSet.txt')
36     # 2 主成分分析降维特征向量的设置
37     lowDmat, reconMat = pca(dataMat,1)
38     print('PCA 降维前的数据规模如下:\n',shape(dataMat))
39     print('PCA 降维后的数据规模如下:\n',shape(lowDmat))
```

代码说明：其中的参数 dataMat 是原数据集矩阵，参数 topNfeat 是应用的 N 个特征。

加载二维坐标系中的数据并处理成数组形式，通过前文介绍的 PCA 构造步骤，

完成降维函数，用户输入原始数据并指定维度（这里将 2 维数据降低为 1 维数据），结果如图 9-2 所示。

```
PCA降维前的数据规模如下:
 (1000, 2)
PCA降维后的数据规模如下:
 (1000, 1)

***Repl Closed***
```

图 9-2　PCA 降维前后特征规模对比

通过上述结果不难发现，降维前后的数据维度发生了变化，但整个数据条数保持不变，这是空间压缩的问题。为了更加形象化，下一小节采用可视化技术来对比 PCA 降维前后数据的变化。

9.4.3　高维向低维数据映射

本小节来查看降维后的数据与原始数据的可视化效果，将原始数据采用绿色△表示，降维后的数据采用红色○表示，具体的可视化代码如下：

```
1  from numpy import *
2  from pca import *
3  import matplotlib
4  import matplotlib.pyplot as plt
5
6  '''降维后的数据和原始数据可视化'''
7  def show_picture(dataMat, reconMat):
8      fig = plt.figure()
9      ax = fig.add_subplot(111)
10     # flatten()方法能将 matrix 的元素变成一维的，A 能使 matrix 变成
   array,A[0]或者数组数据
11     ax.scatter(dataMat[:, 0].flatten().A[0], dataMat[:,
   1].flatten().A[0], marker='^', s=90,c='green')
12     ax.scatter(reconMat[:, 0].flatten().A[0], reconMat[:,
   1].flatten().A[0], marker='o', s=50, c='red')
13     plt.show()
14
15 if __name__ == "__main__":
16     # 1 加载数据，并把数据类型转化为 float
17     dataMat = loadDataSet('../Files/testSet.txt')
```

```
18        # 2 主成分分析降维特征向量的设置
19        lowDmat, reconMat = pca(dataMat,1)
20        # 3 将降维后的数据和原始数据一起可视化
21        show_picture(dataMat, reconMat)
```

PCA 对二维坐标系降维后，将原始的二维数据（绿色图标<三角形状>）降维到一维数据（红色图标<圆球形状>），其可视化对比结果如图 9-3 所示。注：因为书籍黑白印刷的问题，所以无法看到读者在计算机运行中看到的绿色和红色。在图 9-3 中三角形图标就是对应计算机显示的绿色，圆球形状就是对应计算机显示的红色。

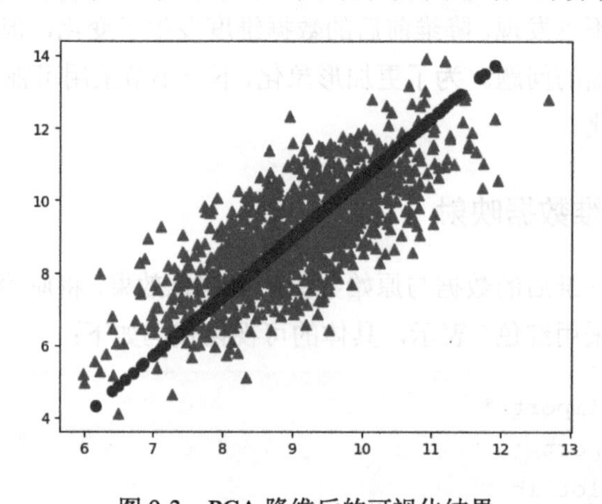

图 9-3　PCA 降维后的可视化结果

9.5　实战案例：PCA 技术实现新闻文本特征降维

9.5.1　加载新闻数据

每条新闻文本信息由不同的词语组成，比如“进球”一般会出现在体育新闻之中，“学校”一般会出现在教育新闻中，此类词语在文章中占据着比较重要的位置，利用 PCA 降维技术处理此类新闻文本就是将一些代表性不强的词语剔除，这样处理之后就形成了低维度的特征词组成的新闻文本。本例中我们采集了 1567 篇不同类型的新闻文章，每篇文章由分词并去除停用词后的 590 个特征词组成。由于词袋模型构造的原因，必然有些词在一些文章中不存在，即存在所谓的缺失值。对于数据缺失值的问题，将缺失值 NaN（Not a Number 缩写）全部用平均值来替代（用 0 来处理的策略不可取）。整个新闻文本数据存放在 Files 文件夹中的 news.data 文件中，该文本文件的部分数据格式如下：

```
83.3971 9.5126 50.617 64.2588 49.383 66.3141 86.9555 117.5132 61.29
4.515 70 352.7173 10.1841 130.3691 723.3092 1.3072 141.2282 1 624.3145
218.3174 0 4.592 4.841 2834 0.9317 0.9484 4.7057 -1.7264 350.9264 10.6231
108.6427 16.1445 21.7264 29.5367 693.7724 0.9226 148.6009 1 608.17 84.0793
NaN NaN 0 0.0126 -0.0206 0.0141 -0.0307 -0.0083 -0.0026 -0.0567 -0.0044
7.2163 0.132 NaN 2.3895 0.969 1747.6049 0.1841 8671.9301 -0.3274 -0.0055
-0.0001 0.0001 0.0003 -0.2786
```

下面使用均值法来处理缺失值问题，代码实现如下（源代码见：Chapter9/loadnews.py）：

```
1  from numpy import *
2  from loadData import *
3
4  '''将NaN替换成平均值函数，secom.data 为1567篇文章，每篇文章有590个词'''
5  def replaceNanWithMean():
6      datMat = loadDataSet('../Files/news.data', ' ')
7      numFeat = shape(datMat)[1]
8      for i in range(numFeat):
9          # 对 value 不为 NaN 的求均值
10         meanVal = mean(datMat[nonzero(~isnan(datMat[:, i].A))[0], i])
11         datMat[nonzero(isnan(datMat[:, i].A))[0],i] = meanVal
12     return datMat
13
14 if __name__ == "__main__":
15     dataMat = replaceNanWithMean()
16     print('处理缺少值的新闻数据:\n',dataMat)
17     print('新闻矩阵数据规模:\n',shape(dataMat))
```

最后对新闻数据进行格式化处理，结果如图 9-4 所示。

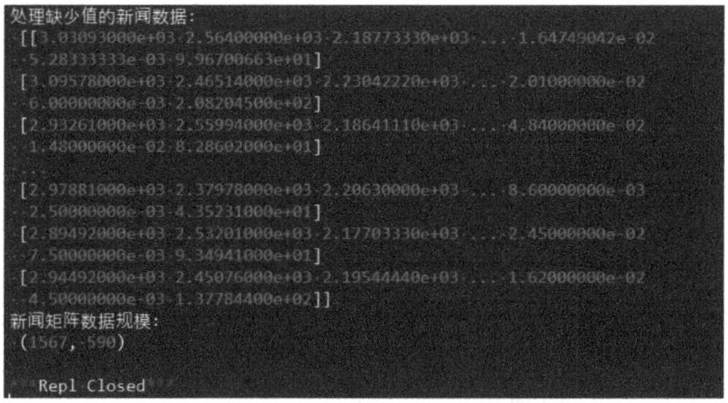

```
处理缺少值的新闻数据:
 [[3.03093000e+03 2.56400000e+03 2.18773330e+03 ... 1.64749042e-02
  5.28333333e-03 9.96700663e+01]
 [3.09578000e+03 2.46514000e+03 2.23042220e+03 ... 2.01000000e-02
  6.00000000e-03 2.08204500e+02]
 [2.93261000e+03 2.55994000e+03 2.18641110e+03 ... 4.84000000e-02
  1.48000000e-02 8.28602000e+01]
 ...
 [2.97881000e+03 2.37978000e+03 2.20630000e+03 ... 8.60000000e-03
  2.50000000e-03 4.35231000e+01]
 [2.89492000e+03 2.53201000e+03 2.17703330e+03 ... 2.45000000e-02
  7.50000000e-03 9.34941000e+01]
 [2.94492000e+03 2.45076000e+03 2.19544440e+03 ... 1.62000000e-02
  4.50000000e-03 1.37784400e+02]]
新闻矩阵数据规模:
 (1567, 590)

 Repl Closed
```

图 9-4 处理带有缺失值的新闻数据

9.5.2 前 N 个主成分特征

得到新闻数据之后，使用 PCA 方法对其进行处理。这时会遇到一个棘手的问题，即保留的维度为多少合适？9.4 节介绍了将 2 维数据降为 1 维数据，目标比较清晰。本例特征值较多，很容易确定合适的维度，可以使用方差的概念来解决，根据累积方差可以判断特征保留的维度（关于方差与累积方差，请读者自行学习）。分析数据特征以查看保留不同特征对结果的影响，具体代码实现如下（源代码见：Chapter9/analyse.py）：

```
1  from numpy import *
2  from loadnews import *
3
4  '''分析数据'''
5  def analyse_data(dataMat,topNfeat = 20):
6      # 去除平均值
7      meanVals = mean(dataMat, axis=0)
8      meanRemoved = dataMat-meanVals
9      # 计算协方差矩阵
10     covMat = cov(meanRemoved, rowvar=0)
11     # 特征值和特征向量
12     eigvals, eigVects = linalg.eig(mat(covMat))
13     eigValInd = argsort(eigvals)
14     # 保留前 N 个特征
15     eigValInd = eigValInd[:-(topNfeat+1):-1]
16     # 对特征的主成分分析
17     cov_all_score = float(sum(eigvals))
18     sum_cov_score = 0
19     for i in range(0, len(eigValInd)):
20         line_cov_score = float(eigvals[eigValInd[i]])
21         sum_cov_score += line_cov_score
22         print('主成分：%s，方差占比：%s%%，累积方差占比：%s%%' % (format
   (i+1, '2.0f'), format(line_cov_score/cov_all_score*100, '4.2f'),
   format(sum_cov_score/cov_all_score*100, '4.1f')))
23
24
25 if __name__ == "__main__":
26     # 加载新闻数据
27     dataMat = replaceNanWithMean()
```

```
28        # 分析数据：要求满足 99%即可
29        line_cov_score=analyse_data(dataMat,20)
```

获取到新闻数据后，按照 PCA 的算法原理及步骤保留前 N 个有序（根据特征的重要性由大到小排序）特征词。再采用累积方差的方法对不同的特征数量进行测试，直到满足 99%（假设 99%符合需求）的准确率即可。运行结果如图 9-5 所示。

```
主成分：1，方差占比：59.25%，累积方差占比：59.3%
主成分：2，方差占比：24.12%，累积方差占比：83.4%
主成分：3，方差占比：9.15%，累积方差占比：92.5%
主成分：4，方差占比：2.30%，累积方差占比：94.8%
主成分：5，方差占比：1.46%，累积方差占比：96.3%
主成分：6，方差占比：0.52%，累积方差占比：96.8%
主成分：7，方差占比：0.32%，累积方差占比：97.1%
主成分：8，方差占比：0.31%，累积方差占比：97.4%
主成分：9，方差占比：0.26%，累积方差占比：97.7%
主成分：10，方差占比：0.23%，累积方差占比：97.9%
主成分：11，方差占比：0.22%，累积方差占比：98.2%
主成分：12，方差占比：0.21%，累积方差占比：98.4%
主成分：13，方差占比：0.17%，累积方差占比：98.5%
主成分：14，方差占比：0.13%，累积方差占比：98.7%
主成分：15，方差占比：0.12%，累积方差占比：98.8%
主成分：16，方差占比：0.11%，累积方差占比：98.9%
主成分：17，方差占比：0.11%，累积方差占比：99.0%
主成分：18，方差占比：0.09%，累积方差占比：99.1%
主成分：19，方差占比：0.09%，累积方差占比：99.2%
主成分：20，方差占比：0.09%，累积方差占比：99.3%

***Repl Closed***
```

图 9-5　前 20 个主成分的累积方差

从图 9-5 所示的结果中可以发现，选取前 17 个特征值的时候就达到了 99.0%，即满足预设的要求。可见，针对 590 个特征值，只需要处理 17 个（即前 2.9%）的特征值即可，这样大大简化了工作量。注意，这里的 99%是预设值的一个满足条件值，具体条件应根据实际情况来设置。根据实验结果，我们绘制了新闻文本数据中前 17 个主要成分所占的方差百分比的表格，如表 9-1 所示。

表 9-1　新闻文本中前 17 个主成分特征

主　成　分	方差百分比（%）	累积方差百分比（%）
1	59.25	59.3
2	24.12	83.4
3	9.15	92.5
4	2.30	94.8
5	1.46	96.3
6	0.52	96.8

（续表）

主　成　分	方差百分比（%）	累积方差百分比（%）
7	...	...
17	0.09	99.0

9.5.3 PCA 新闻特征降维可视化

本节通过分析数据特征，选取前 17 个特征值，然后将降维后的结果进行可视化显示。这里使用的是二维图形，所以在选择特征值的时候，分别选择原始数据和降维后的数据第一列和第二列的值，代码实现如下（源代码见：Chapter9/pcanews.py）：

```
1  from numpy import *
2  import matplotlib
3  import matplotlib.pyplot as plt
4
5  '''降维后的数据和原始数据可视化'''
6  def show_picture(dataMat, reconMat):
7      fig = plt.figure()
8      ax = fig.add_subplot(111)
9      ax.scatter(dataMat[:, 0].flatten().A[0], dataMat[:,
   1].flatten().A[0], marker='^', s=5,c='green')
10     ax.scatter(reconMat[:, 0].flatten().A[0], reconMat[:,
   1].flatten().A[0], marker='o', s=5, c='red')
11     plt.show()
12
13 if __name__ == "__main__":
14     dataMat = replaceNanWithMean()
15     # 分析数据
16     lowDmat, reconMat = pca(dataMat,17)
17     print(shape(lowDmat)) # 1567 篇文章，提取前 20 个词
18     show_picture(dataMat, reconMat)
```

PCA 技术实现了新闻文本数据的特征降维，原始的新闻文本特征比较多，而且存在异常值等问题。经过降维以后，可以获取到结果最大的前 n 个特征，特征维度降低，权重更加紧凑，大大优化了运算的性能。选取不同特征值的可视化结果如图 9-6 所示。

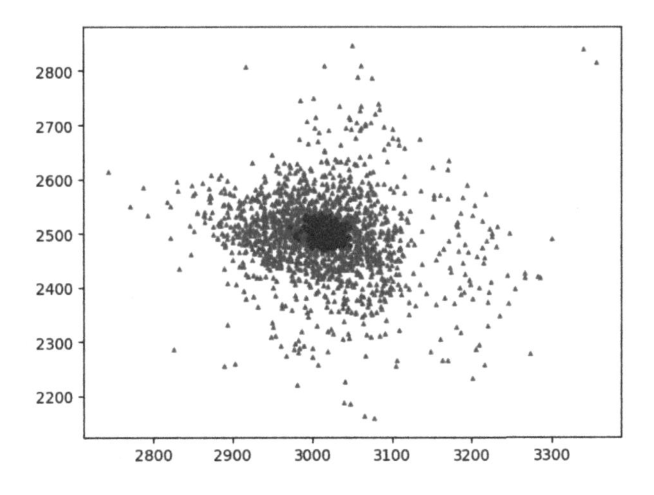

图 9-6　PCA 对新闻特征降维的可视化

9.6　本章小结

本章主要介绍了降维技术和方法，针对常见的 PCA 降维技术进行了深入的解析。首先介绍了 PCA 降维技术理论（定义、算法原理、实现流程），接着通过实战案例进一步深化降维技术的理解。最后应用到新闻文本特征降维的实际案例中。下一章，我们将对可视化技术进行全面的讲解。

第 10 章 数据可视化

在自然语言处理相关的工作过程中，数据可视化方法能够使数据分析的结果更加一目了然，所谓“一图胜千言”就是这个意思。本章主要介绍 Matplotlib 数据可视化方法，通过本章的学习使读者对 Matplotlib 操作更加轻车熟路。

10.1 Matplotlib 概述

10.1.1 认识 Matplotlib

Matplotlib 是一个基于 Python 的绘图库，完全支持二维图形，有限支持三维图形，Matplotlib 是 Python 编程语言及其数据科学扩展包 NumPy 的可视化操作界面库。它利用通用的图形用户界面工具包（如 Tkinter、wxPython、Qt、FLTK、Cocoa toolkits 或 GTK+）向应用程序嵌入式绘图提供了应用程序接口（API）。此外，Matplotlib 还有一个基于图像处理库（如图形库 OpenGL）的 pylab 接口，其设计与 MATLAB 非常类似。SciPy 就是用 Matplotlib 进行图形绘制。

Matplotlib 最初由 John D. Hunter 开发的，它拥有一个活跃的开发社区，并且根据 BSD 样式许可证分发。截至到 2019 年 1 月 1 日，Matplotlib 2.2.x 支持 Python 2 和 Python 3 版本，Matplotlib 3.0 只支持 Python 3 相关版本。Matplotlib 1.2 是 Matplotlib 的第一个版本，支持 Python 3.x，Matplotlib 1.4 是 Matplotlib 支持 Python 2.6 的最后一个版本。Matplotlib 的官网网址为：https://matplotlib.org/index.html，如图 10-1 所示。

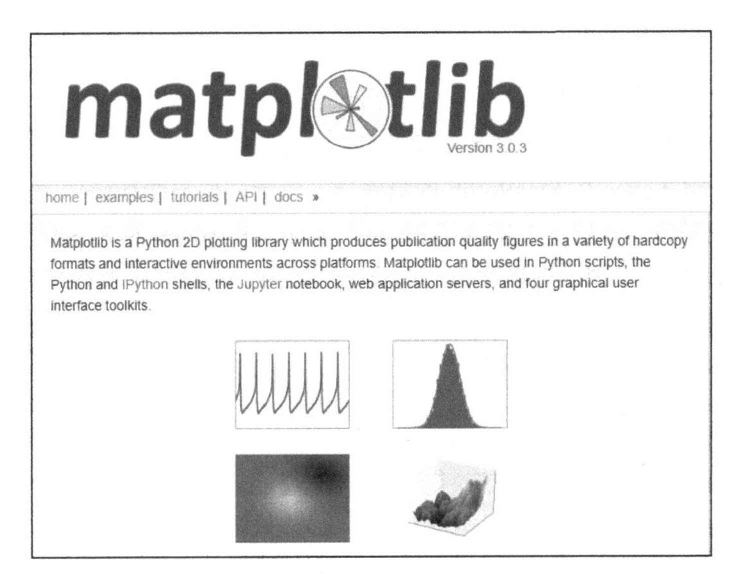

图 10-1 matpoltlib 官网

读者可以通过以下 3 种方法安装 Matplotlib。

方法一 在 Anaconda Prompt 下执行 conda 命令安装 Matplotlib，可以通过执行以下命令自动安装：

```
conda install matplotlib
```

方法二 可以通过 pip 自动安装，执行如下命令：

```
pip install matplotlib
```

方法三 在 GitHub 上下载 Matplotlib 源代码（https://github.com/matplotlib/matplotlib），然后在源代码根目录下执行如下命令：

```
python setup.py install
```

安装完成后，检测是否成功。首先打开 Sublime，然后按 F6 键进入 Python 环境，最后输入以下命令：

```
import matplotlib
```

得到如图 10-2 所示状态即表示安装成功。

```
Python 3.7.1 (default, Dec 10 2018, 22:54:23) [MSC v.1915 64 bit (AMD64)] ::
    Anaconda, Inc. on win32
Type "help", "copyright", "credits" or "license" for more information.
>>> import matplotlib
>>> |
```

图 10-2 导入 matpoltlib

10.1.2 Matplotlib 的架构

Matplotlib 按照逻辑性划分为三层，即 Backend Layer、Artist Layer、Scripting Layer。Backend Layer 是 Matplotlib 的最底层，负责软件与绘图硬件的交互，负责绘图的主要框架搭建。该层主要实现了 FigureCanvas、Renderer 和 Event 的抽象接口类，其中，FigureCanvas 实现绘图表面概念的封装，Renderer 封装了执行绘图操作。Event 封装了处理键盘与鼠标事件的用户输入。例如，下面的代码用于实现当用户键入“t”时，切换显示 Axes 窗口中的线段。

```
1  import numpy as np
2  import matplotlib.pyplot as plt
3
4  def on_press(event):
5      if event.inaxes is None: return
6      for line in event.inaxes.lines:
7          if event.key=='t':
8              visible = line.get_visible()
9              line.set_visible(not visible)
10     event.inaxes.figure.canvas.draw()
11
12 fig, ax = plt.subplots(1)
13 fig.canvas.mpl_connect('key_press_event', on_press)
14 ax.plot(np.random.rand(2, 20))
15 plt.show()
```

运行结果如图 10-3 所示。

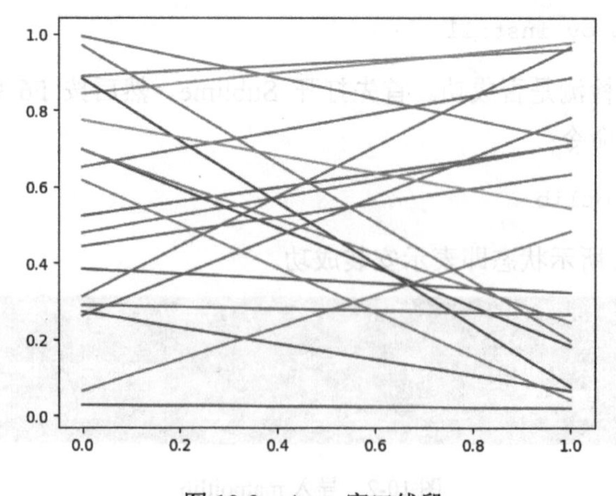

图 10-3 Axes 窗口线段

Artist Layer 又被称作美工层，该层结构处于 Matplotlib 的中间层，是对 Backend Layer 的进一步封装，该层级结构中有两种类型的 Artist：基础 Artist 和复合 Artist。基础 Artist 是我们在图形中能看到的一类对象，如 Line2D、Rectangle、Circle 与 Text。复合 Artist 是 Artist 的集合，如 Axis、Tick、Axes 与 Figure。每个复合 Artsit 可能包含基础 Artist 或者其他复合 Artist。例如，Figure 包含一个或多个 Axes，而且 Figure 的背景是基础 Artist 的 Rectangle。如图 10-4 和图 10-5 所示，标题、坐标轴、刻度以及图像等都对应着某个 Artist 实例。

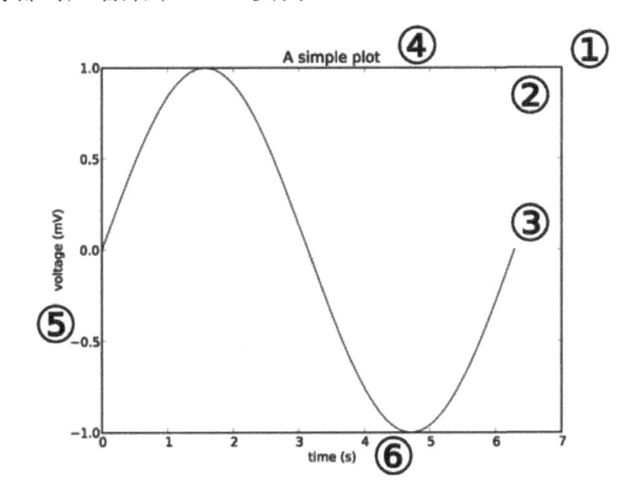

图 10-4　正弦曲线图

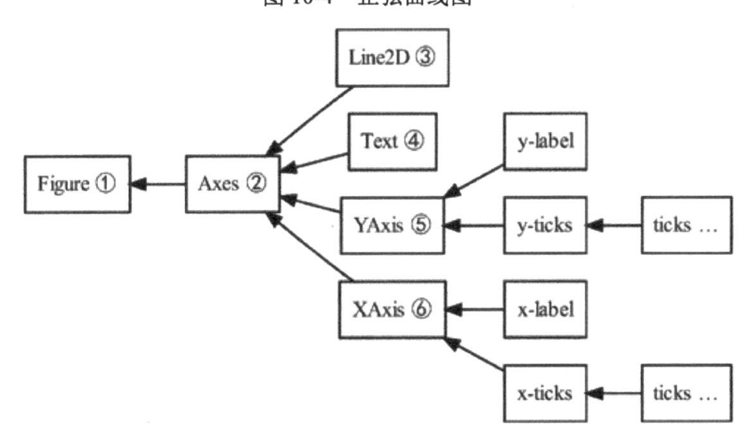

图 10-5　图层解析

另外，Axes 不仅包含构成绘图背景的图形元素，还包括了创建基础 Artist 并将其添加到 Axes 实例中的辅助函数。例如，表 10-1 列出了部分 Axes 函数，这些函数主要实现对象的绘制并将它们存储在 Axes 实例中。

表 10-1 Axes 方法的样例

方　法	创　建	存　储　在
Axes.imshow	一个或多个 matplotlib.image.AxesImages	Axes.images
Axes.hist	多个 matplotlib.patch.Rectangles	Axes.patches
Axes.plot	多个 matplotlib.patch.Rectangles	Axes.lines

下面运用上述的层级结构和函数来实现一个小练习，首先定义 Backend 并链接 Figure，然后使用 NumPy 创建正态分布的随机数，最后绘制出随机数的直方图。

```
1  # 选择 Backend 导入 FigureCanvas，并将其链接到 Figure
2  from matplotlib.backends.backend_agg import FigureCanvasAgg as
   FigureCanvas
3  from matplotlib.figure import Figure
4  import numpy as np
5
6  fig = Figure()
7  canvas = FigureCanvas(fig)
8  x = np.random.randn(10000) # 生成随机数
9  # 使用 figure 创建一个 Axes artist，Axes artist 自动添加到 figure 容器中，
   参数 111 的意思是：创建一个 1 行 1 列的网格且坐标轴位于网格的第一个单元
10 ax = fig.add_subplot(111)
11 # 调用 hist 生成直方图；hist 为每个直方图 Rectangle artist，并将它们添加到
   Axes 容器中。这里“50”表示创建 50 个条形图
12 ax.hist(x, 50)
13 # 为直方图添加标题并存储
14 ax.set_title('Normal distribution with μ=0,σ=1')
15 fig.savefig('matplotlib_histogram.png')
```

运行结果如图 10-6 所示。

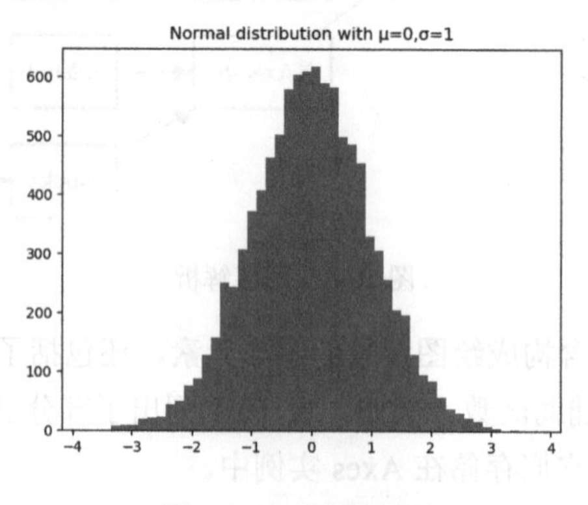

图 10-6　正态分布图

Scripting Layer 是 Matplotlib 的更高层封装，也就是我们平时所用的高级封装 pyplot 模块，使用 Scripting 不用设计如何构建图片，只需要根据需求设计图片显示效果即可。Backend、Artist 需要有很多代码才能完成的事，而使用 Scripting 一段代码就可以实现。例如，使用下面代码即可快速设计并实现上面的小练习。

```
1  import matplotlib.pyplot as plt
2  import numpy as np
3  x = np.random.randn(10000)
4  plt.hist(x, 50)
5  plt.title(r'Normal distribution with $\mu=0, \sigma=1$')
6  plt.savefig('matplotlib_histogram.png')
7  plt.show()
```

10.2　Matplotlib 绘制折线图

折线图可用于显示数据在一个连续的时间间隔或者时间跨度上的变化，它的特点是反映事物随时间或有序类别而变化的趋势。在折线图中，数据是递增还是递减、增减的速率、增减的规律（周期性、螺旋性等）、峰值等特征都可以清晰地反映出来。因此，折线图常用来分析数据随时间变化的趋势，也可用来分析多组数据随时间变化的相互作用和相互影响。

10.2.1　折线图的应用场景

折线图常用于有序因变量的场景，例如，某监控系统的折线图表，显示了请求次数和响应时间随时间的变化趋势。但是，当水平轴的数据类型为无序的分类或者垂直轴的数据类型为连续时间时，不适合使用折线图；另外，当折线的条数过多时，也不建议使用折线图。

10.2.2　折线图的绘制示例

本例使用 Matplotlib 绘制一个简单的折线图，再对其进行定制，以实现信息更加丰富的数据可视化。下面是绘制横坐标为（1，2，3，4，5，6）的折线图的相关代码：

```
1  import matplotlib
2  import matplotlib.pyplot as plt
3  # 加入中文显示
```

```
 4  import  matplotlib.font_manager as fm
 5
 6  # 解决中文乱码，本案例使用的字体为宋体
 7  myfont=fm.FontProperties(fname=r"C:\\Windows\\Fonts\\simsun.ttc")
 8
 9  def line_chart(xvalues,yvalues):
10      # 绘制折线图，c 为颜色设置，alpha 表示透明度
11      plt.plot(xvalues,yvalues,linewidth=5,alpha=0.5,c='red')
        # num_squares 为数据值，linewidth 用于设置线条的粗细
12      # 设置折线图标题和横纵坐标标题
13      plt.title("Python 绘制折线图",fontsize=20,fontname='宋体',
    fontproperties=myfont)
14      plt.xlabel('横坐标',fontsize=15,fontname='宋体',
    fontproperties=myfont)
15      plt.ylabel('纵坐标',fontsize=15,fontname='宋体',
    fontproperties=myfont)
16      # 设置刻度标记大小，axis='both'参数影响横纵坐标，labelsize 为刻度大小
17      plt.tick_params(axis='both',labelsize=10)
18      # 显示图形
19      plt.show()
```

运行结果如图 10-7 所示。

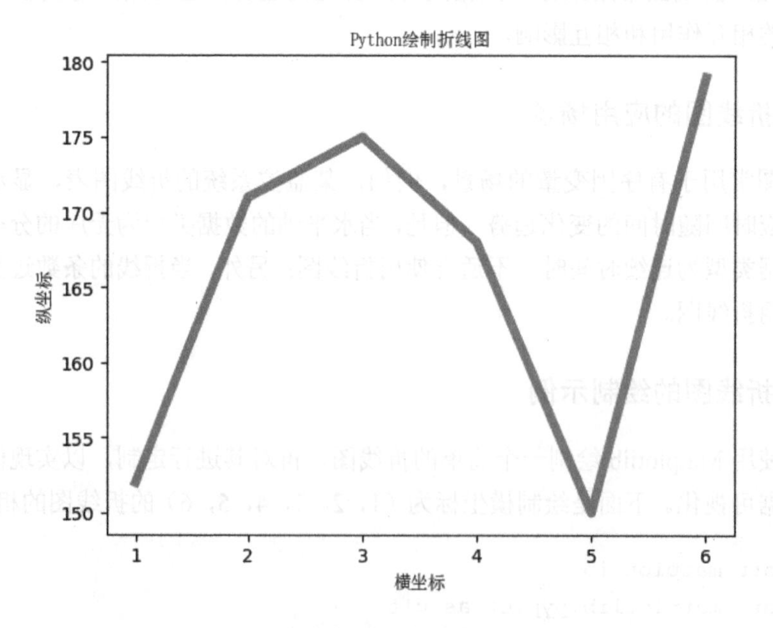

图 10-7　折线图

10.3 Matplotlib 绘制散点图

散点图也叫 X-Y 图，它是将所有的数据以点的形式展现在直角坐标系上，以显示变量之间的相互影响程度，点的位置由变量的数值决定。

通过观察散点图上数据点的分布情况，我们可以推断出变量间的相关性。如果变量之间不存在相互关系，那么在散点图上就会表现为随机分布的离散的点，如果存在某种相关性，那么大部分的数据点就会相对密集并以某种趋势呈现。数据的相关关系主要分为：正相关（两个变量值同时增长）、负相关（一个变量值增加另一个变量值下降）、不相关、线性相关、指数相关等。那些离点集群较远的点称为离群点或者异常点。

散点图经常与回归线（最准确地贯穿所有点的线）结合使用，用来归纳分析现有数据以进行预测分析。

10.3.1 散点图的应用场景

散点图通常用于显示和比较数值。不仅可以显示趋势，还能显示数据集群的形状，以及在数据云团中各数据点的关系。常见的散点图主要用于男女身高和体重等离散型数值的展示。

10.3.2 散点图的绘制示例

本例使用 Matplotlib 绘制一个简单的散列点图，再对其进行定制，以实现信息更加丰富的数据可视化，以下为绘制散点图的相关代码：

```
1  import matplotlib
2  import matplotlib.pyplot as plt
3
4  # 加入中文显示
5  import  matplotlib.font_manager as fm
6  # 解决中文乱码，本案例使用的字体为宋体
7  myfont=fm.FontProperties(fname=r"C:\\Windows\\Fonts\\simsun.ttc")
8
9  def scatter_chart(xvalues,yvalues):
```

```
10      # 绘制散点图，s 设置点的大小，c 为数据点的颜色，edgecolors 为数据点的轮廓
11      plt.scatter(xvalues,yvalues,c='green',edgecolors='none',s=20)
12      # 设置散点图标题和横纵坐标标题
13      plt.title("Python 绘制折线图",fontsize=30,fontname='宋体',
    fontproperties=myfont)
14      plt.xlabel('横坐标',fontsize=20,fontname='宋体',
    fontproperties=myfont)
15      plt.ylabel('纵坐标',fontsize=20,fontname='宋体',
    fontproperties=myfont)
16      # 设置刻度标记大小，axis='both'参数影响横纵坐标，labelsize 为刻度大小
17      plt.tick_params(axis='both',which='major',labelsize=10)
18      # 设置每个坐标轴的取值范围
19      plt.axis([80,100,6400,10000])
20      # 显示图形
21      plt.show()
22      # 自动保存图表，bbox_inches 剪除图片空白区
23      # plt.savefig('squares_plot.png',bbox_inches='tight')
24
25  if __name__ == '__main__':
26      xvalues = list(range(1,100)) # 校正坐标点，即横坐标值列表
27      yvalues = [x**2 for x in xvalues] # 纵坐标值列表
28      scatter_chart(xvalues,yvalues)
```

运行结果如图 10-8 所示。

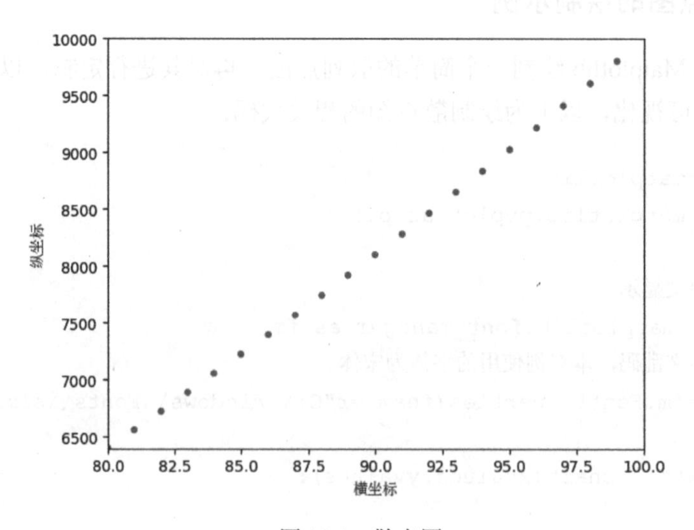

图 10-8 散点图

10.4 Matplotlib 绘制直方图

直方图是一种对数据分布情况的图形表示，是一种二维统计图表，它的两个坐标分别是统计样本和该样本对应的某个属性的度量。利用直方图可以很清晰地看出每个类的总和及各个属性的比例，但是不容易看出各个属性的频数。

10.4.1 直方图的应用场景

直方图适合应用于分类数据对比，通常使用矩形的长度（宽度）来对比分类数据的大小，非常方便临近的数据进行大小的对比，比如一个游戏销量的图表，展示不同游戏类型的销量对比。但是当分类太多时，则不适合使用直方图，如对比不同省份的人口数量。另外在展示连续数据趋势等问题时，也不适合使用直方图。

10.4.2 直方图的绘制示例

本例使用 Matplotlib 绘制一个简单的直方图，再对其进行定制，以实现信息更加丰富的数据可视化。下面为绘制直方图的相关代码：

```
1  def histogram(xvalues,yvalues):
2      # 绘制直方图
3      hist = pygal.Bar()
4      # 设置散点图标题和横纵坐标标题
5      hist.title = '事件频率的直方图'
6      hist.x_title = '事件的结果'
7      hist.y_title = '事件的频率'
8      # 绘制气温图，设置图形大小
9      fig = plt.figure(dpi=100,figsize=(10,6))
10     # 事件的结果
11     hist.x_labels = xvalues
12     # 事件的统计频率
13     hist.add('事件',yvalues)
14     # 保存文件路径
15     hist.render_to_file('die_visual.svg')
16
```

```
17  if __name__ == '__main__':
18      x_result = [1,2,3,4,5,6]
19      y_frequencies = [152,171,175,168,150,179]
20      histogram(x_result,y_frequencies)
```

运行结果如图 10-9 所示。

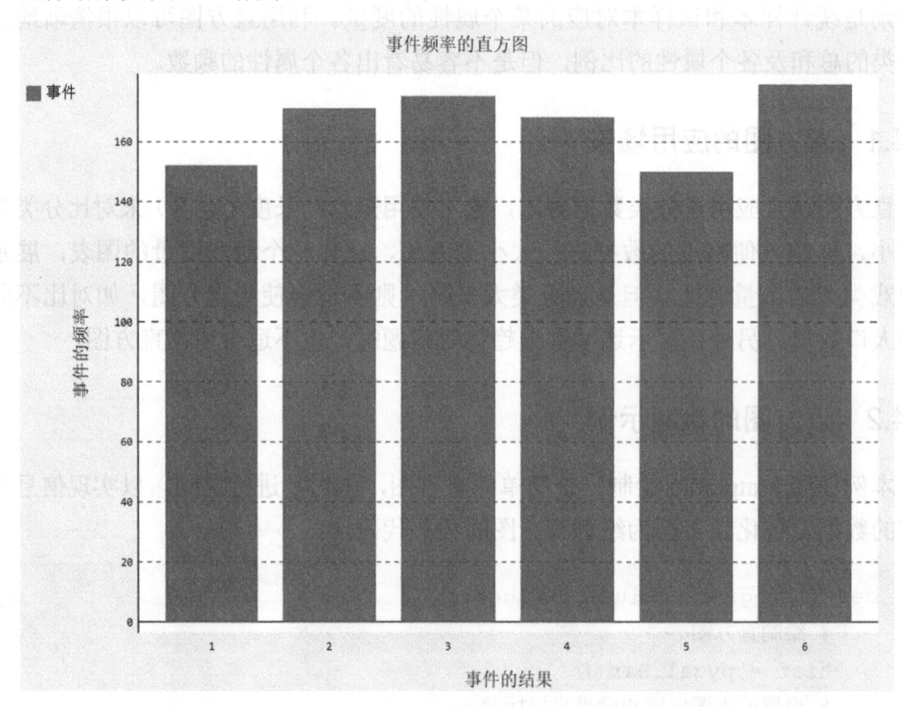

图 10-9　直方图

10.5　练习：Matplotlib 绘制气温图

这一节我们主要实现一个数据可视化的小练习，对某城市气温的 CSV 文件进行处理，提取天气数据绘制气温图。在绘制气温图中添加图例，绘制最高气温和最低气温的折线图，对气温区域进行着色。下面为某城市 2018 年 7 月气温图绘制的代码（源代码见：Chapter10/temper.py）：

```
1  def temper_char():
2      fig = plt.figure()   # 将画布划分为 1 行 1 列 1 块
3      dates,highs,lows = [],[],[]
```

```
4      with open(r'./weather07.csv') as f:
5          reader = csv.reader(f)
6          header_row = next(reader) # 返回文件第一行
7          for row in reader:
8              current_date = datetime.strptime(row[0],"%Y-%m-%d")
9              dates.append(current_date)
10             highs.append(int(row[1]))
11             lows.append((int(row[3])))
12
13     # 接收数据并绘制图形，facecolor 为填充区域颜色
14     plt.plot(dates,highs,c='red',linewidth=2,alpha=0.5)
15     plt.plot(dates,lows,c='green',linewidth=2,alpha=0.5)
16     plt.fill_between(dates,highs,lows,facecolor='blue',alpha=0.2)
17     # 设置散点图标题和横纵坐标标题
18     plt.title("日常最高气温，2018 年 7 月",fontsize=10,fontname='宋体',
   fontproperties=myfont)
19     plt.xlabel('横坐标',fontsize=10,fontname='宋体',
   fontproperties=myfont)
20     plt.ylabel('温度',fontsize=10,fontname='宋体',
   fontproperties=myfont)
21     # 绘制的日期
22     fig.autofmt_xdate()
23     # 设置刻度标记大小，axis='both'参数影响横纵坐标，labelsize 为刻度大小
24     plt.tick_params(axis='both',which='major',labelsize=8)
25     # 显示图形
26     plt.show()
27
28 if __name__ == '__main__':
29     xvalues = list(range(1,100)) #校正坐标点，即横坐标值列表
30     yvalues = [x**2 for x in xvalues] # 纵坐标值列表
31
32     x_result = [1,2,3,4,5,6]
33     y_frequencies = [152,171,175,168,150,179]
34
35     temper_char()
```

运行结果如图 10-10 所示。

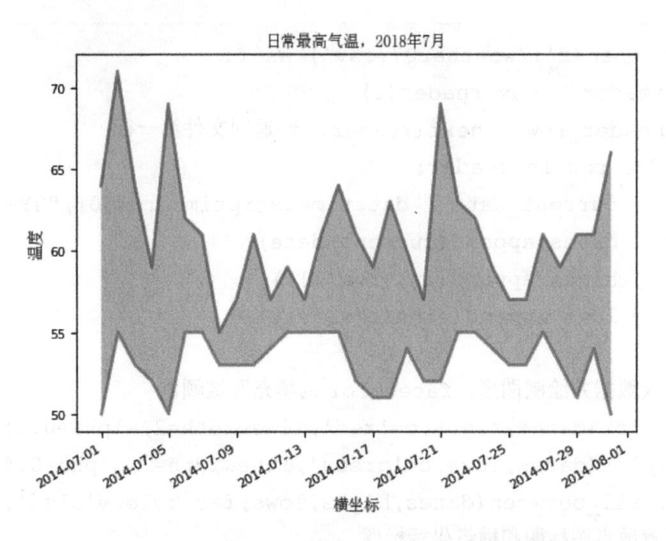

图 10-10　某市最低、最高气温图

10.6　练习：Matplotlib 绘制三维图

本节主要实现两个数据可视化的小练习：绘制三维梯度下降图和绘制三维散点图。

10.6.1　练习 1：绘制三维梯度下降图

在机器学习领域，梯度下降法作为基础优化算法具有较多的应用。使用 Matplotlib 绘制三维梯度下降，能够详细展示算法梯度下降的过程，从而优化改进算法的不足之处。下面为绘制三维梯度下降图的代码：

```
1  # 绘制三维梯度下降图
2  def d3_hookface():
3      fig = plt.figure()  # 得到画面
4      ax = fig.gca(projection='3d')  # 得到三维坐标的图
5      X = np.arange(-5, 5, 0.1)
6      Y = np.arange(-5, 5, 0.1)
7      X,Y = np.meshgrid(X, Y)  # 将坐标向量变为坐标矩阵，列为 x 的长度，行为
   y 的长度
8      R = np.sqrt(X**2 + Y**2)
9      Z = np.sin(R)
```

```
10      # 曲面，x,y,z 坐标，横向步长，纵向步长，颜色，线宽，是否渐变
11      surf = ax.plot_surface(X, Y, Z, rstride=1, cstride=1,
    cmap=cm.coolwarm, linewidth=0, antialiased=False)
12      ax.set_zlim(-1.01, 1.01)
13
14      ax.set_xlabel("x-label", color='r')
15      ax.set_ylabel("y-label", color='g')
16      ax.set_zlabel("z-label", color='b')
17
18      ax.zaxis.set_major_locator(LinearLocator(10))  # 设置 z 轴标度
19      ax.zaxis.set_major_formatter(FormatStrFormatter('%0.02f'))  #
    设置 z 轴精度
20      # shrink 颜色条伸缩比例 0-1，aspect 颜色条宽度（反比例，数值越大宽度越窄）
21      fig.colorbar(surf, shrink=0.5, aspect=5)
22
23      plt.savefig("d3_hookface.png")
24      plt.show()
25
26  if __name__ =='__main__':
27      # 绘制三维梯度下降图
28      d3_hookface()
```

运行结果如图 10-11 所示。

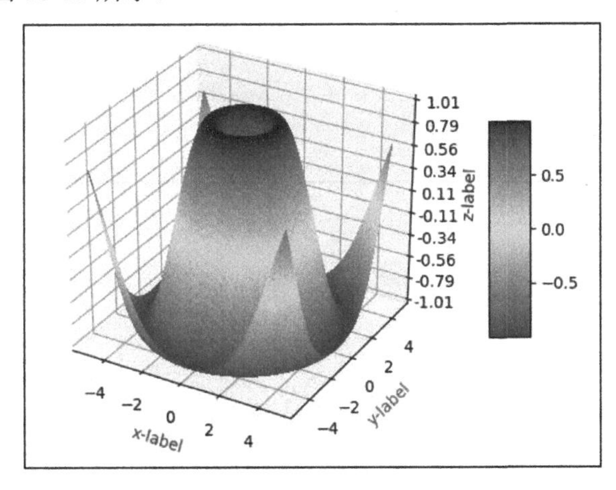

图 10-11　三维梯度图

10.6.2　练习 2：绘制三维散点图

三维散点图适用于若干数据系列中各数值之间关系的展示，例如构建 XYZ 轴展

示数据在 3 个变量之间是否存在某种关联。常用的平面散点图对于处理值的分布和数据点的分簇，散点图都很理想，但如果需要展示数据三维空间中的关联，那么三维散点图便是最佳图表类型。下面为随机生成数据的三维散点图代码：

```
1  def d3_scatter():
2      fig = plt.figure()
3      ax = fig.add_subplot(111, projection='3d')
4      n = 50
5      for c, m, zlow, zhigh in [('r', 'o', -50, -25), ('g', '+', -20,
   15),('b', '^', -30, -5)]:
6          xs = randrange(n, 23, 32)
7          ys = randrange(n, 0, 100)
8          zs = randrange(n, zlow, zhigh)
9          ax.scatter(xs, ys, zs, c=c, marker=m)
10     ax.set_xlabel('X Label')
11     ax.set_ylabel('Y Label')
12     ax.set_zlabel('Z Label')
13     plt.show()
14
15 def randrange(n, vmin, vmax):
16     return (vmax - vmin) * np.random.rand(n) + vmin
17
18 if __name__ =='__main__':
19     # 绘制三维散点图
20     d3_scatter()
```

运行结果如图 10-12 所示。

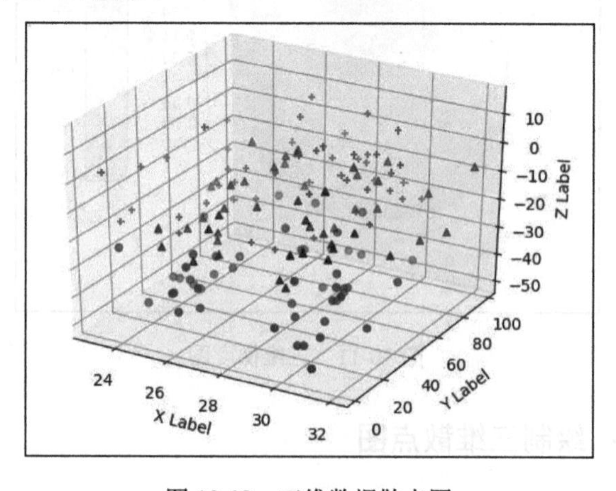

图 10-12　三维数据散点图

10.7 本章小结

本章介绍了如何利用相关数据可视化工具让我们更好地理解数据分析的结果，还介绍了 Python 数据预处理的数据可视化，解释了 Matplotlib 架构各层所负责的功能，着重介绍了数据可视化常用的图形及其应用场景，最后通过案例练习介绍了绘制了气温图和三维图的代码实现。下一章我们将综合以上数据处理过程，将其应用在 XGBoost 文本分类算法上。

第11章 竞赛神器 XGBoost

本章介绍一款号称竞赛神器的 XGBoost，很多 Kaggle（一个数据科学竞赛的平台）比赛的冠军采用的都是 XGBoost 算法。XGBoost 近些年在学术界取得的成果捷报连连，在诸多算法模型和深度学习框架中，XGBoost 倍受关注的直接原因是其拥有运行速度快（以特征为单位并行处理）、内置交叉验证、正则化提升，适合不均衡数据，支持自定义优化目标和评价指标、自动处理缺失值和字符型特征、自动处理相关特征等优势，总之省心又省事。本章我们将从认知 XGBoost 到模型参数调优等方面深入学习该工具的使用。

11.1 XGBoost 概述

11.1.1 认识 XGBoost

XGBoost 是一个开源软件库，它提供了一个梯度提高框架，可采用 C++、Java、Python、R 和 Julia 编程，它适用于 Linux、Windows 和 Mac OS 根据项目的描述，它的目的在于提供一个可扩展的、便携式和可分布的梯度提高（GBM、GBRT、GBDT）库。除了在单一的机器上运行，XGBoost 还支持分布式框架 Apache Hadoop、Apache Spark、Apache Flink。近几年，由于受到许多机器学习竞赛获奖团队的青睐，XGBoost 逐渐成为机器学习领域具有较强实用性的算法工具之一。XGBoost 也是一款开源项目，其 GitHub 源码网址为：https://github.com/dmlc/xgboost，如图 11-1 所示。

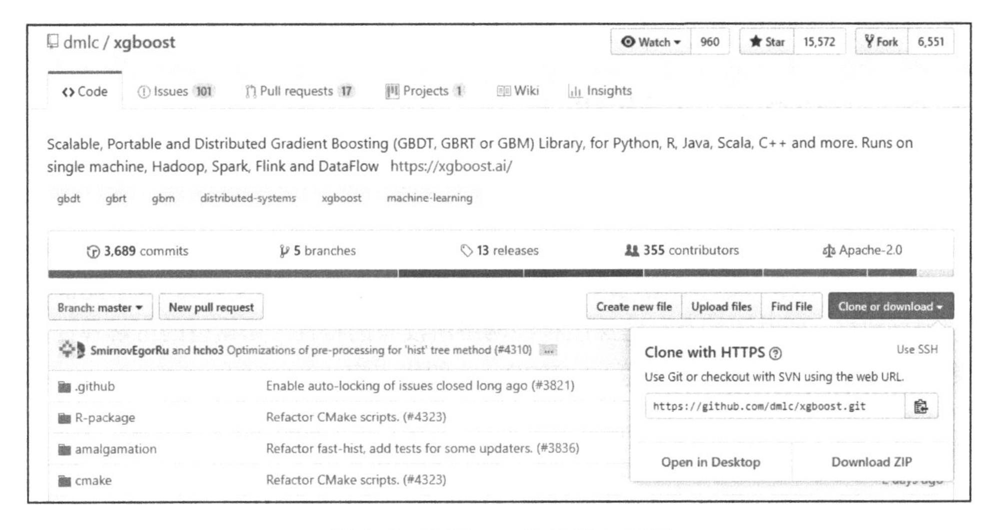

图 11-1　XGBoost 的 GitHub 源码

XGBoost 最初是一个研究项目，由当时在 Distributed (Deep) Machine Learning Community（DMLC）组里的陈天奇负责。它开始是作为一个可由 libsvm 配置文件进行配置的终端应用程序，当其在 Higgs 机器学习挑战中获胜之后，开始在机器学习竞赛圈子中被大家熟知，不久之后，相应的 Python 和 R 的包被开发出来。现在，许多其他语言如 Julia、Scala、Java 等也有对应的包，这使得更多的开发者认识了 XGBoost，也让其在 Kaggle 社区大受欢迎，并用于大量的比赛。

XGBoost 与其他多个软件包一起使用，使其更易于在各自的社区中使用， 还可以与 Python 用户的 scikit-learn 以及 R 的 Caret 集成。另外，也可以使用抽象的 Rabit 和 XGBoost4J 集成到 Apache Hadoop、Apache Spark、Apache Flink 等数据流框架中。

11.1.2　XGBoost 的应用场景

XGboost 能够在一系列的问题上取得良好的效果，这些问题包括存销预测、物理事件分类、网页文本分类、顾客行为预测、点击率预测、动机探测、产品分类等。XGboost 在所有场景中提供可扩展的功能，该特性使其可扩展性保证了相比其他系统更快的速度。XGBoost 算法的优势具体体现在：处理稀疏数据的新颖的树的学习算法和近似学习的分布式加权直方图。XGBoost 能够基于外存的计算，保障了大数据的计算，使用少量的节点资源可处理大量的数据。XGBoost 的主要贡献是：

- 构建了高可扩展的端到端的 boosting 系统。
- 提出了具有合理理论支撑的分布分位调整框架。
- 介绍了一个新颖的并行适应稀疏处理树学习算法。
- 提出了基于缓存块的结构，便于外存树的学习。

11.2 XGBoost 的优点

XGBoost 可以防止过度拟合，支持各种分布式/并行处理，样本量和特征数据类型要求没那么苛刻，适用范围更广。陈天奇认为：基于树模型的 XGBoost 能很好地处理表格数据，同时还拥有一些深度神经网络所没有的特性（如模型的可解释性、输入数据的不变性、更易于调参等）。XGBoost 的优点有：

- 正则化：XGBoost在代价函数里加入了正则项，用于控制模型的复杂度。使学习出来的模型更加简单，防止过度拟合，这也是XGBoost优于传统GBDT的一个特性。
- 并行处理：XGBoost工具支持并行。决策树的学习最耗时的一个步骤就是对特征值进行排序，XGBoost在训练之前，预先对数据进行了排序，然后保存为block结构，后面的迭代中重复地使用这个结构，大大减小了计算量。这个block结构也使得并行计算成为可能，因为在进行节点的分裂时，可以计算每个特征的增益，最终选增益最大的那个特征去做分裂，那么各个特征的增益计算就可以多线程进行。
- 灵活性高：XGBoost支持用户自定义目标函数和评估函数，只要目标函数二阶可导就行。
- 缺失值自动处理：对于特征值有缺失的样本，XGBoost可以自动学习出它的分裂方向。
- 内置交叉验证：XGBoost允许在每一轮 boosting 迭代中使用交叉验证。因此，可以方便地获得最优 boosting 迭代次数，而 GBM（Gradient Boosting Machine）使用网格搜索，只能检测有限个值。

11.3 使用 XGBoost 预测毒蘑菇

本节首先介绍 XGBoost 的开发环境，然后通过毒蘑菇预测案例进一步了解 XGBoost 的运行过程。

11.3.1 XGBoost 的开发环境及安装

本例使用的开发环境如下：

- Python版本——Python 3.7.1

- 操作系统——Windows 10 64bit
- 集成开发环境——Sublime Text 3.1.1

可以使用以下命令安装 XGBoost：pip install xgboost。然后检查 XGBoost 模块是否安装成功，成功安装的结果如图 11-2 所示。

图 11-2　成功导入 XGBoost

11.3.2　数据准备

首先从官方网站（https://github.com/rosefun/xgboost-1/tree/master/demo）下载蘑菇数据集的训练数据 agaricus.txt.train 和测试数据 agaricus.txt.test。摘取前 3 条 test 数据，其形式如下：

```
1  0 1:1 9:1 19:1 21:1 24:1 34:1 36:1 39:1 42:1 53:1 56:1 65:1 69:1 77:1
   86:1 88:1 92:1 95:1 102:1 106:1 117:1 122:1
2  1 3:1 9:1 19:1 21:1 30:1 34:1 36:1 40:1 41:1 53:1 58:1 65:1 69:1 77:1
   86:1 88:1 92:1 95:1 102:1 106:1 118:1 124:1
3  0 1:1 9:1 20:1 21:1 24:1 34:1 36:1 39:1 41:1 53:1 56:1 65:1 69:1 77:1
   86:1 88:1 92:1 95:1 102:1 106:1 117:1 122:1
```

其中每一行表示一个样本，第一列数字是类别标签，表示样本所属的类别，1 代表有毒的蘑菇，0 代表没有毒的蘑菇。第二列的 1:1、3:1、1:1 表示“特征索引：特征值”。后面各列分别表示特征索引和值。同时类别标签支持概率标签，取值范围为 [0,1]，表示样本属于某个类别的可能性。读取蘑菇数据集的训练集和测试集，代码如下（数据见：Chapter11/Data）：

```
1  dtrain = xgb.DMatrix(r'data/agaricus.txt.train')
2  dtest = xgb.DMatrix(r'data/agaricus.txt.test')
```

11.3.3　参数设置

接下来进行参数设置（具体参数的意义参见 11.4 节）。由于本例是一个二分类的逻辑回归问题，因此代码中使用了“objective':'binary:logistic”，具体参数设置的代码如下：

```
1  param = {
2          'max_depth':2,
3          'eta':1,
4          'silent':1,
5          'objective':'binary:logistic'
6      }
```

11.3.4 模型训练

了解了训练数据和测试数据以及参数设置的情况，接下来实现毒蘑菇预测的算法过程，代码实现如下（源代码见：Chapter11/agaricus.py）：

```
1   import xgboost as xgb
2   # 读取数据
3   dtrain = xgb.DMatrix(r'data/agaricus.txt.train')
4   dtest = xgb.DMatrix(r'data/agaricus.txt.test')
5   # 通过 map 指定参数
6   param = {
7               'max_depth':2,
8               'eta':1,
9               'silent':1,
10              'objective':'binary:logistic'
11          }
12  num_round = 10
13  bst = xgb.train(param, dtrain, num_round)
14  # 预测
15  preds = bst.predict(dtest)
16  print('预测结果:\n',preds)
```

在上述代码中，第一行是导入 XGBoost 模块，第 3、4 行用于加载训练集和数据集。第 13 行是本算法的核心工作，其中 param 是参数设置，也是影响算法性能好坏的关键所在。dtrain 是加载训练集模型进行学习，num_round 用于控制迭代的次数。第 15 行就是对结果的预测。

运行结果如下：

```
    [16:11:29] 6513x127 matrix with 143286 entries loaded from data/
agaricus.txt.train
    [16:11:29] 1611x127 matrix with 35442 entries loaded from data/
agaricus.txt.test
```

以上结果显示：训练数据 6513x127 表示 6513 个蘑菇数据样本，每个样本包含 127 个数据特征。测试数据 1611x127 表示 1611 个蘑菇数据样本，每个样本包含 127 个数据特征。

预测结果如下：

```
 [0.00501517 0.9884467  0.00501517 ... 0.9981102  0.00285519
0.9981102 ]
```

预测结果显示出判断类别的概率，以前 3 个样本为例，预测有毒的蘑菇概率分别是：0.5%、98.8% 和 0.5%，即分类为（0，1，0）。那么，实际值是否与预测结果一致呢？下面对预测结果与实际结果进行对比验证，代码如下：

```
1  # 验证数据集
2  watch_list = [(dtest, 'eval'), (dtrain, 'train')]
3  # 模型训练
4  bst = xgb.train(param, dtrain, num_round,watch_list)
5  运行结果如下：
6  [16:21:36] 6513x127 matrix with 143286 entries loaded from
   data/agaricus.txt.train
7  [16:21:36] 1611x127 matrix with 35442 entries loaded from
   data/agaricus.txt.test
8  [0]    eval-error:0.042831 train-error:0.046522
9  [1]    eval-error:0.021726 train-error:0.022263
10 [2]    eval-error:0.006207 train-error:0.007063
11 [3]    eval-error:0.018001 train-error:0.0152
12 [4]    eval-error:0.006207 train-error:0.007063
13 [5]    eval-error:0    train-error:0.001228
14 [6]    eval-error:0    train-error:0.001228
15 [7]    eval-error:0    train-error:0.001228
16 [8]    eval-error:0    train-error:0.001228
17 [9]    eval-error:0    train-error:0
```

得到如下预测结果：

```
 [0.00501517 0.9884467  0.00501517 ... 0.9981102  0.00285519
0.9981102 ]
```

从上述结果可以看到，每次迭代的验证错误和训练错误。随着数据不断地训练，正常情况下，这两个指标都会呈现减小的情况，理想状态下两个误差值为 0，说明验证和训练的正确率都为 100%。如果参数验证误差比较大，这个时候就需要进行调参，比如调节学习率、最大深度、随机种子等参数，直到满足我们的需求。

11.3.5 可视化特征排名

接下来查看一下毒蘑菇数据样本特征的重要程度，对代码进行以下修改：

```
1  from matplotlib import pyplot
2  xgb.plot_importance(bst)
3  pyplot.show()
```

特征重要程度可视化结果如图 11-3 所示。

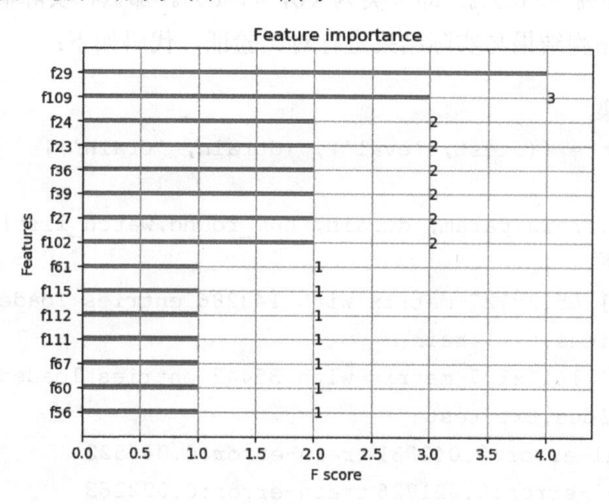

图 11-3　毒蘑菇特征重要程度排名

从图 11-3 所示的可视化结果不难发现，特征 f29 最重要，F 得分达到 4，依次是 f109 和 f24 等，这些数据怎么理解呢？我们知道，毒蘑菇可能色彩比较鲜亮，形状比较奇特，假如这是判断毒蘑菇的主要标志，那么，f29 就可以代表色彩，f109 可以代表形状，而重量、高度等特征对是否为毒蘑菇的判断影响权重不大，可以是特征 f60 和 f56。通过这个可视化结果，可以获取毒蘑菇的主要特征，为判断毒蘑菇提供了依据。

11.4 XGBoost 优化调参

上节介绍了使用 XGBoost 训练分类器模型预测毒蘑菇的例子，在实际使用中，通常还要对分类器模型效果进行测评，如果其获得的结果不能满足需要，就要对其进行改进，本节来看看如何进行模型性能评估和参数调优。

11.4.1 参数解读

在运行 XGBoost 之前，必须设置三种类型的参数：常规参数（General Parameter），模型参数（Booster Parameter）和任务参数（Task Parameter）。

- 常规参数与我们用于提升的提升器有关，通常是树模型或线性模型。
- 模型参数取决于所选择的提升器。
- 任务参数决定了学习场景。

1. 常规参数

```
1  booster
2      gbtree 树模型作为基分类器（默认）
3      gbliner 线性模型作为基分类器
4  silent
5      silent=0 时，不输出中间过程（默认）
6      silent=1 时，输出中间过程
7  nthread
8      nthread=-1 时，使用全部 CPU 进行并行运算（默认）
9      nthread=1 时，使用 1 个 CPU 进行运算。
```

- booster [default=gbtree]：可以选择 gbtree 和 gblinear两种模型。gbtree使用基于树的模型进行提升计算，gblinear使用线性模型进行提升计算。默认值为gbtree。
- silent [default=0]：取 0 时表示打印出运行时的信息，取 1 时表示以缄默方式运行，不打印运行时的信息。默认值为 0。
- nthread：XGBoost运行时的线程数。默认值是当前系统可以获得的最大线程数。

2. 模型参数

```
1  n_estimatores
2      含义：总共迭代的次数，即决策树的个数。
3      调参：
4  early_stopping_rounds
5      含义：在验证集上，当连续 n 次迭代，分数没有提高后，提前终止训练。
6      调参：防止过度拟合。
7  max_depth
8      含义：树的深度，默认值为 6，典型值 3～10。
9      调参：值越大，越容易过度拟合；值越小，越容易欠拟合。
10 min_child_weight
11     含义：默认值为 1。
```

```
12      调参：值越大，越容易欠拟合；值越小，越容易过度拟合（值较大时，避免模型学习
    到局部的特殊样本）。
13  subsample
14      含义：训练每棵树时，使用的数据占全部训练集的比例。默认值为 1，典型值为
    0.5-1。
15      调参：防止过度拟合。
16  colsample_bytree
17      含义：训练每棵树时，使用的特征占全部特征的比例。默认值为 1，典型值为
    0.5-1。
18      调参：防止过度拟合。
19  scale_pos_weight
20      正样本的权重，在二分类任务中，当正负样本比例失衡时，设置正样本的权重，模型
    效果更好。例如，当正负样本比例为 1:10 时，scale_pos_weight=10。
```

参数的进一步说明：

- Min_child_weight[default=1]：每个叶子里面的 h 的和至少是多少，这个参数非常影响结果，控制叶子节点中二阶导的和的最小值，该参数越小，越容易过度拟合。
- subsample[default=1]：随机样本，该参数越大，越容易过度拟合，但设置过大也会造成过度拟合。
- colsample_bytree[default=1]：列采样，对每棵树生成时用的特征进行列采样，一般设置为0.5~1。
- scaleposweight[default=1]：如果取值大于0，在类别样本偏斜时，有助于快速收敛。

3. 学习任务参数

```
1   learning_rate
2       含义：学习率，控制每次迭代更新权重时的步长，默认 0.3。
3       调参：值越小，训练越慢。
4       典型值为 0.01-0.2。
5   objective 目标函数
6       回归任务
7           reg:linear （默认）
8           reg:logistic
9       二分类
10          binary:logistic    概率
11          binary: logitraw   类别
12      多分类
13          multi: softmax  num_class=n    返回类别
```

```
14          multi: softprob   num_class=n  返回概率
15       rank:pairwise
16   eval_metric
17       回归任务(默认 rmse)
18           rmse--均方根误差
19           mae--平均绝对误差
20       分类任务(默认 error)
21           auc--roc 曲线下面积
22           error--错误率（二分类）
23           merror--错误率（多分类）
24           logloss--负对数似然函数（二分类）
25           mlogloss--负对数似然函数（多分类）
26
27   gamma
28       惩罚项系数，指定节点分裂所需的最小损失函数下降值。
29       调参:
30   alpha
31       L1 正则化系数，默认为 1。
32   lambda
33       L2 正则化系数，默认为 1。
```

参数的进一步说明：

- objective [default=reg:linear]：定义学习任务及相应的学习目标，可选的目标函数如下：reg:linear表示线性回归，reg:logistic表示逻辑回归，binary:logistic表示二分类的逻辑回归，multi:softmax表示多分类问题，同时需设置参数num_class（类别个数），multi:softprob和softmax一样，但是输出的是ndata × nclass的向量，可以将该向量重新转换（reshape）成 ndata 行 nclass 列的矩阵。num_class表类别个数，与 multisoftmax 并用。
- eval_metric[default according to objective]：用于衡量验证数据的参数，即评价标准，常用参数如图11-4所示。
- gamma [default=0]：用于控制是否后剪枝的参数，越大越保守，一般为0.1、0.2。取值范围为：[0,∞]。
- alpha[default=1]：模型的 L1 正则化参数，参数越大，越不容易过度拟合。
- lambda [default=1]：模型的 L2 正则化参数，参数越大，越不容易过度拟合。

Scoring	Function	Comment
Classification		
'accuracy'	metrics.accuracy_score	
'average_precision'	metrics.average_precision_score	
'f1'	metrics.f1_score	for binary targets
'f1_micro'	metrics.f1_score	micro-averaged
'f1_macro'	metrics.f1_score	macro-averaged
'f1_weighted'	metrics.f1_score	weighted average
'f1_samples'	metrics.f1_score	by multilabel sample
'neg_log_loss'	metrics.log_loss	requires predict_proba support
'precision' etc.	metrics.precision_score	suffixes apply as with 'f1'
'recall' etc.	metrics.recall_score	suffixes apply as with 'f1'
'roc_auc'	metrics.roc_auc_score	
Clustering		
'adjusted_mutual_info_score'	metrics.adjusted_mutual_info_score	
'adjusted_rand_score'	metrics.adjusted_rand_score	
'completeness_score'	metrics.completeness_score	
'fowlkes_mallows_score'	metrics.fowlkes_mallows_score	
'homogeneity_score'	metrics.homogeneity_score	
'mutual_info_score'	metrics.mutual_info_score	
'normalized_mutual_info_score'	metrics.normalized_mutual_info_score	
'v_measure_score'	metrics.v_measure_score	
Regression		
'explained_variance'	metrics.explained_variance_score	
'neg_mean_absolute_error'	metrics.mean_absolute_error	
'neg_mean_squared_error'	metrics.mean_squared_error	
'neg_mean_squared_log_error'	metrics.mean_squared_log_error	
'neg_median_absolute_error'	metrics.median_absolute_error	
'r2'	metrics.r2_score	

图 11-4　eval_metric 评价指标规范

11.4.2　调参原则

先固定一个参数，最优化后继续调整，一般调参步骤如下：

（1）确定学习速率和 tree_based，给一个常见的初始值，根据是否类别不平衡来进行调整。

- max_depth=3，起始值在4~6之间都是不错的选择。
- min_child_weight，设置比较小的值解决极不平衡的分类问题，如设置为1。
- subsample，colsample_bytree = 0.8：最常见的初始值。
- scaleposweight = 1：设置为1表示类别十分不平衡。

（2）max_depth 和 min_weight 的值对最终结果会产生很大的影响，如以下示例：

- max_depth:range(3,10,2)
- min_childweight:range(1,6,2)

可以先大范围地粗调参数，然后再小范围微调。

（3）gamma 参数调优。

- gamma:[i/10.0 for i in range(0,5)]

（4）调整 subsample 和 colsample_bytree 参数。

- subsample:[i/100.0 for i in range(75,90,5)],
- colsample_bytree:[i/100.0 for i in range(75,90,5)]

（5）正则化参数调优。

- reg_alpha:[1e-5, 1e-2, 0.1, 1, 100]

（6）降低学习速率。

- learning_rate =0.01,

11.4.3 调参技巧

1. 控制过度拟合

当观察到训练精度高，但测试精度低时，可能是遇到了过度拟合的问题。通常有两种方法可以用于控制 XGBoost 中的过度拟合。

- 第一种方法是直接控制模型的复杂度，即调整max_depth、min_child_weight和gamma参数的值。
- 第二种方法是增加随机性，使训练对噪声的鲁棒性，包括:
  - 调整subsample和colsample_bytree的值。
  - 也可以减小步长eta，但是当这么做时，需要记得增加num_round的值。

2. 处理不平衡的数据集

对于广告点击日志等常见情况，数据集是极不平衡的。这可能会影响 XGBoost 模型的训练，通过以下两种方法可以改善这种情况。

- 如果只关心预测的排名顺序（AUC），那么，
  - 可以通过调整scale_pos_weight的值来平衡positive（正面）和negative（负面）的权重。
  - 使用AUC进行评估。
- 如果关心预测正确的概率，则无法重新平衡数据集，此时，将参数max_delta_step设置为有限数字（比如说1）将有助于收敛。

11.5 预测糖尿病患者

11.5.1 数据准备

本节以数据科学竞赛平台 Kaggle 数据分析比赛涉及的预测糖尿病发病的项目为例进行实战学习，其中数据 diabetes.csv 可以在本书源代码中下载，数据的表示形式如图 11-5 所示。

	A	B	C	D	E	F	G	H	I
1	Pregnanci	Glucose	BloodPres	SkinThick	Insulin	BMI	DiabetesF	Age	Outcome
2	6	148	72	35	0	33.6	0.627	50	1
3	1	85	66	29	0	26.6	0.351	31	0
4	8	183	64	0	0	23.3	0.672	32	1
5	1	89	66	23	94	28.1	0.167	21	0
6	0	137	40	35	168	43.1	2.288	33	1
7	5	116	74	0	0	25.6	0.201	30	0
8	3	78	50	32	88	31	0.248	26	1
9	10	115	0	0	0	35.3	0.134	29	0
10	2	197	70	45	543	30.5	0.158	53	1
11	8	125	96	0	0	0	0.232	54	1
12	4	110	92	0	0	37.6	0.191	30	0
13	10	168	74	0	0	38	0.537	34	1
14	10	139	80	0	0	27.1	1.441	57	0
15	1	189	60	23	846	30.1	0.398	59	1
16	5	166	72	19	175	25.8	0.587	51	1

图 11-5　糖尿病发病预测病历数据

数据中的每一行表示一个病历样本，每一列表示病症特征，最后一列表示样本所属的类别，1 代表患有糖尿病，0 代表没有患糖尿病。其中各个特征的中文含义如下：

- Pregnancies：怀孕次数
- Glucose：葡萄糖
- BloodPressure：血压 (mm Hg)
- SkinThickness：皮层厚度 (mm)
- nsulin：胰岛素2小时血清胰岛素（mu U / ml）
- BMI：体重指数（体重/身高）^2
- DiabetesPedigreeFunction：糖尿病谱系功能
- Age：年龄（岁）
- Outcome：类标变量（0或1）

11.5.2　预测器模型构建

1. 导入模块

本项目需要导入的模块包括 Numpy、Pandas、XGBoost、scikit-learn、Matplotlib，其中 Numpy 和 Pandas 用于数据处理，XGBoost 用于模型训练，scikit-learn 用于调用机器学习库评估模型性能，Matplotlib 用于可视化显示，完整的模块导入代码如下（源代码见：Chapter11/dome.py）：

```
1  import pandas as pd # 数据科学计算工具
2  import xgboost as xgb
3  from xgboost.sklearn import XGBClassifier,XGBRegressor
4  from sklearn import metrics
5  from sklearn.model_selection import train_test_split,GridSearchCV
```

```
6  from sklearn.metrics import accuracy_score
7  from xgboost import plot_importance
8  from matplotlib import pyplot
```

2. 加载数据集

数据集为糖尿病病历信息，以 CSV 格式存储（见图 11-5）。需要加载数据的特征值和特征标签，其中前 8 列为特征数据，最后一列为分类标签数据。提取的特征数据用于训练模型，而标签数据则用于验证模型的性能。这里调用 sklearn 内置的 traintestsplit 方法划分数据集，其中 seed 为随机种子，test_size 为测试数据集占总数据集的比例，具体实现代码如下：

```
1  # 1 加载数据集
2  def loadData(seed = 7,test_size = 0.3):
3     pima = pd.read_csv("./data/diabetes.csv")
4     trains = pima.iloc[:,0:8]  # 特征值
5     labels = pima.iloc[:,8]    # 标签值
6     train_data, test_data, train_label, test_label =
   train_test_split(trains, labels, test_size=test_size,
   random_state=seed)
7     print("训练样本数目:", len(train_label), " \n 测试样本数目::",
   len(test_label))
8     return train_data, test_data, train_label, test_label
```

运行 loadData 方法对数据进行特征集和标签集划分，并将数据转化为特定格式便于数据处理。其运行结果如图 11-6 所示。

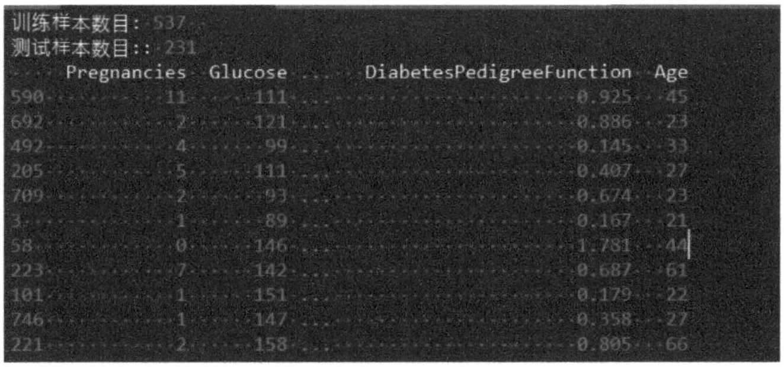

```
训练样本数目: 537
测试样本数目:: 231
     Pregnancies  Glucose  ...  DiabetesPedigreeFunction  Age
590           11      111  ...                     0.925   45
692            2      121  ...                     0.886   23
492            4       99  ...                     0.145   33
205            5      111  ...                     0.407   27
709            2       93  ...                     0.674   23
3              1       89  ...                     0.167   21
58             0      146  ...                     1.781   44
223            7      142  ...                     0.687   61
101            1      151  ...                     0.179   22
746            1      147  ...                     0.358   27
221            2      158  ...                     0.805   66
```

图 11-6　加载糖尿病病历数据

3. 模型训练

因为是二分类问题，所以我们选择 XGBClassifier 方法。首先对其进行参数设置，各个参数初步设置为默认值或常用值，其参数含义请参照上文的参数说明。然

后进行模型填充 model.fit，其中调整参数 train_data、train_label、evalmetric='auc'、verbose=True、evalset=[(testdata, testlabel)]、early_stopping_rounds=100。这里的 traindata 和 trainlabel 分别代表训练特征数据和训练标签数据。Eval_metric 为对模型性能评价的方法，可参考 eval_metric 评价指标规范。eval_set 用来监控每一步的运行结果。early_stopping_rounds 为设置多少次迭代没有找到模型最佳得分而停止。

通过预测结果和真实的结果对比，对预测器性能进行综合评估，这里直接调用 sklearn 的 metrics 方法。主要评估参数是 AUC 和 ACC，其中 AUC 是 ROC 曲线下的面积，介于 0.1～1 之间，AUC 作为数值可以直观地评价分类器的好坏，值越大越好。ACC 则用来反映模型预测的准确率。完整的代码如下：

```
1  def xgboost_train(train_data, test_data, train_label, test_label):
2      model = xgb.XGBClassifier(
3                  max_depth=3,            # 构建树的深度，默认为 6
4                  min_child_weight=1,  # 值过高欠拟合，调整参数 CV
5                  learning_rate=0.1,   # 学习率
6                  n_estimators=500,     # 迭代次数，值太小易欠拟合
7                  silent=1,             # 取 0 时表示打印出运行时的信息
8                  objective='binary:logistic', # 二分类的逻辑回归
9                  gamma=0,               # 控制是否后剪枝的参数
10                 max_delta_step=0,     # 限制每棵树权重改变的最大步长。
11                 subsample=0.8,        # 随机采样的比例，值过小会欠拟合
12                 colsample_bytree=0.8,  # 控制每棵树随机采样的列数的占比
13                 reg_alpha=0,          # L1 正则化参数，越大越不容易过度拟合
14                 reg_lambda=0,         # L2 正则化的惩罚系数，默认为 1
15                 scale_pos_weight=1,  # 类别高度不平衡参数，设置为 0 加快收敛
16                 seed=1,               # 随机数的种子，缺省值为 0
17             )
18     model.fit(train_data, train_label, eval_metric='auc',
   verbose=True,
19             eval_set=[(test_data, test_label)],
   early_stopping_rounds=100)
20     y_pre = model.predict(test_data)
21     y_pro = model.predict_proba(test_data)[:, 1]
22     # AUC: Roc 曲线下的面积，介于 0.1 和 1 之间。Auc 作为数值可以直观地评价分类
   器的好坏，值越大越好
23     print( "AUC Score : %f" % metrics.roc_auc_score(test_label,
   y_pro))
```

```
24        print("Accuracy : %.4g" % metrics.accuracy_score(test_label,
    y_pre))
25
26
27  if __name__ == '__main__':
28      train_data, test_data, train_label, test_label =loadData()
29      xgboost_train(train_data,test_data,train_label,test_label)
```

4. 结果分析

执行 XGBoost 模型训练方法得到的结果如图 11-7 所示，其中在迭代到第 45 次时模型最佳，AUC 得分为 0.8384，其准确率为 77.49%。注意，如果迭代了 100 次没有出现最佳 AUC 得分时，这时可以考虑适当提高 early_stopping_rounds 的值，直到最佳得分。到目前为止，预测器效果并不是特别理想，接下来通过模型调参来提高性能。

```
[140]    validation_0-auc:0.817622
[141]    validation_0-auc:0.818027
[142]    validation_0-auc:0.81827
[143]    validation_0-auc:0.818027
[144]    validation_0-auc:0.818027
[145]    validation_0-auc:0.817217
Stopping. Best iteration:
[45]     validation_0-auc:0.838354

AUC Score : 0.838354
Accuracy : 0.7749

***Repl Closed***
```

图 11-7　预测器模型的性能

5. 可视化特征排名

查看一下对于糖尿病指标特征的重要程度，可以将代码修改如下：

```
1  from matplotlib import pyplot
2  # 重要特征
3  plot_importance(model)
4  pyplot.show()
```

特征重要程度可视化结果如图 11-8 所示。

从图 11-8 的结果可以发现，横坐标为各个指标特征的 F 得分，F 得分越高，影响因子越大；横坐标为各个指标特征的名称。其中对糖尿病影响最大的三个指标是 DiabetesPedigreeFunction（糖尿病谱系功能）、BMI（体重指数）、Glucose（葡萄糖），这也符合常识。

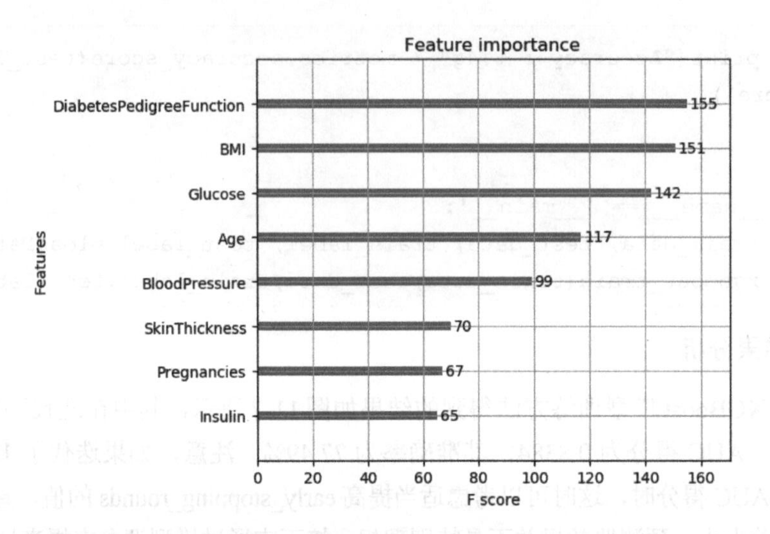

图 11-8　糖尿病指标特征排名

11.5.3　调参提高预测器的性能

按照调参原则，我们选择对 n_estimators、max_depth、 min_weight、gamma、subsample 及 colsample_bytree 这个几个参数调出最优值。这里需要调用 sklearn 中的 GridSearchCV 方法进行调参，该方法的详细说明请参考官方文档，网址为：https://scikit-learn.org/stable/modules/generated/sklearn.model_selection.GridSearchCV.html。

1. 最佳迭代次数

本代码中的 GridSearchCV 方法中包含 4 个参数，可以根据实际情况来设置，其中的 estimator 为分类器模型参数、paramgrid 为需要验证调试的参数且为字典形式、scoring 为评价指标（可以根据需求设置不同的评价方法）、cv 是多折交叉验证（经过测试默认选择 5 是一个不错的选择）。方法 GridSearchCV 返回的三个值，分别是 cvresults（每一步执行结果）、best_params（最佳参数）和 best_score_（最佳模型得分）。

在保持其他参数不变的前提下，对 n_estimators 进行调参，由于 n_estimators 默认等于 500，这里调参范围可以选择[300,400,500,600,700]，将默认值设置为一个中位数。根据每轮最优值的偏大或偏小，随时改变参数，直到参数为最优值。具体实现的代码如下：

```
1  # 1 最佳迭代次数
2  def n_estimators():
3      param_test = {
4              'n_estimators':[5,10,20,30,400,500,700]
```

```
5            }
6        model = xgb.XGBClassifier(
7                max_depth=3,           # 构建树的深度，默认为 6
8                min_child_weight=1,    # 值过高欠拟合，调整参数 CV
9                learning_rate=0.1,     # 学习率
10               # n_estimators=500,     # 迭代次数，值太小易欠拟合
11               silent=1,              # 取 0 时表示打印出运行时的信息
12               objective='binary:logistic', # 二分类的逻辑回归
13               gamma=0,               # 控制是否后剪枝的参数
14               max_delta_step=0,      # 限制每棵树权重改变的最大步长
15               subsample=0.8,         # 随机采样的比例，值过小会欠拟合
16               colsample_bytree=0.8,   # 控制每棵树随机采样的列数的占比
17               reg_alpha=0,           # L1 正则化参数，越大越不容易过度拟合
18               reg_lambda=0,          # L2 正则化的惩罚系数，默认为 1
19               scale_pos_weight=1,    # 类别高度不平衡参数，设置为 0 加快收敛
20               seed=1,                # 随机数的种子，缺省值为 0
21           )
22       gsearch = GridSearchCV(estimator = model,param_grid = param_test,
    scoring='f1', cv=5)
23       gsearch.fit(train_data,train_label)
24       print('每轮迭代运行结果:\n',gsearch.cv_results_, '\n 参数的最佳取
    值:\n',gsearch.best_params_,'\n 最佳模型得分:\n',
    gsearch.best_score_)
25
26
27   if __name__ == '__main__':
28       n_estimators()  #  最佳迭代次数
```

运行代码，得到最佳决策树的数目，如图 11-9 所示。

```
 71434552, 0.74567509, 0.77867963, 1.        ,
 1.        , 1.        ]), 'std_train_score': array([0.01840223, 0.
 0164958 , 0.01908946, 0.01344233, 0.        ,
 0.        , 0.        ])}
参数的最佳取值:
 {'n_estimators': 30}
最佳模型得分:
 0.6423724257213981

***Repl Closed***
```

图 11-9　最佳决策树数目

结果分析：从输出结果可以看出，在学习速率为 0.1 时，理想的决策树数目是 30，最佳模型得分为 0.6424。那么，在下一次调参时，将最优 n_estimators 代入即可。

2. 最佳 min_child_weight 和 max_depth

本代码中 GridSearchCV 方法的使用类似于上面“最佳迭代次数”部分，不再赘述。

在保持其他参数不变的前提下，对 max_depth 和 min_child_weight 进行调参，将决策树数目 n_estimators 的最佳值设为 30，这里调参范围可以选择 'max_depth':[1, 2, 3, 4,5] 和 'min_child_weight':[0,1, 2]，将默认值设置为一个中位数。根据每轮最优值的偏大或偏小，随时改变参数，直到参数为最优值。具体实现的代码如下：

```
1  # 2 调试的参数是 min_child_weight 和 max_depth
2  def max_depthANDmin_child_weight():
3      param_test2 = {
4          'max_depth':[1, 2, 3, 4,5],
5          'min_child_weight':[0,1, 2]
6      }
7      model = xgb.XGBClassifier(
8                  # max_depth=3,           # 构建树的深度，默认为 6
9                  # min_child_weight=1,    # 值过高欠拟合，调整参数 CV
10                 learning_rate=0.1,       # 学习率
11                 n_estimators=30,         # 迭代次数，值太小易欠拟合
12                 silent=1,                # 取 0 时表示打印出运行时的信息
13                 objective='binary:logistic',    # 二分类的逻辑回归
14                 gamma=0,                 # 控制是否后剪枝的参数
15                 max_delta_step=0,        # 限制每棵树权重改变的最大步长
16                 subsample=0.8,           # 随机采样的比例，值过小会欠拟合
17                 colsample_bytree=0.8,    # 控制每棵树随机采样的列数的占比
18                 reg_alpha=0,          # L1 正则化参数，越大越不容易过度拟合
19                 reg_lambda=0,         # L2 正则化的惩罚系数，默认为 1
20                 scale_pos_weight=1, # 类别高度不平衡参数，设置为 0 加快收敛
21                 seed=1,               # 随机数的种子，缺省值为 0
22          )
23     gsearch2 = GridSearchCV(estimator = model,param_grid = 
   param_test2, scoring='f1', cv=5)
24     gsearch2.fit(train_data,train_label)
25     print('每轮迭代运行结果:\n',gsearch2.cv_results_, '\n 参数的最佳取
   值:\n',gsearch2.best_params_,'\n 最佳模型得分:\n',
   gsearch2.best_score_)
```

运行代码，得到最佳树的深度和叶子节点，如图 11-10 所示。

```
        0.01509153, 0.01708128, 0.01686646, 0.0174764 , 0.01344233,
        0.00580852, 0.00719666, 0.01706701, 0.0134679 , 0.01338011,
        0.01536377, 0.00863192, 0.00981681, 0.01498867, 0.01069785])}
参数的最佳取值:
 {'max_depth': 4, 'min_child_weight': 2}
最佳模型得分:
 0.6517955539184589

***Repl Closed***
```

图 11-10 最佳树的深度和叶子节点

结果分析：从输出结果可以看出，其他参数不变，最佳决策树数目为30时，理想的决策树深度是4，叶子节点为2。最佳模型得分为0.6518，略微提升了一点。在下一次调整参数时将最优值代入即可。

3. 最佳 gamma

本代码中 GridSearchCV 方法的使用类似于前面“最佳迭代次数”部分，不再赘述。

在保持其他参数不变的前提下，对 gamma 进行调参，将上述最佳值代入。这里调参范围可以选择 'gamma':[0,0.1,0.2]，将默认值设置为一个中位数。根据每轮最优值的偏大或偏小，随时改变参数，直到参数为最优值。具体实现的代码如下：

```
1  # 3 调试参数：gamma
2  def gamma():
3      # 在树的叶子节点上进行进一步划分所需的最小损失。越大，算法就越保守。
4      param_test3 = {
5          gamma':[0.2,0.3,0.4]
6      }
7      model = xgb.XGBClassifier(
8                 max_depth=4,           # 构建树的深度，默认为6
9                 min_child_weight=2,    # 值过高欠拟合，调整参数cv
10                learning_rate=0.1,     # 学习率
11                n_estimators=30,       # 迭代次数，值太小易欠拟合
12                silent=1,              # 取0时表示打印出运行时的信息
13                objective='binary:logistic', # 二分类的逻辑回归
14                # gamma=0,               # 控制是否后剪枝的参数
15                max_delta_step=0,      # 限制每棵树权重改变的最大步长
16                subsample=0.8,         # 随机采样的比例，值过小会欠拟合
17                colsample_bytree=0.8,  # 控制每棵树随机采样的列数的占比
18                reg_alpha=0,          # L1正则化参数，越大越不容易过度拟合
19                reg_lambda=0,         # L2正则化的惩罚系数，默认为1
```

```
20                scale_pos_weight=1,  # 类别高度不平衡参数，设置为 0 加快收敛
21                seed=1,              # 随机数的种子，缺省值为 0
22            )
23        gsearch3 = GridSearchCV(estimator = model,param_grid = 
    param_test3, scoring='f1', cv=5)
24        gsearch3.fit(train_data,train_label)
25        print('每轮迭代运行结果:\n',gsearch3.cv_results_, '\n 参数的最佳取
    值:\n',gsearch3.best_params_,'\n 最佳模型得分:\n',
    gsearch3.best_score_)
```

运行代码，得到最佳惩罚系数，如图 11-11 所示。

```
    array([0.81428571, 0.8113879 , 0.8113879 , 0.8113879 , 0.82517483]), '
    split4_train_score': array([0.84892086, 0.84892086, 0.84892086, 0.84892086,
     0.85614035]), 'mean_train_score': array([0.82097897, 0.82039941, 0.
    82039941, 0.81921864, 0.82432506]), 'std_train_score': array([0.01443744, 0
    .01474929, 0.01474929, 0.01582577, 0.01773923])}
参数的最佳取值:
 {'gamma': 0.3}
最佳模型得分:
 0.6499788965616453

*** Repl Closed ***
```

图 11-11　最佳惩罚系数

结果分析：从输出结果可以看出，其他参数不变，最佳决策树数目为 30，决策树深度是 4，叶子节点为 2 时。最理想的惩罚项系数为 0.3，最佳模型得分为 0.65。下一次调整参数时将最优值代入即可。

4. 最佳 subsample 和 colsample_bytree

本代码中 GridSearchCV 方法的使用类似于前面“最佳迭代次数”部分，不再赘述。

在保持其他参数不变的前提下，对随机采样的比例 subsample 和每棵树随机采样的列数的占比 colsample_bytree 进行调参，将上述最佳值代入。这里调参范围可以选择 'subsample':[0.6, 0.7, 0.8, 0.9] 和 'colsample_bytree': [0.6, 0.7, 0.8, 0.9]，将默认值设置为一个中位数。根据每轮最优值的偏大或偏小，随时改变参数，直到参数为最优值。具体实现的代码如下：

```
1  # 4 调整的数据是: subsample 和 colsample_bytree
2  def subsample_colsample_bytree():
3      param_test4 = {
4          'subsample':[0.6, 0.7, 0.8, 0.9],
5          'colsample_bytree': [0.6, 0.7, 0.8, 0.9]
6      }
```

```
7      model = xgb.XGBClassifier(
8                  max_depth=4,           # 构建树的深度，默认为 6
9                  min_child_weight=2,  # 值过高欠拟合，调整参数 CV
10                 learning_rate=0.1,   # 学习率
11                 n_estimators=30,      # 迭代次数，值太小易欠拟合
12                 silent=1,              # 取 0 时表示打印出运行时的信息
13                 objective='binary:logistic', # 二分类的逻辑回归
14                 gamma=0.3,             # 控制是否后剪枝的参数
15                 max_delta_step=0,     # 限制每棵树权重改变的最大步长
16                 # subsample=0.8,      # 随机采样的比例，值过小会欠拟合
17                 # colsample_bytree=0.8,  # 控制每棵树随机采样的列数的占比
18                 reg_alpha=0,           # L1 正则化参数，越大越不容易过度拟合
19                 reg_lambda=0,          # L2 正则化的惩罚系数，默认为 1
20                 scale_pos_weight=1,  # 类别高度不平衡参数，设置为 0 加快收敛
21                 seed=1,                 # 随机数的种子，默认值为 0
22             )
23     gsearch4 = GridSearchCV(estimator = model,param_grid = 
   param_test4, scoring='f1', cv=5)
24     gsearch4.fit(train_data,train_label)
25     print('每轮迭代运行结果:\n',gsearch4.cv_results_, '\n 参数的最佳取
   值:\n',gsearch4.best_params_,'\n 最佳模型得分:\n',
   gsearch4.best_score_)
```

最佳采样比和采样列数比，运行结果如图 11-12 所示。

```
array([0.81428571, 0.8113879 , 0.8113879 , 0.8113879 , 0.82517483]), '
split4_train_score': array([0.84892086, 0.84892086, 0.84892086, 0.84892086,
0.85614035]), 'mean_train_score': array([0.82097897, 0.82039941, 0.
82039941, 0.81921864, 0.82432506]), 'std_train_score': array([0.01443744, 0
.01474929, 0.01474929, 0.01582577, 0.01773923])}
参数的最佳取值:
{'gamma': 0.3}
最佳模型得分:
0.6499788965616453

***Repl Closed***
```

图 11-12　最佳采样比和采样列数比

结果分析：从输出结果可以看出，其他参数不变，最佳决策树数目为 30，决策树深度是 4，叶子节点为 2，gamma 为 0.3 时，最理想的采样比和采样列数比均为 0.8 保持不变，最佳模型得分为 0.65。

5. 调参后的预测器模型

选择几个常见参数调试最优值得到：最佳决策树数目是 30，最佳决策树深度是

4，最佳叶子节点是 2，最佳 gamma 是 0.3，最佳采样比是 0.8，最佳采样列数比是 0.8。将以上各最优值代入参数中，新的预测器模型和性能实现代码如下：

```
1  # 调参后的模型
2  def new_xgboost_train(x_train, x_test, y_train, y_test):
3      model = xgb.XGBClassifier(
4                  max_depth=4,            # 构建树的深度，默认为 6
5                  min_child_weight=2,  # 值过高欠拟合，调整参数 CV
6                  learning_rate=0.1,    # 学习率
7                  n_estimators=30,      # 迭代次数，值太小易欠拟合
8                  silent=1,             # 取 0 时表示打印出运行时的信息
9                  objective='binary:logistic', # 二分类的逻辑回归
10                 gamma=0.3,            # 控制是否后剪枝的参数
11                 max_delta_step=0,     # 限制每棵树权重改变的最大步长
12                 subsample=0.8,        # 随机采样的比例，值过小会欠拟合
13                 colsample_bytree=0.8,  # 控制每棵树随机采样的列数的占比
14                 reg_alpha=0,          # L1 正则化参数，越大越不容易过度拟合
15                 reg_lambda=0,         # L2 正则化的惩罚系数，默认为 1
16                 scale_pos_weight=1,  # 类别高度不平衡参数，设置为 0 加快收敛
17                 seed=1,               # 随机数的种子，默认值为 0
18             )
19     model.fit(train_data, train_label, eval_metric='auc',
   verbose=True,
20             eval_set=[(test_data, test_label)],
   early_stopping_rounds=100)
21     y_pre = model.predict(test_data)
22     y_pro = model.predict_proba(test_data)[:, 1]
23     # AUC：Roc 曲线下的面积，介于 0.1 和 1 之间。Auc 作为数值可以直观地评价分类
   器的好坏，值越大越好。
24     print( "AUC Score : %f" % metrics.roc_auc_score(test_label,
   y_pro))
25     print("Accuracy : %.4g" % metrics.accuracy_score(test_label,
   y_pre))
26
27 if __name__ == '__main__':
28     train_data, test_data, train_label, test_label =loadData()
29
   new_xgboost_train(train_data,test_data,train_label,test_label)
```

新的预测器模型运行结果如图 11-13 所示。

```
[24]    validation_0 auc:0.836978
[25]    validation_0 auc:0.837626
[26]    validation_0 auc:0.835115
[27]    validation_0 auc:0.834629
[28]    validation_0 auc:0.834143
[29]    validation_0 auc:0.833414
AUC Score : 0.841270
Accuracy : 0.7879

***Repl Closed***
```

图 11-13 调整最佳参数后的结果

结果分析：调参前预测器模型 AUC 得分为 0.838354，准确率得分为 0.7749；调参后预测器模型 AUC 得分为 0.841270，准确率得分为 0.7879。整体 AUC 提升了 0.002916，准确率提升了 1.3%。很显然效果并不明显。为什么会出现这种现象呢？主要有以下几个原因：

- 仅仅靠参数的调整和模型的小幅优化，想要让模型的表现有大幅度的提升是不可能的。
- 要想模型的表现有一个质的飞跃，需要依靠如特征工程，模型组合，以及堆叠等手段。
- 模型性能提升与数据集划分和数据预处理的质量也有很大的关系。

6. 改变数据集划分提升模型性能

为了验证上述原因三，我们改变数据集的划分，将随机种子设为 1，测试集设为 0.2，代码修改如下：

```
1  train_data, test_data, train_label, test_label =loadData(1,0.2)
2  new_xgboost_train(train_data,test_data,train_label,test_label)
```

代码修改后的运行结果如图 11-14 所示。

```
[24]    validation_0 auc:0.884665
[25]    validation_0 auc:0.883563
[26]    validation_0 auc:0.884298
[27]    validation_0 auc:0.884481
[28]    validation_0 auc:0.880808
[29]    validation_0 auc:0.881543
AUC Score : 0.884665
Accuracy : 0.8117

***Repl Closed***
```

图 11-14 修改随机种子和数据集划分后的运行结果

从图 11-14 中可以很明显地发现，AUC 直接提升了 0.04，较调参前的 0.002916 提升非常明显，而准确率也提升了近 3 个百分点。那么，是不是测试集越大或越小效果越好呢？我们重新设置测试集 testsize=0.1，结果显示 AUC Score : 0.898707 和

Accuracy : 0.7922；而设置 testsize=0.3 时，结果显示为 AUC Score : 0.879371 和 Accuracy : 0.8095，可见，一个合适的数据划分比例也很重要。

总之，XGBoost 模型调参时，参数的选择和调整方法对结果有影响。此外，不同的数据划分比例和数据规模对结果也有影响。数据本身的质量和数据预处理的结果对模型也有影响，其中影响最大的还是数据本身。所以，在保证数据质量和预处理比较好的情况下，调参会起到锦上添花的作用。

11.6 本章小结

本章主要介绍了 XGBoost 的概念和应用场景，通过预测毒蘑菇案例介绍了 XGBoost 的使用。最后介绍了一些优化调参知识，并通过预测糖尿病患者案例详细介绍了调参步骤和技巧。下一章将综合前面数据预处理知识来实现新闻文本分类，目的在于既让读者学会数据预处理，又让读者懂得如何使用处理后的数据。

第 12 章 XGBoost 实现新闻文本分类

随着互联网技术的快速发展，对浩如烟海的文献资料和数据进行自动分类、组织和管理，是一个具有重要用途的研究课题。由于采用人工的方法处理这么庞大的数据耗时耗力，于是出现了文本分类技术。本章首先概述文本分类及其原理，然后对数据预处理全过程进行封装，最后结合 XGBoost 实现文本分类并应用到实际场景之中（源代码见：Chapter12/classifter.py）。

12.1 文本分类概述

互联网已经成为人们日常信息获取的重要途径之一，成为日常生活的一部分。伴随互联网发展而来的是数据量成指数增长，据 IDC《数字宇宙》(Digital Universe) 的研究报告表明，中国的数据量会在 2020 年超过 8ZB，比 2012 年增长 22 倍。

面对如此浩瀚的数据，进行更加深层次的挖掘开发和信息的归类就变得十分重要。通过对数据的归类，可以让互联网用户在信息查询和检索变得更加快速而准确；可以使得个性化服务更加准确，针对不同的用户制定不同的信息服务；可以使得搜索引擎查询出的信息更加符合用户的实际需要，虽然有些搜索引擎通过关键词等方法查询排序，但是采用文本分类技术可以更加快速和准确地进行查询，提高了用户的体验。

文本分类是数据挖掘领域的一个热门研究方向，在日常生活中的应用也很广泛，例如，垃圾邮件的过滤、个性化服务定制、网页分类等。据不完全统计，目前存储的数据 80%是以文本形式存储的，所以对文本的分类归纳同样存在很高的商业价值。

目前对文本分类尚未有一个统一的定义，其中宗成庆关于文本分类的定义较为业界认可，其对文本分类描述如下：文本分类是预定义的分类体系下，根据文本特征（内容或属性），将给定文本与一个或多个类别相关联的过程。

文本分类常用的方法包括：

- 支持向量机分类方法（Support Vector Machine，SVM）。
- 朴素贝叶斯分类方法（Naïve Bayesian Classifier）。
- 神经网络分类方法（Neural Network）。
- Rocchion分类方法。
- 决策树分类方法（Decision Tree）。
- 线性最小平方分类方法（Linear Least-Squares Fit）。
- KNN分类方法（K Nearer Neighbors）。
- XGBoost分类方法等等。

目前，文本分类主要在以下领域得到应用：

- 银行业务：客户贷款风险（信用）分类。
- 网安领域：日志数据分类检测非法入侵。
- 图像处理：检测图像是否有人脸（人脸识别）。
- 垃圾邮件：分类识别垃圾邮件。
- 学术论文：计算机论文的领域。
- 其他应用领域。

12.2 文本分类的原理

12.2.1 文本分类的数学描述

文本分类以文本内容特征为基础，通过计算机的帮助自动将文本划分为不同类别，以新闻文本分类为例，可以划分为娱乐、体育、教育、军事、财经等类别。

文本分类的一般过程其数学描述如下：首先需要预定义文档的类别集合 $C=\{c_1,c_2,\cdots,c_k\}$，用集合 $W=\{w_1,w_2,\ldots,w_s\}$ 表示需要分类的文本，通过函数 ϕ：$W\times C\rightarrow\{T,F\}$ 来描述文本分类的过程；若用 T 来表示正确的分类，F 来表示错误的分类，即如果 $w_j\epsilon W, c_j\epsilon C, <w_j,c_j>\rightarrow T$，那么 w_j 属于类 c_j；如果

$w_j \epsilon W, c_j \epsilon C, < w_j, c_j > F \rightarrow$，那么，$w_j$不属于类$c_j$。这个映射函数就是文本分类器。

12.2.2 文本分类的形式化描述

文本分类从数学角度看，其实就是一个映射的过程，利用模型对未标注的样本进行类别映射。文本分类总体上可分为三个部分，即文本表示部分、模型训练部分和文本分类部分。

文本表示部分采用一种能够完好的反应样本内容并且具有一定区分能力的表示方法，目前用得较多的方法是向量空间模型（Vector Space Model, VSM），用于把样本处理成适合机器学习的特征向量。模型训练部分利用文本表示部分产生的特征向量，通过机器学习方法训练分类模型。文本分类部分则对未分类的样本先进行特征化处理，然后通过分类模型进行分类。文本的分类过程模型如图 12-1 所示。

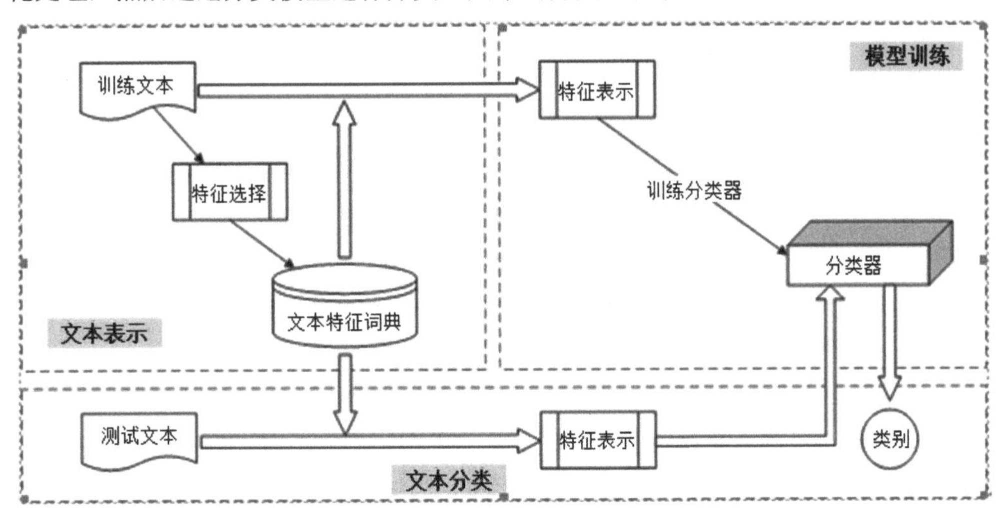

图 12-1　文本分类的过程模型

12.3 分类模型评估

1. 模型评估指标

对分类模型的性能评估，找到分类器存在的不足，针对不足进行算法改进，这也是文本分类工作的一部分。目前文本分类常见的评估方法有准确率（Precision，简写为 P）、召回率（Recall ，简写为 R）和 *F* 测度值。

准确率 P 又称为正确率或者查准率，主要是分类器正确预测某类别的文档数和被预测到某类别所有文档的比例。召回率 R 又称为查全率是分类器正确预测到某类别的文档数除以某类别原有文档数。测度值 F 是综合了准确率和召回率，通过调整它们在衡量评估中的比例大小从而提供更加综合的度量。

这里根据文本分类器输出的几种结果计算准确率和召回率，其中：

- *A* 表示分类器正确的预测某类别的文档个数。
- *B* 表示分类器错误的预测到某类别外的文档个数。
- *C* 表示分类器错误预测到某类别的文档个数。
- *D* 表示分类器正确的预测到某类别以外的文档个数。

文本分类器评估指标如表 12-1 所示。

表 12-1　文本分类器的评估指标

	分类器分为 C 类的文档数	分类器没有分为 C 类的文档数
属于 C 类文档数	A	B
不属于 C 类文档数	C	D

准确率（P），召回率（R）计算方法如下：

$$P=\frac{A}{A+C} \tag{1}$$

$$R=\frac{A}{A+B} \tag{2}$$

F 测度值是准确率和召回率的调和均值，赋予准确率和召回率相等的权重。设 λ 为调节因子，当取 0 时，*F* 测度值即为准确率，当 λ 取无穷大时，*F* 测度值近似为召回率。通常认为准确率 P 和召回率 R 同样重要，一般将 λ 的值置为 1，即 F_1 测度值。*F* 测度值的表示如下：

$$F_\lambda=\frac{(\lambda^2+1)PR}{(\lambda^2 P)+R} \tag{3}$$

2. 算法模型的选择

到目前为止，我们知道了文本分类的常见算法和算法模型评估方法，那么具体到项目应用场景中该如何去选择呢？到底哪一种方法更加有利呢？带着这样的疑问，我们随机采用部分新闻数据集，并选择支持向量机 SVM、决策树 DT、逻辑回归 LR、随机森林 RF、基因表达式编程 GEP、梯度迭代决策树 GBDT、XGBoost 等几种分类算法测试分类结果，如图 12-2 所示。

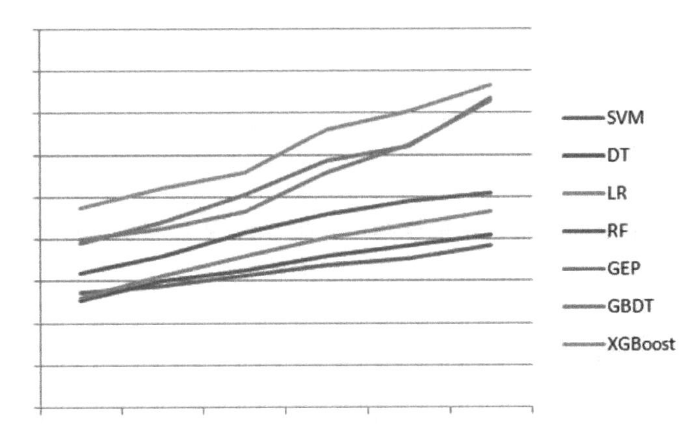

图 12-2　分类模型的性能对比

在图 12-2 中，横坐标为数据语料的数量，纵坐标为算法性能的 *F* 度测度值，通过实验结果可以发现，随着数据量的增加，XGBoost 算法表现得更好，所以我们选择 XGBoost 分类进行文本分类。实际上，有时候算法性能对实验结果的提升，不如数据特征处理更加明显，典型的就是词典的引入。所以数据预处理在整个工程流程中所占比重很大。

12.4　数据预处理

本节主要介绍数据预处理的全过程，12.4.1 节主要介绍如何高效批量读取文本，并对文本信息进行分词等处理；12.4.2 节主要是词典生成阶段，对分词数据进行处理成词典模型并进行本地化存储；12.4.3 节主要是对词典向量化，加载词典模型和进行向量化处理，最终将词典向量化模型进行本地化存储；12.4.4 节主要是生成主题模型，也可以理解成为特征降维阶段，加载向量化主题模型并进行特征降维，将得到的高质量数据集进行本地化存储。12.5 节对这些数据加载完成分类。在进入数据预处理核心阶段之前，首先了解一下这个项目所用的数据语料。

原始新闻语料达到千万条级别，为了适合讲解，笔者选择了 6 类新闻的平衡语料 30 余万条存放在 Corpus 文件夹下的 CSCMNews 中，具体包括财经新闻 37098 篇，教育新闻 41936 篇，科技新闻 65534 篇，时政新闻 63086 篇，体育新闻 65534 篇和娱乐新闻 65534 篇。将这些语料生成的中间模型结果保存在源代码中的 Corpus 文件夹下的 CSCMNews_model 中，这两个目录如下（本节数据与生成模型均保存在源代码下的 Corpus 文件夹中）：

```
1  n = 5 # n 表示抽样率
2  if __name__ == '__main__':
3     path_doc_root = '../Corpus/CSCMNews'    # 根目录，存放分类好的数据集
4     path_tmp = '../Corpus/CSCMNews_model'  # 存放中间结果的位置
```

其中，n 是一个全局变量表示抽样率，如果 n 设为 1，代表每间隔 1 条信息进行一次抽样，默认设置为 5。

12.4.1 通用的类库

在数据预处理的各个阶段都需要对文件夹遍历和文本信息的分词处理，将这两份方法提炼出来，封装在通用的类库中，这就是本节的主要内容。

1. 高效遍历文件

前面已经阐述了文件高效遍历的方法，并将其封装在通用的类库之中，返回新闻的类别和内容。具体的实现代码如下：

```
1  class loadFolders(object):   # 迭代器
2     def __init__(self, par_path):
3        self.par_path = par_path
4     def __iter__(self):
5        for file in os.listdir(self.par_path):
6           file_abspath = os.path.join(self.par_path, file)
7           if os.path.isdir(file_abspath):    # if file is a folder
8              yield file_abspath
9
10 class loadFiles(object):
11    def __init__(self, par_path):
12       self.par_path = par_path
13    def __iter__(self):
14       folders = loadFolders(self.par_path)
15       for folder in folders:                 # level directory
16          catg = folder.split(os.sep)[-1]
17          for file in os.listdir(folder):  # secondary directory
18             file_path = os.path.join(folder, file)
19             if os.path.isfile(file_path):
20                this_file = open(file_path, 'rb') # rb 读取方式更快
21                content = this_file.read().decode('utf8')
```

```
22                  yield catg, content
23                  this_file.close()
```

2. 分词并去除停用词

高效遍历文件之后，对每个文本需要进行分词处理。在分词处理前需要用正则表达式的方法对原始文本数据中不符合要求的字符进行清洗，这样可以加快后续分词的效率。

```
1  # 以正则表达式来处理字符
2  def textParse(str_doc):
3      str_doc = re.sub('\u3000', '', str_doc)
4      return str_doc
```

然后利用分词工具进行分词处理，这个过程中对分词结果还需要进一步的处理，比如去掉停用词、单字、数字、空字符等，以列表的形式返回新闻文本数据的特征。

```
1  # 分词并去除停用词
2  def seg_doc(str_doc):
3      sent_list = str_doc.split('\n')
4      sent_list = map(textParse, sent_list)  # 去掉一些字符，例如\u3000
5      stwlist = get_stop_words()
6      word_2dlist = [rm_tokens(jieba.cut(part),stwlist) for part in
   sent_list]  # 分词
7      word_list = sum(word_2dlist, [])
8      return word_list
9
10 # 获取停用词列表
11 def get_stop_words(path=r'../Files/NLPIR_stopwords.txt'):
12     file = open(path, 'r',encoding='utf-8').read().split('\n')
13     return set(file)
14
15 # 去掉一些停用词和数字
16 def rm_tokens(words,stwlist):
17     words_list = list(words)
18     stop_words = stwlist
19     for i in range(words_list.__len__())[::-1]:
20         if words_list[i] in stop_words:    # 去除停用词
21             words_list.pop(i)
```

```
22        elif words_list[i].isdigit():          # 去除数字
23            words_list.pop(i)
24        elif len(words_list[i]) == 1:          # 去除单个字符
25            words_list.pop(i)
26        elif words_list[i] == " ":             # 去除空字符
27            words_list.pop(i)
28    return words_list
```

以上两个loadFiles通用方法直接遍历文件，seg_doc对单文本数据进行清洗，两者配合可以得到相对干净的特征词。但是，这个词汇特征一方面比较庞大且特征维度较高，还存在特征重复率高的情况；另一个方面，有效的可用特征占比不高，后面还是需要进行特征降维处理及词典操作。

12.4.2 阶段1：生成词典

数据预处理的第一个阶段就是加载原始数据，并对其进行分词、去停用词、词频选择等系列操作，最终生成词典模型本地化存储。这么做的目的就是在阶段2中直接加载词典模型，节约训练时间，提高处理效率。本节采用Python模块中的Gensim对语料进行处理。将生成的词典以CSCMNews.dict命名，作为中间结果存放在Corpus/CSCMNews_model文件夹下。实现代码如下（源代码见：Chapter12/classifier.py中的GeneModel方法）：

```
1  path_doc_root = '../Corpus/CSCMNews'  # 根目录即分类好的文本数据集
2  path_tmp = '../Corpus/CSCMNews_model' # 存放中间结果的位置
3  #阶段1：生成词典并去掉低率词，如果词典不存在则重新生成，反之跳过该阶段
4  path_dictionary = os.path.join(path_tmp, 'CSCMNews.dict') # 词典路
   径
5  if os.path.exists(path_dictionary):
6      print('=== 检测到词典已生成，跳过数据预处理阶段1 ===')
7  else:
8      os.makedirs(path_tmp) # 创建中间结果保存路径
9      GeneDict(path_doc_root,path_dictionary)
```

生成的模型封装在GeneModel方法中，首先判断词典模型是否已经存在，如果词典模型已经存在，则跳入生成向量化模型阶段；如果不存在生成词典模型，词典模型生成的代码如下：

```
1  # ******************预处理阶段 1：生成词典*****************
2  '''
3  path_doc_root：存放训练数据的根路径
4  path_dictionary： 存放中间输出结果的根路径（为第二阶段使用）
5  '''
6  def GeneDict(path_doc_root,path_dictionary):
7      # 阶段 1：生成词典并去掉低率词，如果词典不存在则重新生成，反之跳过该阶段
8      print('=== 未检测到有词典存在，开始遍历生成词典 ===')
9      dictionary = corpora.Dictionary()
10     files = loadFiles(path_doc_root)
11     for i, msg in enumerate(files):
12         if i % n == 0:
13             catg = msg[0]
14             content = seg_doc(msg[1]) # 对文本内容进行分词处理
15             dictionary.add_documents([content])
16             if int(i/n) % 1000 == 0:
17                 print('{t} *** {i} \t docs has been dealed'
18                       .format(i=i,
   t=time.strftime('%Y-%m-%d %H:%M:%S',time.localtime())))
19     # 去掉词典中出现次数过少的词
20     small_freq_ids = [tokenid for tokenid, docfreq in
   dictionary.dfs.items() if docfreq < 5 ]
21     dictionary.filter_tokens(small_freq_ids)
22     dictionary.compactify() # 重新产生连续的编号
23     dictionary.save(path_dictionary)
24     print('=== 词典已经生成 ===')
```

上述第 6 行代码中调用 gensim. corpora.Dictionary()方法生成一个词典对象，用于存放生成的词典。第 10 行代码返回文本类别 catg 和文本的内容 content。这里将两个列表保存在 files 中。第 11 行 enumerate 方法的作用是打印文本的编号。第 11～18 行的作用是遍历文本信息，将分词清洗的结果存放在 dictionary 词典中，每处理 5000 条新闻文本就在屏幕上打印一次完成的信息。第 20 行是对词典库中低词频信息的处理。第 23 行的作用是将处理好的词典模型保存到指定的位置，下次使用的时候直接加载指定路径的词典模型即可，而不用重新对模型进行训练，因而可以大大节约时间成本并提高可用性。词典生成过程如图 12-3 所示（生成的词典模型见：Corpus/CSCMNews_model/CSCMNews.dict）。

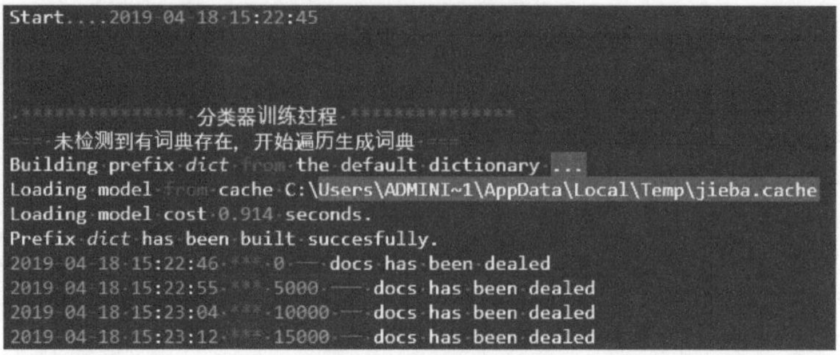

```
Start....2019-04-18-15:22:45


.**************** 分类器训练过程 ****************
=== 未检测到有词典存在，开始遍历生成词典 ===
Building prefix dict from the default dictionary ...
Loading model from cache C:\Users\ADMINI~1\AppData\Local\Temp\jieba.cache
Loading model cost 0.914 seconds.
Prefix dict has been built succesfully.
2019-04-18-15:22:46 *** 0 —— docs has been dealed
2019-04-18-15:22:55 *** 5000 —— docs has been dealed
2019-04-18-15:23:04 *** 10000 —— docs has been dealed
2019-04-18-15:23:12 *** 15000 —— docs has been dealed
```

图 12-3　词典生成的过程

12.4.3　阶段 2：词典向量化 TF-IDF

对原始数据经过词典生成之后，形成有序的词特征。之后进入数据预处理的第二个阶段即词典向量化处理，也就是说将中文特征词转变为概率矩阵，便于计算机识别计算。将生成的 TF-IDF 模型保存在源代码的 CSCMNews_model/tfidf_corpus 文件夹下。代码的实现如下：

```
1  # 数据预处理阶段 2：开始将文档转化成 tfidf
2  path_tmp_tfidf = os.path.join(path_tmp, 'tfidf_corpus') # tfidf 存
   储路径
3  if os.path.exists(path_tmp_tfidf):
4      print('=== 检测到 tfidf 向量已经生成，跳过数据预处理阶段 2 ===')
5  else:
6      GeneTFIDF(path_doc_root,path_dictionary,path_tmp_tfidf)
```

词典向量化封装在 GeneModel 方法中，参数 path_doc_root 为待处理文本的根目录，参数 path_dictionary 为词典模型保存的路径，参数 path_tmp_tfidf 为生成各类 TF-IDF 模型的保存路径。在主函数执行到生成 TF-IDF 阶段，首先判断词典向量化模型是否存在，若存在直接跳过，反之则进入词典向量化训练模型。实现代码如下：

```
1  # *****************预处理阶段 2：词典向量化*****************
2  '''
3  path_doc_root：存放训练数据的根路径
4  path_dictionary：存放中间输出结果的根路径
5  path_tmp_tfidf： 存档 TF-IDF 特征向量的目录（为第三阶段使用）
6  '''
7  def GeneTFIDF(path_doc_root,path_dictionary,path_tmp_tfidf):
8      print('=== 未检测到有 tfidf 文件夹存在，开始生成 tfidf 向量 ===')
9      dictionary = corpora.Dictionary.load(path_dictionary)
```

```
10      os.makedirs(path_tmp_tfidf)
11      files = loadFiles(path_doc_root)
12      tfidf_model = models.TfidfModel(dictionary=dictionary)
13      corpus_tfidf = {}
14      for i, msg in enumerate(files):
15          if i % n == 0:
16              catg = msg[0]
17              word_list = seg_doc(msg[1])
18              file_bow = dictionary.doc2bow(word_list)
19              file_tfidf = tfidf_model[file_bow]
20              tmp = corpus_tfidf.get(catg, [])
21              tmp.append(file_tfidf)
22              if tmp.__len__() == 1:
23                  corpus_tfidf[catg] = tmp
24          if i % 5000 == 0:
25              print('{t} *** {i} \t docs has been dealed'.format(i=i,
    t=time.strftime('%Y-%m-%d %H:%M:%S',time.localtime())))
26      # 将 tfidf 中间结果保存起来
27      catgs = list(corpus_tfidf.keys())
28      for catg in catgs:
29          corpora.MmCorpus.serialize('{f}{s}{c}.mm'.format
    (f=path_tmp_tfidf, s=os.sep, c=catg),corpus_tfidf.get(catg),
    id2word=dictionary )
30          print('catg {c} has been transformed into tfidf
    vector'.format(c=catg))
31      print('=== tfidf 向量已经生成 ===')
```

上述代码第 9 行加载阶段 1 中的词典模型的目的是将其进行向量化处理，结合第 12 行 gensim. models.TfidfModel 方法构建向量化模型。第 14～25 行是对文本进行向量化处理，采用词袋模型和 TF-IDF 模型相结合的策略，每处理 5000 条就在屏幕上打印一次完成信息。第 27 行实现文本类别列表。第 28～29 行是将词典向量按照类别有序地进行本地化存储。目的在于为下一个阶段主题模型（数据降维）提供中间结果，节约训练时间，提高模型效率。生成 TF-IDF 词典向量模型过程如图 12-4 所示（词典向量模型见：Corpus/CSCMNews_model/tfidf_corpus）。

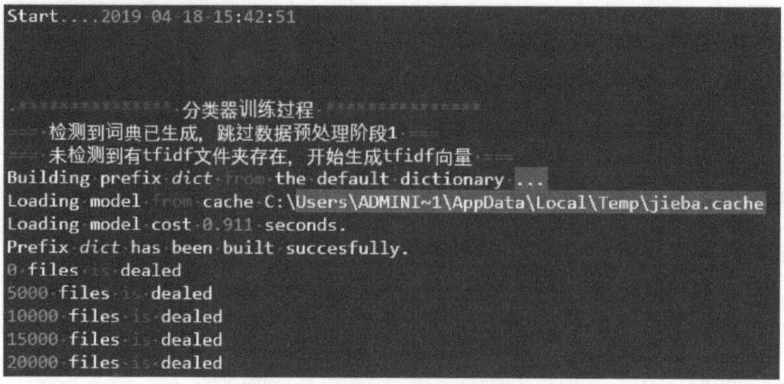

```
Start....2019-04-18 15:42:51



.*************** 分类器训练过程 ***************
=== 检测到词典已生成，跳过数据预处理阶段1 ===
=== 未检测到有tfidf文件夹存在，开始生成tfidf向量 ===
Building prefix dict from the default dictionary ...
Loading model from cache C:\Users\ADMINI~1\AppData\Local\Temp\jieba.cache
Loading model cost 0.911 seconds.
Prefix dict has been built succesfully.
0 files is dealed
5000 files is dealed
10000 files is dealed
15000 files is dealed
20000 files is dealed
```

图 12-4　各类生成 TFIDF 的过程

12.4.4 阶段 3：生成主题模型

数据预处理最后一个阶段是对词特征进行选择，也就是通常说的特征选择与降维。首先判断是否有主题模型，实现代码如下：

```
1  # 数据预处理阶段 3：TFIDF 向量模型生成 LSI 主题模型
2  num_topics = 300  # 特征维度
3  test_size = 0.33  # 训练集和测试集比率
4  param = str(n)+'_'+str(num_topics)+'_'+str(test_size)
5  print("\n 特征维度:",num_topics, "\n 测试集划分:", test_size)
6  # 存放中间结果的位置
7  path_tmp = os.path.join(path_tmp, param)
8  path_tmp_lsi = os.path.join(path_tmp, 'lsi_corpus_'+param)
9  # lsi 模型的保存路径
10 path_tmp_lsimodel = os.path.join(path_tmp,
   lsi_model_'+param+'.pkl')
11 if os.path.exists(path_tmp_lsi):
12     print('=== 检测到 LSI 主题模型已经生成，跳过数据预处理阶段 3 ===')
13 else:
14     os.makedirs(path_tmp_lsi)
15     GeneLSI(path_dictionary,path_tmp_tfidf,path_tmp_lsi,
   path_tmp_lsimodel,num_topics)
```

生成主题方法封装在 GeneModel 方法中，上述代码第 2 行是特征选择的维度，这里选择 300 个特征维度（维度的选择，请参考第 9 章内容）。第 3 行中 test_size 表示 1/3 的数据量作为测试集，2/3 的数据量作为训练集。第 4～7 行设置主题模型的中间结果的保存路径。第 10 行是生成主题模型的保存路径。第 15 行是主题模型具体的实现方法，其中参数 path_dictionary 是词典模型的保存路径，参数 path_tmp_tfidf 是生成各类 TFIDF 模型的保存路径，参数 path_tmp_lsi 为各类主题模型的保存路径，参数 path_tmp_lsimodel 为主题模型的保存路径，参数 num_topics 为自定义的特征维度。生成主题模型的代码实现如下：

```
1  # ******************预处理阶段 3：TFIDF 向量模型生成 LSI 主题模型
   *****************
2  '''
3  num_topics： 设置保存权重最大的前 N 个数据特征，默认为 300
4  path_tmp_tfidf：保存 TF-IDF 特征向量的目录
5  path_tmp_lsimodel： lsi 模型的保存路径 （为使用）
6  '''
7  def GeneLSI(path_dictionary,path_tmp_tfidf,
   path_tmp_lsimodel,path_tmp_lsi,num_topics=300):
8      print('=== 未检测到有 lsi 文件夹存在，开始生成 lsi 向量 ===')
9      dictionary = corpora.Dictionary.load(path_dictionary)
10     # 从对应文件夹中读取所有类别
11     catg_list = []
12     for file in  os.listdir(path_tmp_tfidf):
13         t = file.split('.')[0]
14         if t not in catg_list:
15             catg_list.append(t)
16 
17     # 从磁盘中读取语料（corpus）
18     corpus_tfidf = {}
19     for catg in catg_list:
20         path = '{f}{s}{c}.mm'.format(f=path_tmp_tfidf, s=os.sep,
   c=catg)
21         corpus = corpora.MmCorpus(path)
22         corpus_tfidf[catg] = corpus
23     print('tfidf 文档读取完毕，开始转化成 lsi 向量 ...')
24 
25     # 生成 lsi 模型
26     corpus_tfidf_total = []
27     for catg in list(corpus_tfidf.keys()):
28         tmp = corpus_tfidf.get(catg)
29         corpus_tfidf_total += tmp
30     lsi_model = models.LsiModel(corpus=corpus_tfidf_total,
   id2word=dictionary, num_topics=num_topics)
31 
```

```
32      # 将 lsi 模型保存到磁盘上
33      lsi_file = open(path_tmp_lsimodel, 'wb')
34      pkl.dump(lsi_model, lsi_file)
35      lsi_file.close()
36      del corpus_tfidf_total # lsi model 已经生成，释放变量空间
37      print('--- lsi 模型已经生成 ---')
38
39      # 生成 corpus of lsi, 并逐步去掉 corpus of tfidf
40      corpus_lsi = {}
41      for catg in list(corpus_tfidf.keys()):
42          corpu = [lsi_model[doc] for doc in corpus_tfidf.get(catg)]
43          corpus_lsi[catg] = corpu
44          corpus_tfidf.pop(catg)
45          corpora.MmCorpus.serialize('{f}{s}{c}.mm'.format
    (f=path_tmp_lsi, s=os.sep, c=catg),corpu,id2word=dictionary)
46      print('=== lsi 向量已经生成 ===')
```

上述代码第 11～15 行用来获取所有类别名称。第 18～23 行加载词典向量模型。第 26～30 行是生成主题模型，这里按照指定的维度处理。第 33～36 行保存数据降维后的主题模型。第 45 行将主题模型本地化存储。为分类器提供语料。其过程如图 12-5 所示。（词典向量模型见：Corpus/CSCMNews_model/5_300_0.7/lsi_model_5_300_0.7.pkl）。

```
*************** 分类器训练过程 ***************
=== 检测到词典已生成，跳过数据预处理阶段1 ===
=== 检测到tfidf向量已经生成，跳过数据预处理阶段2 ===

特征维度: 300
测试集划分: 0.33
=== 未检测到有lsi文件夹存在，开始生成lsi向量 ===
tfidf文档读取完毕，开始转化成lsi向量 ...
--- lsi模型已经生成 ---
=== lsi向量已经生成 ===
```

图 12-5　主题特征降维的过程

注　意

① 扩大语料时，只需把数据预处理各个阶段的训练过程执行一遍，替换之前的生成模型即可，无须修改代码。

② 文件夹 5_300_0.7 命名：5 代表取样数即每隔 5 条，300 代表保留特征数，0.7 代表 70%的训练集。

12.5 XGBoost 分类器

在 12.4 节中我们完成了整个数据预处理工作，并将处理好的数据存储在../lsi_model_5_300_0.7.pkl 中。接着进行分类器构建工作，同样的原理，我们对将生成好的分类器进行本地存储，如果已经生成好分类器则跳过该阶段，反之生成分类器。实现代码如下：

```
1  # 生成分类器阶段：xgboost 训练分类模型
2  path_tmp_predictor = os.path.join(path_tmp,
   predictor_'+param+'.pkl')
3  if os.path.exists(path_tmp_predictor):
4      print('=== 检测到分类器已经生成，跳过生成分类器阶段 ===')
5  else:
6      GeneClassifier(path_tmp_lsi,path_tmp_predictor,test_size)
```

分类器方法封装在 GeneModel 方法中，参数 path_tmp_lsi 是生成的主题模型路径，path_tmp_predictor 是训练好的分类器保存路径，test_size 是测试集与训练集划分比例，默认为 70%训练集和 30%测试集。分类器训练过程如下：

```
1  #####################生成分类器阶段########################
2  '''
3  path_tmp_lsi 各类主题 mm 保存的父目录
4  path_tmp_predictor：分类器模型的保存路径
5  train_test_ratio：训练集与测试集划分比例，默认为 70%训练集和 30%测试集
6  '''
7  def GeneClassifier(path_tmp_lsi,path_tmp_predictor,
   train_test_ratio=0.7):
8      print('=== 未检测到分类器存在，开始进行分类过程 ===')
9      print('--- 未检测到 lsi 文档，开始从磁盘中读取 ---')
10     catg_list = []
11     for file in os.listdir(path_tmp_lsi):
12         t = file.split('.')[0]
13         if t not in catg_list:
14             catg_list.append(t)
15
16     # 从磁盘中读取语料（corpus）
17     corpus_lsi = {}
```

```
18      for catg in catg_list:
19          path = '{f}{s}{c}.mm'.format(f=path_tmp_lsi, s=os.sep,
    c=catg)
20          corpus = corpora.MmCorpus(path)
21          corpus_lsi[catg] = corpus
22      print('--- lsi 文档读取完毕，开始进行分类 ---')
23      # 类别标签、文档数、语料主题
24      tag_list,doc_num_list,corpus_lsi_total = [],[],[]
25      for count, catg in enumerate(catg_list):
26          tmp = corpus_lsi[catg]
27          tag_list += [count]*tmp.__len__()
28          doc_num_list.append(tmp.__len__())
29          corpus_lsi_total += tmp
30          corpus_lsi.pop(catg)
31      print("文档类别数目:", len(doc_num_list))
32      # 将 gensim 中的 mm 表示转化成 numpy 矩阵表示
33      print("LSI 语料总大小:", len(corpus_lsi_total))
34
35      data,rows,cols = [], [] , []
36      line_count = 0
37      for line in corpus_lsi_total:
38          for elem in line:
39              rows.append(line_count)
40              cols.append(elem[0])
41              data.append(elem[1])
42          line_count += 1
43      lsi_matrix = csr_matrix((data, (rows, cols))).toarray()
44      print("LSI 矩阵规模:", lsi_matrix.shape)
45      print("数据样本数目:", line_count)
46      # 生成训练集和测试集
47      rarray = np.random.random(size=line_count)
48      train_set,train_tag,test_set,test_tag = [],[],[],[]
49      for i in range(line_count):
50          if rarray[i] < train_test_ratio:
51              train_set.append(lsi_matrix[i, :])
52              train_tag.append(tag_list[i])
53          else:
54              test_set.append(lsi_matrix[i, :])
55              test_tag.append(tag_list[i])
```

```
56     # 生成分类器
57     predictor = xgboost_multi_classify(train_set,
   test_set,train_tag, test_tag)
58     x = open(path_tmp_predictor, 'wb')
59     pkl.dump(predictor, x)
60     x.close()
```

在上述代码中，第10～14行获取所有新闻类别名称。第17～21行读取特征选择后的数据集。第24～30行按照类别有序读取数据语料并以“键-值对”（Key-Value Pair）的形式进行缓存处理。第35～42行是将数据语料进行矩阵化处理。第47～55行是对数据集的拆分，按照比例划为训练集和测试集。第57行是调用XGBoost算法进行模型构建（下文详细介绍该方法）。第58～60行是对训练好的分类器进行本地化存储。

XGBoost分类器的实现代码如下（分类器模型见：Corpus/CSCMNews_model/5_300_0.7/predictor_5_300_0.7.pkl）：

```
1  #********************xgboost 训练分类模型***********************
2  def xgboost_multi_classify(train_set, test_set,train_tag,
   test_tag):
3      # 统计信息
4      print("训练集大小:", len(train_tag), " 测试集大小:", len(test_tag))
5      train_info = {k: train_tag.count(k) for k in train_tag}
6      print("训练集类别对应的样本数:", train_info)
7      test_info = {k: test_tag.count(k) for k in test_tag}
8      print("测试集类别对应的样本数", test_info)
9
10     # XGBoost
11     data_train = xgb.DMatrix(train_set, label=train_tag)
12     data_test = xgb.DMatrix(test_set, label=test_tag)
13     watch_list = [(data_test, 'eval'), (data_train, 'train')]
14     param = {
15         'objective': 'multi:softmax', # 多分类的问题
16         'num_class': 6,      # 类别数，与 multisoftmax 并用
17         'max_depth': 8,      # 构建树的深度，越大越容易过度拟合
18         'eta': 0.3,          # 如同学习率
19         'eval_metric': 'merror',
20         'silent': 1,         # 设置为1则没有运行信息的输出，最好是设置为0
21         'subsample': 0.9,    # 随机采样训练样本
22     } # 参数
```

```
23      xgb_model = xgb.train(param, data_train, num_boost_round=250,
    evals=watch_list) # num_boost_round用于控制迭代的次数
24      y_hat = xgb_model.predict(data_test)
25      validateModel(test_tag, y_hat)
26      return xgb_model
```

在上述代码中，第 2 行中参数 train_set 是训练集样本，参数 test_set 是测试集样本，train_tag 是训练集标签，test_tag 是测试集标签。第 4～8 行分析打印数据语料的统计信息。第 11～12 行分别加载训练数据与测试数据。第 13 行作为验证参数，目的是每次遍历查看训练误差。第 14～22 行是分类器参数的设置。第 23 行是分类器训练过程，其中 param 是模型参数，data_train 是训练数据集，num_boost_round 是迭代的次数，evals 是模型验证。第 24 行对测试数据进行分类结果预测。第 25 行用于查询分类器的性能。第26 行返回分类器模型。

代码的运行结果如图 12-6 所示。

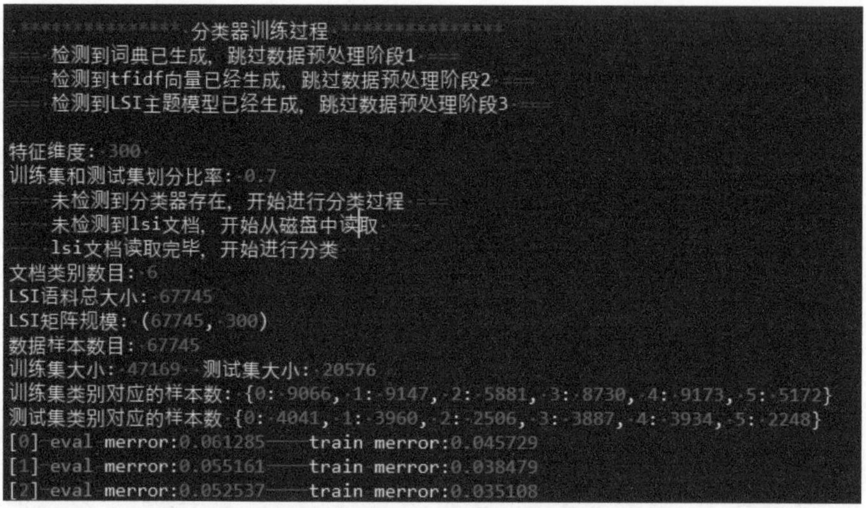

```
*************** 分类器训练过程 ***************
=== 检测到词典已生成，跳过数据预处理阶段1 ===
=== 检测到tfidf向量已经生成，跳过数据预处理阶段2 ===
=== 检测到LSI主题模型已经生成，跳过数据预处理阶段3 ===

特征维度: 300
训练集和测试集划分比率: 0.7
=== 未检测到分类器存在，开始进行分类过程 ===
=== 未检测到lsi文档，开始从磁盘中读取 ===
=== lsi文档读取完毕，开始进行分类 ===
文档类别数目: 6
LSI语料总大小: 67745
LSI矩阵规模: (67745, 300)
数据样本数目: 67745
训练集大小: 47169  测试集大小: 20576
训练集类别对应的样本数: {0: 9066, 1: 9147, 2: 5881, 3: 8730, 4: 9173, 5: 5172}
测试集类别对应的样本数 {0: 4041, 1: 3960, 2: 2506, 3: 3887, 4: 3934, 5: 2248}
[0] eval merror:0.061285	train merror:0.045729
[1] eval merror:0.055161	train merror:0.038479
[2] eval merror:0.052537	train merror:0.035108
```

图 12-6　分类器模型的训练过程

至此，完成了分类器模型的训练过程，分类器到底是好是坏，准确率如何？需要对模型进行评估，我们来看下分类器训练过程中第 25 行代码中分类器性能的评估方法，代码如下：

```
1   #*********************xgboost 分类结果验证************************
2   '''
3   y_true 文本对应的正确类别
4   y_pred 分类器预测的类别
```

```
5  '''
6  def validateModel(y_true, y_pred):
7      classify_report = metrics.classification_report(y_true, y_pred)
8      confusion_matrix = metrics.confusion_matrix(y_true, y_pred)
9      overall_accuracy = metrics.accuracy_score(y_true, y_pred)
10     acc_for_each_class = metrics.precision_score(y_true, y_pred,
   average=None)
11     average_accuracy = np.mean(acc_for_each_class)
12     score = metrics.accuracy_score(y_true, y_pred)
13     print('classify_report : \n', classify_report)
14     print('confusion_matrix : \n', confusion_matrix)
15     print('acc_for_each_class : \n', acc_for_each_class)
16     print('average_accuracy: {0:f}'.format(average_accuracy))
17     print('overall_accuracy: {0:f}'.format(overall_accuracy))
18     print('score: {0:f}'.format(score))
```

在上述代码中，第 7 行调用 sklearn.metrics.classification_report 模块生成模型分类 6 行 5 列的报告，每行代表一类新闻，每列分别代码新闻类别、准确率、召回率、F 得分和支持度，以及每类的平均得分。第 8 行调用 sklearn.metrics.confusion_matrix 模块打印出模型的混淆矩阵。第 9 行打印出整体得分。第 10 行打印出每一类的准确率，第 11 行打印出平均分类的准确率，第 12 行打印出总体分类的准确率。

代码的运行结果如图 12-7 所示。

结果分析：上述 XGBoost 训练出来的分类器性能究竟如何？我们进行了模型性能评估。结果显示在分类报告中，体育新闻准确率为 99%，召回率为 98%，F_1 得分 98%，训练样本数 4041；娱乐新闻准确率为 96%，召回率为 98%，F_1 得分 97%，训练样本数 3960；教育新闻准确率为 96%，召回率为 96%，F_1 得分 96%，训练样本数 2506；时政新闻准确率为 95%，召回率为 95%，F_1 得分 95%，训练样本数 3887；科技新闻准确率为 97%，召回率为 98%，F_1 得分 97%，训练样本数 3934；财经新闻准确率为 97%，召回率为 97%，F_1 得分 97%，训练样本数 2248；以上类别平均准确率为 97%，召回率为 97%，F_1 得分 97%，效果非常不错。

混淆矩阵结果显示，体育新闻训练样本 4041 个，准确预测 3956 个。娱乐新闻训练样本 3960 个，准确预测 3865 个，教育新闻训练样本 2506 个，准确预测 2409 个，时政新闻训练样本 3887 个，准确预测 3693 个；科技新闻训练样本 3934 个，准确预测 3795 个；财经新闻训练样本 2248 个，准确预测 2174 个。其中对角线表示准确预测的个数，非对角线是错误归类的数目。

```
[249]	eval merror:0.033243	train merror:0
classify_report :
              precision    recall  f1 score   support

           0       0.99      0.98      0.98      4041
           1       0.96      0.98      0.97      3960
           2       0.96      0.96      0.96      2506
           3       0.95      0.95      0.95      3887
           4       0.97      0.96      0.97      3934
           5       0.97      0.97      0.97      2248

   micro avg       0.97      0.97      0.97     20576
   macro avg       0.97      0.97      0.97     20576
weighted avg       0.97      0.97      0.97     20576

confusion_matrix :
 [[3956   57    6   14    6    2]
 [  23 3865   20   32   14    6]
 [   2   19 2409   51   13   12]
 [  12   37   46 3693   71   28]
 [   9   21   17   66 3795   26]
 [   2   17    3   36   16 2174]]
acc_for_each_class :
 [0.98801199 0.9624004  0.96321471 0.94886948 0.96934866 0.96708185]
average_accuracy: 0.966488
overall_accuracy: 0.966757
score: 0.966757
***************分类器训练结束***************
```

图 12-7　分类器的性能评估

体育、娱乐、教育、时政、科技、财经准确率分别是 98.8%、96.2%、96.3%、94.9%、96.9%和 96.7%。其中体育类准确率最高达到 98.8%，而时政类准确率最低达到 94.9%。总体平均分类准确率达到 96.6%，总体分类准确率达到 96.7%，总体得分达到 96.7%。所以分类器的整体性能结果很好。当然，如果要求更高的准确率，可以通过提升数据样本量、提高特征维度、提高数据预处理质量和参数调优等方法来改进。

12.6　新闻文本分类应用

我们将 12.5 节构建好的分类器模型本地化存储为 predictor_5_300_0.7.pkl，在项目应用的时候直接加载 pkl 文件即可。那么，该分类器在实际应用环境中效果如何呢？以下选用训练数据范围以外的数据来进行一下测试，我们从新闻网站中选取一篇最新的新闻文本作为分类测试语料，代码实现如下：

```
1  ##########################主函数#####################
2  if __name__ == '__main__':
3      print("*"*15,'分类开始',"*"*15)
4
```

```
5      demo_doc = """在今天上午 FIFA 国际足联公布了一条信息：我们在此宣布：2023
   年#FIFA 女足世界杯# 将从 24 队扩军到 32 队。
6  官宣！2023 年女足世界杯正式扩军，从 24 队扩充到 32 队
7  在今年夏天结束的法国女足世界杯之后，国际足联主席因凡蒂诺表示，今年在法国举行的
   女足世界杯取得了令人惊讶的成功，证明需要保持这种良好势头，切实采取措施促进女足
   运动发展。同时因凡蒂诺还表示：女足世界杯扩军的意义远不仅仅是增加了 8 支参赛球
   队，还意味着从现在起，有更多成员协会将启动女足运动发展项目，因为他们有机会获得
   世界杯名额。
8  官宣！2023 年女足世界杯正式扩军，从 24 队扩充到 32 队
9  需要说的是国际足联并未公布各个大洲的名额，扩军后的女足世界杯共分为 8 个小组，每
   组 4 支球队。国际足联相关机构将与各大洲足球联合会商讨名额分配方案，该方案需通过
   国际足联理事会通过。
10 官宣！2023 年女足世界杯正式扩军，从 24 队扩充到 32 队
11 中国女足在法国世界杯中取得了 16 强的成绩，这样扩军的消息对于球迷们来说并非全都
   是利好，这意味着会有更多实力不是很强的队伍进入到世界杯赛场，如果遇到德国和美国
   等强队的时候，或许会经常上演美国队 13 球血洗泰国女足的情况。      """
12     print("未知文本类别内容为：\n\n",demo_doc,'\n')
13     # 模型参数
14     path_dictionary = r'templates/files/CSCModel/CSCMNews.dict'
15     path_tmp_lsimodel =
   r'templates/files/CSCModel/530070/lsimodel.pkl'  # 主题模型路径
16     path_tmp_predictor =
   r'templates/files/CSCModel/530070/predictormodel.pkl'
17     path_tmp_lsi = r'templates/files/CSCModel/530070/tfidf'
18
 TestClassifier(demo_doc,path_dictionary,path_tmp_lsimodel,path_tmp_
 predictor,path_tmp_lsi)
```

上述代码第 5～11 行是随机在“凤凰新闻”网站摘取的一篇新闻语料作为测试数据。第 14～17 行是训练好的模型参数，第 18 行是分类器的分类过程。将以上参数传入分类方法 TestClassifier，编写以下代码：

```
1  ##################新闻文本进行分类########################
2  '''
3  demo_doc 待分类的新闻文本
4  path_dictionary 训练好的词典模型的保存路径
5  path_tmp_lsimodel 训练好的主题模型的保存路径
6  path_tmp_predictor 训练的的分类器模型存储路径
7  path_tmp_lsi 各类主题 mm 存放的路径
```

```
8   '''
9   def TestClassifier(demo_doc, path_dictionary , path_tmp_lsimodel,
    path_tmp_predictor, path_tmp_lsi):
10      # 1 文本数据预处理，分词并转化为 TF-IDF 向量
11      dictionary = corpora.Dictionary.load(path_dictionary) # 加载词典
12      demo_bow = dictionary.doc2bow(list(jieba.cut(demo_doc,
    cut_all=False)))
13      tfidf_model = models.TfidfModel(dictionary=dictionary)
14      demo_tfidf = tfidf_model[demo_bow]
15
16      # 2 文本转化主题模型
17      lsi_file = open(path_tmp_lsimodel, 'rb')
18      lsi_model = pkl.load(lsi_file)
19      lsi_file.close()
20      demo_lsi = lsi_model[demo_tfidf]
21
22      # 3 主题 mm 类型数据表示成 numpy 矩阵
23      data,cols,rows = [],[],[]
24      for item in demo_lsi:
25          data.append(item[1])
26          cols.append(item[0])
27          rows.append(0)
28      demo_matrix = csr_matrix((data, (rows, cols))).toarray()
29
30      # 4 加载分类器
31      x = open(path_tmp_predictor, 'rb')
32      predictor = pkl.load(x)
33      x.close()
34      DMatrix = xgb.DMatrix(demo_matrix)
35      y_hat = predictor.predict(DMatrix)
36
37      # 5 获取所有类别
38      catg_list = []
39      for file in  os.listdir(path_tmp_lsi):
40          t = file.split('.')[0]
41          if t not in catg_list:
42              catg_list.append(t)
43
44      print('\n 分类结果为: ',catg_list[int(y_hat[0])])
```

在上述代码中，第 11～14 行是对测试新闻语料的数据预处理过程，转化为向量化特征。第 17～20 行是对测试数据特征选择处理。第 23～28 行是将测试数据进行矩阵转化。第 31～35 行读取本地的预测器并预测新闻类别。第 38～44 行是返回新闻预测的结果，如图 12-8 所示。

结果分析：随机采用一篇新闻，其分类器预测结果是体育新闻，人工判断也是体育新闻，预测准确。整个预测花费 0.9s（即 0.9 秒），时间主要花费在加载模型，实际预测可以达到毫秒级。

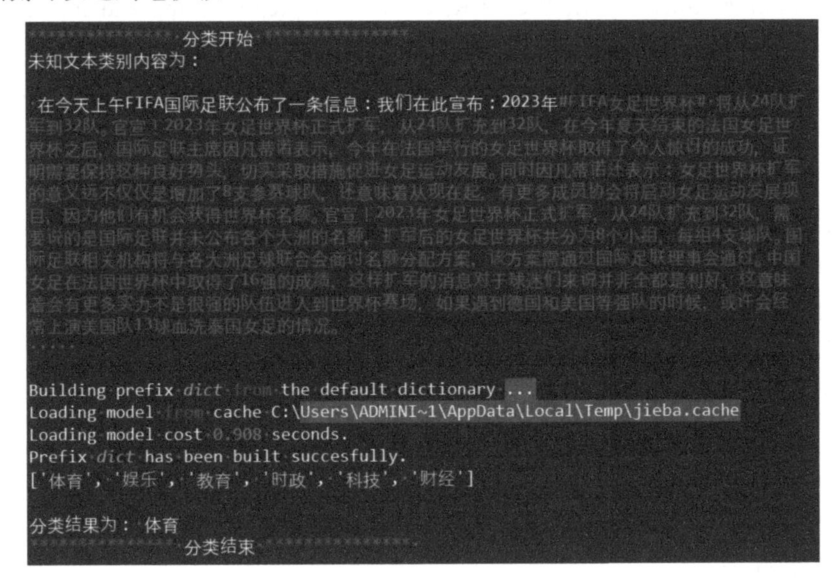

图 12-8　分类器对应用于实际的网络文本

至此，完成了数据预处理的整个过程及其分类器的构建与应用。该模型一经构建完成就可以重复利用。在非算法层面改进的情况下，只需扩充语料重新生成模型即可。如果项目需要在 Web 端部署，也很方便，并不需要编写大量的代码，只需拷贝项目 Corpus 文件夹的代码，然后按照本节方法加载参数即可。

12.7　本章小结

本章主要介绍了文本分类的定义和原理，其中包括形式化和数学化描述及其文本分类模型的评估问题。通过几种常见分类模型的对比，得出了 XGBoost 算法更优的结论。最后结合新闻文本数据预处理，打造了一款通用的新闻文本分类器。

参 考 文 献

[1] Kotsiantis S B, Kanellopoulos D, Pintelas P E. Data preprocessing for supervised leaning[J]. International Journal of Computer Science, 2006, 1(2): 111-117.

[2] Famili A, Shen W M, Weber R, et al. Data preprocessing and intelligent data analysis[J]. Intelligent data analysis, 1997, 1(1): 3-23.

[3] García S, Luengo J, Herrera F. Data preprocessing in data mining[M]. New York: Springer, 2015.

[4] Lommen A. MetAlign: interface-driven, versatile metabolomics tool for hyphenated full-scan mass spectrometry data preprocessing[J]. Analytical chemistry, 2009, 81(8): 3079-3086.

[5] Hand D J. Data Mining[J]. Encyclopedia of Environmetrics, 2006, 2.

[6] Tanasa D, Trousse B. Advanced data preprocessing for intersites web usage mining[J]. IEEE Intelligent Systems, 2004, 19(2): 59-65.

[7] 菅志刚，金旭. 数据挖掘中数据预处理的研究与实现[J]. 计算机应用研究, 2004, 7: 117-118.

[8] 彭高辉，王志良. 数据挖掘中的数据预处理方法[J]. 华北水利水电学院学报, 2008, 29(6): 61-63.

[9] Davis J J, Clark A J. Data preprocessing for anomaly based network intrusion detection: A review[J]. computers & security, 2011, 30(6-7): 353-375.

[10] Kamiran F, Calders T. Data preprocessing techniques for classification without discrimination[J]. Knowledge and Information Systems, 2012, 33(1): 1-33.

[11] Munk M, Kapusta J, Švec P. Data preprocessing evaluation for web log mining: reconstruction of activities of a web visitor[J]. Procedia Computer Science, 2010, 1(1): 2273-2280.

[12] Van Der Walt S, Colbert S C, Varoquaux G. The NumPy array: a structure for efficient numerical computation[J]. Computing in Science & Engineering, 2011, 13(2): 22.

[13] NumPy 官网：http://www.numpy.org/

[14] NumPy 官方教程:https://docs.scipy.org/doc/numpy/user/quickstart.html

[15] scipy 官网：https://www.scipy.org/

[16] scipy 官方教程:https://docs.scipy.org/doc/scipy/reference/tutorial/index.html

[17] pandas 官网：https://pandas.pydata.org/

[18] pandas 官方教程:http://pandas.pydata.org/pandas-docs/stable/getting_started/tutorials.html

[19] 百易教程：https://www.yiibai.com/

[20] Moore D, Shannon C. Code-Red: a case study on the spread and victims of an Internet worm[C]//Proceedings of the 2nd ACM SIGCOMM Workshop on Internet measurment. ACM, 2002: 273-284.

[21] Spafford E H. The Internet worm program: An analysis[J]. ACM SIGCOMM Computer Communication Review, 1989, 19(1): 17-57.

[22] 刘金红, 陆余良. 主题网络爬虫研究综述[J]. 计算机应用研究, 2007, 24(10): 26-29.

[23] 孙立伟, 何国辉, 吴礼发. 网络爬虫技术的研究[J]. 电脑知识与技术, 2010, 6(15): 4112-4115.

[24] 徐远超, 刘江华, 刘丽珍, 等. 基于 Web 的网络爬虫的设计与实现[J]. 微计算机信息, 2007, 23(7): 119-121.

[25] Li P, Salour M, Su X. A survey of internet worm detection and containment[J]. IEEE Communications Surveys & Tutorials, 2008, 10(1): 20-35.

[26] Spafford E H. The internet worm incident[C]//European Software Engineering Conference. Springer, Berlin, Heidelberg, 1989: 446-468.

[27] Denning P J. The science of computing: The Internet worm[J]. American Scientist, 1989, 77(2): 126-128.

[28] 孙承杰, 关毅. 基于统计的网页正文信息抽取方法的研究[J]. 中文信息学报, 2004, 18(5): 18-23.

[29] Finkel J R, Grenager T, Manning C. Incorporating non-local information into information extraction systems by gibbs sampling[C]//Proceedings of the 43rd annual meeting on association for computational linguistics. Association for Computational Linguistics, 2005: 363-370.

[30] Banko M, Cafarella M J, Soderland S, et al. Open information extraction from the web[C]//IJCAI. 2007, 7: 2670-2676.

[31] Cowie J, Wilks Y. Information extraction[J]. Handbook of Natural Language Processing, 2000, 56: 57.

[32] Grishman R. Information extraction: Techniques and challenges[C]//International summer school on information extraction. Springer, Berlin, Heidelberg, 1997: 10-27.

[33] 刘迁，焦慧，贾惠波．信息抽取技术的发展现状及构建方法的研究[J].计算机应用研究, 2007, 24(7): 6-9.

[34] 胡军伟，秦奕青，张伟．正则表达式在 Web 信息抽取中的应用[J]. 北京信息科技大学学报 (自然科学版), 2011, 6(86): 89.

[35] 梁晗，陈群秀，吴平博．基于事件框架的信息抽取系统[J]. 中文信息学报, 2006, 20(2): 42-48.

[36] Chang C H, Kayed M, Girgis M R, et al. A survey of web information extraction systems[J]. IEEE transactions on knowledge and data engineering, 2006, 18(10): 1411-1428.

[37] Rahm E, Do H H. Data cleaning: Problems and current approaches[J]. IEEE Data Eng. Bull., 2000, 23(4): 3-13.

[38] 王曰芬，章成志，张蓓蓓，等．数据清洗研究综述[J]. 数据分析与知识发现, 2007, 2(12): 50-56.

[39] Dasu T, Johnson T. Exploratory data mining and data cleaning[M]. John Wiley & Sons, 2003.

[40] Guyon I, Matic N, Vapnik V. Discovering Informative Patterns and Data Cleaning[J]. 1996.

[41] Bohannon P, Fan W, Geerts F, et al. Conditional functional dependencies for data cleaning[C]//2007 IEEE 23rd international conference on data engineering. IEEE, 2007: 746-755.

[42] 孙铁利，刘延吉．中文分词技术的研究现状与困难[J]. 信息技术, 2009, 7: 187-189.

[43] 赵海，揭春雨．基于有效子串标注的中文分词[J]. 中文信息学报, 2007, 21(5): 8-13.

[44] Chao S, Lihui C. Feature dimension reduction for microarray data analysis using locally linear embedding[C]//Proceedings Of The 3rd Asia-Pacific Bioinformatics Conference. 2005: 211-217.

[45] 胡洁．高维数据特征降维研究综述[J]. 计算机应用研究, 2008, 25(9): 2601-2606.

[46] 张玉芳，万斌候，熊忠阳．文本分类中的特征降维方法研究[J]. 计算机应用研究, 2012, 29(7): 2541-2543.

[47] Li H J, Yang S H. Using range profiles as feature vectors to identify aerospace objects[J]. IEEE Transactions on Antennas and Propagation, 1993, 41(3): 261-268.

[48] Gamon M. Sentiment classification on customer feedback data: noisy data, large feature vectors, and the role of linguistic analysis[C]//Proceedings of the 20th international conference on Computational Linguistics. Association for Computational Linguistics, 2004: 841.

[49] Bellet A, Habrard A, Sebban M. A survey on metric learning for feature vectors and structured data[J]. arXiv preprint arXiv:1306.6709, 2013.

[50] Shapiro L S, Brady J M. Feature-based correspondence: an eigenvector approach[J]. Image and vision computing, 1992, 10(5): 283-288.

[51] Bohm C, Pryakhin A, Schubert M. The gauss-tree: Efficient object identification in databases of probabilistic feature vectors[C]//22nd International Conference on Data Engineering (ICDE'06). IEEE, 2006: 9-9.

[52] Kotropoulos C L, Tefas A, Pitas I. Frontal face authentication using discriminating grids with morphological feature vectors[J]. IEEE Transactions on Multimedia, 2000, 2(1): 14-26.

[53] Chen T, Guestrin C. Xgboost: A scalable tree boosting system[C]//Proceedings of the 22nd acm sigkdd international conference on knowledge discovery and data mining. ACM, 2016: 785-794.

[54] Chen T, He T, Benesty M, et al. Xgboost: extreme gradient boosting[J]. R package version 0.4-2, 2015: 1-4.

[55] Torlay L, Perrone-Bertolotti M, Thomas E, et al. Machine learning–XGBoost analysis of language networks to classify patients with epilepsy[J]. Brain informatics, 2017, 4(3): 159.

[56] Torlay L, Perrone-Bertolotti M, Thomas E, et al. Machine learning–XGBoost analysis of language networks to classify patients with epilepsy[J]. Brain informatics, 2017, 4(3): 159.

[57] Zhang L, Zhan C. Machine learning in rock facies classification: an application of XGBoost[C]//International Geophysical Conference, Qingdao, China, 17-20 April 2017. Society of Exploration Geophysicists and Chinese Petroleum Society, 2017: 1371-1374.

[58] Chen Z, Jiang F, Cheng Y, et al. Xgboost classifier for ddos attack detection and analysis in SDN-based cloud[C]//2018 IEEE International Conference on Big Data and Smart Computing (BigComp). IEEE, 2018: 251-256.

[59] 代六玲，黄河燕，陈肇雄. 中文文本分类中特征抽取方法的比较研究[J]. 中文信息学报, 2004, 18(1): 27-33.

[60] McCallum A, Nigam K. A comparison of event models for naive bayes text classification[C]//AAAI-98 workshop on learning for text categorization. 1998, 752(1): 41-48.

[61] Lodhi H, Saunders C, Shawe-Taylor J, et al. Text classification using string kernels[J]. Journal of Machine Learning Research, 2002, 2(Feb): 419-444.

[62] Forman G. An extensive empirical study of feature selection metrics for text classification[J]. Journal of machine learning research, 2003, 3(Mar): 1289-1305.

[63] Zhang X, Zhao J, LeCun Y. Character-level convolutional networks for text classification[C]//Advances in neural information processing systems. 2015: 649-657.

[64] McCallum A. Multi-label text classification with a mixture model trained by EM[C]//AAAI workshop on Text Learning. 1999: 1-7.